普通高等专科教育机电类专业系列教材
机械工业出版社精品教材

液 压 传 动

第 4 版

主　编　丁问司　丁树模
副主编　黄晓东
参　编　陈丽娜　卢小辉

机械工业出版社

本书主要内容包括概论、液压传动基础知识、液压泵和液压马达、液压缸、液压控制阀、液压辅助元件、液压回路、典型液压传动系统、液压传动系统的设计与计算、液压伺服系统。本书中所用的液压元件图形符号以及液压油牌号等，均贯彻了现行国家标准。本书采用双色印刷，突出了重点内容，各章均附有习题，并在书后给出部分习题的参考答案，便于学生检测学习效果。为了实现信息化教学，本书部分知识点配有二维码资源链接，学生扫码即可观看视频资源。

本书可作为高等职业院校、高等专科学校和成人高等学校机电类、机制类专业教材，也可作为中等职业学校机械类专业的教学用书，还可供相关工程技术人员参考。

本书配有电子课件及素材包，凡使用本书作为教材的教师可登录机械工业出版社教育服务网 www.cmpedu.com 注册后免费下载。咨询电话：010-88379375。

图书在版编目（CIP）数据

液压传动/丁问司，丁树模主编. —4 版. —北京：机械工业出版社，2019.12（2024.1重印）

普通高等专科教育机电类专业系列教材　机械工业出版社精品教材

ISBN 978-7-111-63834-6

Ⅰ.①液… Ⅱ.①丁… ②丁… Ⅲ.①液压传动-高等职业教育-教材 Ⅳ.①TH137

中国版本图书馆 CIP 数据核字（2019）第 213180 号

机械工业出版社（北京市百万庄大街 22 号　邮政编码 100037）
策划编辑：刘良超　责任编辑：刘良超
责任校对：肖　琳　封面设计：严娅萍
责任印制：常天培
北京机工印刷厂有限公司印刷
2024 年 1 月第 4 版第 5 次印刷
184mm×260mm・12.5 印张・307 千字
标准书号：ISBN 978-7-111-63834-6
定价：39.80 元

电话服务　　　　　　　　　网络服务
客服电话：010-88361066　　机　工　官　网：www.cmpbook.com
　　　　　010-88379833　　机　工　官　博：weibo.com/cmp1952
　　　　　010-68326294　　金　书　网：www.golden-book.com
封底无防伪标均为盗版　　　机工教育服务网：www.cmpedu.com

前　言

　　液压传动技术是基本的工业控制技术之一。近年来，液压传动技术在航空航天、军工、船舶、工程机械、车辆工程等领域得到了越来越广泛的应用，已经成为自动化生产中不可或缺的先进科学技术之一。随之而来的是工业产品对液压系统的性能和品质提出了更高的要求。因此，液压传动技术必须有与时俱进的创新。

　　本书共分十章，主要内容包括概论、液压传动基础知识、液压泵和液压马达、液压缸、液压控制阀、液压辅助元件、液压回路、典型液压传动系统、液压传动系统的设计与计算、液压伺服系统。

　　本书着重基本概念和原理的阐述，突出理论知识的应用，加强针对性和实用性，着眼于能力培养，重视过程方法的应用。本书中所用的液压元件图形符号以及液压油牌号等，均贯彻了现行国家标准。本书采用双色印刷，突出了重点内容，各章均附有习题，并在书后给出部分习题的参考答案，便于学生检测学习效果。为了实现信息化教学，本书部分知识点配有二维码资源链接，学生扫码即可观看视频资源。

　　本书由丁问司、丁树模担任主编，黄晓东担任副主编，陈丽娜、卢小辉参编。

　　由于编者水平所限，书中难免有疏漏之处，望广大读者批评指正。

编　者

目　录

前　言
第一章　概论 ………………………………… 1
第一节　液压传动的工作原理 ……………… 1
第二节　液压传动系统的组成及图形符号 … 2
第三节　液压传动的优缺点及应用 ………… 3
习题 ……………………………………………… 4
第二章　液压传动基础知识 ………………… 5
第一节　液压油 ……………………………… 5
第二节　液体静力学基础 …………………… 13
第三节　液体动力学基础 …………………… 16
第四节　液体流动时的压力损失 …………… 22
第五节　小孔和缝隙流量 …………………… 26
第六节　液压冲击和气穴现象 ……………… 31
习题 …………………………………………… 32
第三章　液压泵和液压马达 ………………… 35
第一节　液压泵概述 ………………………… 35
第二节　齿轮泵 ……………………………… 38
第三节　叶片泵 ……………………………… 41
第四节　柱塞泵 ……………………………… 47
第五节　螺杆泵 ……………………………… 51
第六节　各类液压泵的性能比较及应用 …… 52
第七节　液压马达 …………………………… 52
习题 …………………………………………… 56
第四章　液压缸 ……………………………… 58
第一节　液压缸的类型和特点 ……………… 58
第二节　液压缸的结构 ……………………… 62
第三节　液压缸的设计与计算 ……………… 70
习题 …………………………………………… 73
第五章　液压控制阀 ………………………… 74
第一节　概述 ………………………………… 74
第二节　方向控制阀 ………………………… 75
第三节　压力控制阀 ………………………… 84
第四节　流量控制阀 ………………………… 90
第五节　比例阀、二通插装阀和数字阀 …… 93
习题 …………………………………………… 98
第六章　液压辅助元件 …………………… 100
第一节　蓄能器 …………………………… 100
第二节　过滤器 …………………………… 102
第三节　压力计和压力计开关 …………… 106
第四节　油箱 ……………………………… 107
第五节　管件 ……………………………… 109
习题 …………………………………………… 112
第七章　液压回路 ………………………… 113
第一节　方向控制回路 …………………… 113
第二节　压力控制回路 …………………… 114
第三节　速度控制回路 …………………… 120
第四节　多缸工作控制回路 ……………… 129
习题 …………………………………………… 132
第八章　典型液压传动系统 ……………… 135
第一节　组合机床动力滑台液压系统 …… 135
第二节　外圆磨床液压系统 ……………… 137
第三节　压力机液压系统 ………………… 142
第四节　汽车起重机液压系统 …………… 145
第五节　塑料注塑成型机液压系统 ……… 148
习题 …………………………………………… 152
第九章　液压传动系统的设计与计算 … 154
第一节　液压传动系统的设计步骤和
　　　　　内容 ……………………………… 154
第二节　液压系统设计计算举例 ………… 164
第三节　CAD 在液压系统设计中的应用 … 168
习题 …………………………………………… 169
第十章　液压伺服系统 …………………… 170
第一节　概述 ……………………………… 170
第二节　液压伺服阀 ……………………… 172
第三节　电液伺服阀 ……………………… 174
第四节　液压伺服系统实例 ……………… 175
第五节　对液压伺服系统的基本要求 …… 177
习题 …………………………………………… 178
附录 ………………………………………… 179
附录 A　常用流体传动系统及元件图形
　　　　　符号新旧标准对照 ……………… 179
附录 B　部分习题参考答案 ……………… 193
参考文献 …………………………………… 195

第一章

概　论

用液体作为工作介质来实现能量传递的传动方式称为液体传动。液体传动按其工作原理的不同分为两类：主要以液体动能进行工作的称为液力传动（如离心泵、液力变矩器等）；主要以液体压力能进行工作的称为液压传动。后者是本书所要讨论的内容。

第一节　液压传动的工作原理

图 1-1 所示为液压千斤顶的工作原理示意图，我们可以用它来说明液压传动的工作原理。图中大小两个液压缸 6 和 3 的内部分别装有活塞 7 和 2，活塞和缸体之间保持一种良好的配合关系，不仅活塞能在缸内滑动，而且配合面之间又能实现可靠的密封。当用手向上提起杠杆 1 时，小活塞 2 就被带动上升，于是液压缸 3 的下腔密封容积增大，腔内压力下降，形成部分真空，这时钢球 5 将所在的通路关闭，油箱 10 中的油液就在大气压力的作用下推开钢球 4 沿吸油孔道进入小缸的下腔，完成一次吸油动作。接着，压下杠杆 1，小活塞下移，小缸下腔的密封容积减小，腔内压力升高，这时钢球 4 自动关闭了油液流回油箱的通路，小缸下腔的压力油就推开钢球 5 挤入液压缸 6 的下腔，推动大活塞将重物 8（重力为 G）向上顶起一段距离。如此反复地提压杠杆 1，就可以使重物不断升起，达到顶起重物的目的。

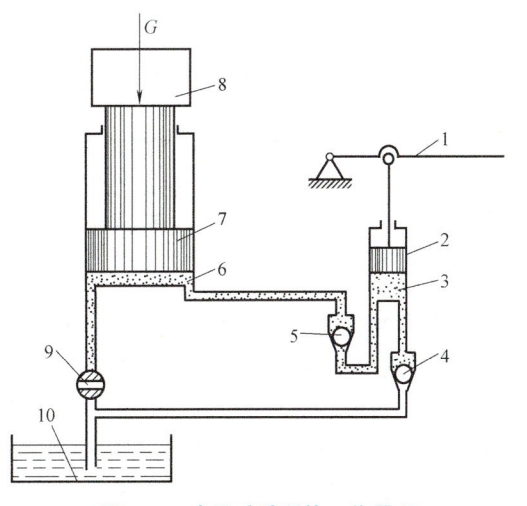

图 1-1　液压千斤顶的工作原理

1—杠杆　2—小活塞　3、6—液压缸　4、5—钢球
7—大活塞　8—重物　9—放油阀　10—油箱

若将放油阀 9 旋转 90°，则在物体 8 的自重作用下，大缸中的油液流回油箱，活塞下降到原位。

从此例可以看出，液压千斤顶是一个简单的液压传动装置。分析液压千斤顶的工作过程，可知液压传动是依靠液体在密封容积变化中的压力能实现运动和动力传递的。液压传动装置本质上是一种能量转换装置，它先将机械能转换为便于输送的液压能，后又将液压能转换为机械能做功。

第二节　液压传动系统的组成及图形符号

图 1-2 所示为一台简化了的机床工作台液压传动系统。我们可以通过它进一步了解一般液压传动系统应具备的基本性能和组成情况。

在图 1-2a 中，液压泵 3 由电动机（图中未示出）带动旋转，从油箱 1 中吸油。油液经过滤器 2 过滤后流往液压泵，经泵向系统输送。来自液压泵的压力油流经节流阀 5 和换向阀 6 进入液压缸 7 的左腔，推动活塞连同工作台 8 向右移动。这时，液压缸右腔的油通过换向阀经回油管排回油箱。

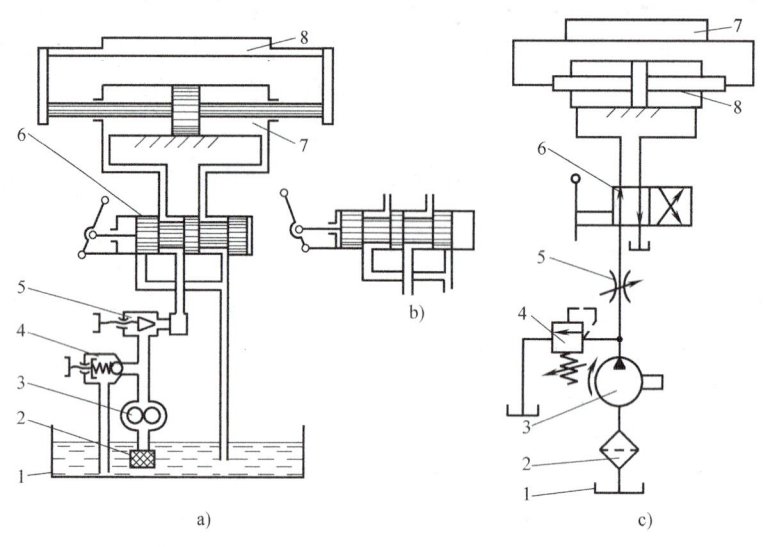

图 1-2　机床工作台液压传动系统
1—油箱　2—过滤器　3—液压泵　4—溢流阀　5—节流阀　6—换向阀　7—液压缸　8—工作台

如果将换向阀手柄扳到左边位置，使换向阀处于图 1-2b 所示的状态，则压力油经换向阀进入液压缸的右腔，推动活塞连同工作台向左移动。这时，液压缸左腔的油也经换向阀和回油管排回油箱。

工作台的移动速度是通过节流阀来调节的。当节流阀开口较大时，进入液压缸的流量较大，工作台的移动速度也较快；反之，当节流阀开口较小时，工作台移动速度则较慢。

工作台移动时必须克服阻力，例如克服切削力和相对运动表面的摩擦力等。为适应克服不同大小阻力的需要，泵输出油液的压力应当能够调整；另外，当工作台低速移动时，节流阀开口较小，泵出口多余的压力油也需排回油箱。这些功能是由溢流阀 4 来实现的，调节溢流阀弹簧的预压力就能调整泵出口的油液压力，并让多余的油在相应压力下打开溢流阀，经回油管流回油箱。

从上述例子可以看出，液压传动系统由以下五个部分组成：

(1) **动力元件**　动力元件即液压泵，它将原动机输入的机械能转换为流体介质的压力能，其作用是为液压系统提供压力油，是系统的动力源。

(2) **执行元件**　执行元件是指液压缸或液压马达，它是将液压能转换为机械能的装置，其作用是在压力油的推动下输出力和速度（或力矩和转速），以驱动工作部件。

(3) **控制元件** 包括各种阀类，如上例中的溢流阀、节流阀、换向阀等。这类元件的作用是用以控制液压系统中油液的压力、流量和流动方向，以保证执行元件完成预期的工作。

(4) **辅助元件** 包括油箱、油管、过滤器以及各种指示器和控制仪表等。它们的作用是提供必要的条件使系统得以正常工作和便于监测控制。

(5) **工作介质** 工作介质即传动液体，通常称为液压油。液压系统就是通过工作介质实现运动和动力传递的。

在图 1-2a 中，组成液压系统的各个元件是用半结构式图形画出来的，这种图形直观性强，较易理解，但难于绘制，系统中元件数量多时更是如此。在工程实际中，除某些特殊情况外，一般都用简单的图形符号来绘制液压系统原理图。对于图 1-2a 所示的液压系统，若用国家标准 GB/T 786.1—2009 规定的液压图形符号绘制，则其系统原理图如图 1-2c 所示。图中的符号只表示元件的功能，不表示元件的结构和参数。使用这些图形符号，可使液压系统图简单明了，便于绘制。GB/T 786.1—2009 液压图形符号见本书附录 A。

第三节　液压传动的优缺点及应用

一、液压传动的优缺点

液压传动与其他传动方式相比较，有如下主要优点：

1) 液压传动能方便地实现无级调速，调速范围大。
2) 在相同功率情况下，液压传动能量转换元件的体积较小，重量较轻。
3) 工作平稳，换向冲击小，便于实现频繁换向。
4) 便于实现过载保护，而且工作油液能使传动零件实现自润滑，故使用寿命较长。
5) 操纵简单，便于实现自动化。特别是和电气控制联合使用时，易于实现复杂的自动工作循环。
6) 液压元件易于实现系列化、标准化和通用化。

液压传动的主要缺点是：

1) 液压传动中的泄漏和液体的可压缩性使传动系统无法保证严格的传动比。
2) 液压传动有较多的能量损失（泄漏损失、摩擦损失等），故传动效率不高，不宜用于远距离传动。
3) 液压传动对油温的变化比较敏感，不宜在很高和很低的温度下工作。
4) 液压传动出现故障时不易找出原因。

总的来说，液压传动的优点是十分突出的，它的缺点将随着科学技术的发展而逐渐得到克服。

二、液压传动的应用和发展

液压传动相对于机械传动来说，是一门新的技术。如果从 1795 年世界上第一台水压机诞生算起，液压传动已有 200 多年的历史。然而，液压传动的真正推广使用却是近 60 多年的事情。特别是 20 世纪 60 年代以后，随着原子能科学、空间技术、计算机技术的发展，液压技术也得到了很大发展，已渗透到国民经济的各个领域之中，在工程机械、冶金、军工、农机、汽车、轻纺、船舶、石油、航空和机床工业中，液压技术得到了普遍的应用。当前，液压技术正向高压、高速、大功率、高效率、低噪声、低能耗、经久耐用、高度集成化等方向发展；同时，新型液压元件的应用，液压系统的计算机辅助设计、计算机仿真和优化、微机控制等工作，也日益取得显著的成果。

我国的液压工业开始于 20 世纪 50 年代，其产品最初应用于机床和锻压设备，后来又用于拖拉机和工程机械。自 1964 年开始从国外引进液压元件生产技术，同时自行设计液压产品以来，我国的液压元件生产已形成系列，并在各种机械设备上得到了广泛的使用。目前，我国机械工业在认真消化、推广从国外引进的先进液压技术的同时，大力研制开发国产液压件新产品（如中高压齿轮泵、比例阀、叠加阀及新系列中的高压阀等）。加强产品质量可靠性和新技术应用的研究，积极采用国际标准和执行新的国家标准，合理调整产品结构，对一些性能差的不符合国家标准的液压件产品（如中低压阀等）采取逐步淘汰的措施。可以看出，液压传动技术在我国的应用与发展已经进入了一个崭新的历史阶段。

习　题

1-1　何谓液压传动？液压传动的基本工作原理是怎样的？

1-2　液压传动系统有哪些组成部分？各部分的作用是什么？

1-3　液压元件在系统图中是怎样表示的？

1-4　和其他传动方式相比较，液压传动有哪些主要优、缺点？

第二章

液压传动基础知识

液压传动是以液体(液压油)作为工作介质来进行能量传递的,因此,了解液体的基本性质,掌握液体平衡和运动的主要力学规律,对于正确理解液压传动原理以及合理设计和使用液压系统都是非常必要的。

第一节 液 压 油

一、液压油的主要性质

(一) 密度

单位体积液体的质量称为该液体的密度,即

$$\rho = \frac{m}{V} \tag{2-1}$$

式中 V——液体的体积;
　　m——体积为 V 的液体的质量;
　　ρ——液体的密度。

密度是液体的一个重要的物理参数。随着液体温度或压力的变化,其密度也会发生变化,但这种变化量通常不大,可以忽略不计。一般液压油的密度为 $900 kg/m^3$。

(二) 可压缩性

液体受压力作用而发生体积减小的性质称为液体的可压缩性。体积为 V 的液体,当压力增大 Δp 时,体积减小 ΔV,则液体在单位压力变化下的体积相对变化量为

$$\kappa = -\frac{1}{\Delta p} \frac{\Delta V}{V} \tag{2-2}$$

式中 κ——液体的压缩系数。

由于压力增大时液体的体积减小,因此式(2-2)的右边必须加一负号,以使 κ 为正值。
κ 的倒数称为液体的体积模量,以 K 表示,即

$$K = \frac{1}{\kappa} = -\frac{\Delta p}{\Delta V} V \tag{2-3}$$

式中 K——产生单位体积相对变化量所需要的压力增量。

在实际应用中,常用 K 值说明液体抵抗压缩能力的大小。在常温下,纯净油液的体积模量 $K=(1.4\sim2)\times10^3 MPa$,数值很大,故一般可认为油液是不可压缩的。

应当指出,当液压油中混有空气时,其抗压缩能力将显著降低,这会严重影响液压系统

的工作性能。在有较高要求或压力变化较大的液压系统中，应力求减少液压油中混入的气体及其他易挥发物质（如汽油、煤油、乙醇和苯等）的含量。由于油液中的气体难以完全排除，实际计算中常取液压油的体积模量 $K = 0.7 \times 10^3 \text{MPa}$。

（三）黏性

1. 黏性的物理本质

液体在外力作用下流动时，分子间的内聚力要阻止分子间的相对运动，因而产生一种内摩擦力，这一特性称为液体的黏性。黏性是液体的重要物理性质，也是选择液压用油的主要依据之一。

液体流动时，由于液体的黏性以及液体和固体壁面间的附着力，会使液体内部各层间的速度大小不等。如图 2-1 所示，设两平行平板间充满液体，下平板不动，上平板以速度 u_0 向右平移。由于液体的黏性作用，紧贴下平板的液体层速度为零，紧贴上平板的液体层速度为 u_0，而中间各层液体的速度则根据它与下平板间的距离大小近似呈线性规律分布。

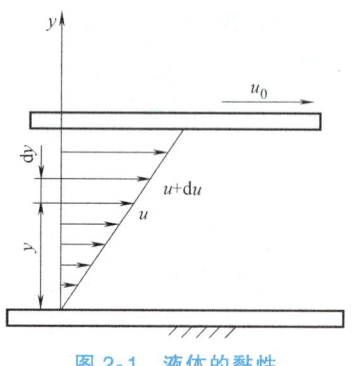

图 2-1 液体的黏性

实验测定结果指出，液体流动时相邻液层间的内摩擦力 F 与液层接触面积 A、液层间的速度梯度 du/dy 成正比，即

$$F = \mu A \frac{du}{dy} \tag{2-4}$$

式中 μ——比例常数，称为动力黏度。

若以 τ 表示内摩擦切应力，即液层间在单位面积上的内摩擦力，则

$$\tau = \frac{F}{A} = \mu \frac{du}{dy} \tag{2-5}$$

这就是牛顿液体内摩擦定律。

由式 (2-5) 可知，在静止液体中，因速度梯度 $du/dy = 0$，内摩擦力为零，所以液体在静止状态下是不呈黏性的。

2. 黏度

液体黏性的大小用黏度来表示。常用的黏度有三种，即动力黏度、运动黏度和条件黏度。

（1）动力黏度　动力黏度又称为绝对黏度，由式 (2-4) 可得

$$\mu = \frac{F}{A \frac{du}{dy}}$$

可知动力黏度的物理意义是：液体在单位速度梯度下流动时，接触液层间单位面积上的内摩擦力。

动力黏度的法定计量单位为 $\text{Pa} \cdot \text{s}$（帕·秒，$\text{N} \cdot \text{s/m}^2$），它与以前沿用的非法定计量单位 P（泊，$\text{dyne} \cdot \text{s/cm}^2$）之间的关系是

$$1\text{Pa} \cdot \text{s} = 10\text{P}$$

（2）运动黏度　动力黏度和该液体密度的比值称为运动黏度，以 ν 表示，即

$$\nu = \frac{\mu}{\rho} \tag{2-6}$$

比值 ν 无物理意义,但它却是工程实际中经常用到的物理量,称为运动黏度。

运动黏度的法定计量单位是 m^2/s(米^2/秒),它与以前沿用的非法定计量单位 cSt(厘斯)之间的关系是

$$1m^2/s = 10^6 mm^2/s = 10^6 cSt$$

国际标准化组织 ISO 规定统一采用运动黏度来表示油的黏度等级。我国生产的全损耗系统用油和液压油采用 40℃ 时的运动黏度值(mm^2/s)为其黏度等级标号⊖,即油的牌号。例如牌号为 L—HL32 的液压油,就是指这种油在 40℃ 时的运动黏度平均值为 32mm^2/s。

3. 黏度和温度的关系

油液对温度的变化极为敏感,温度升高,油的黏度即降低。油的黏度随温度变化的性质称为油液的黏温特性。不同种类的液压油有不同的黏温特性。图 2-2 所示为几种典型液压油的黏温特性曲线图。

黏温特性较好的液压油,黏度随温度的变化较小,因而油温变化对液压系统性能的影响较小。

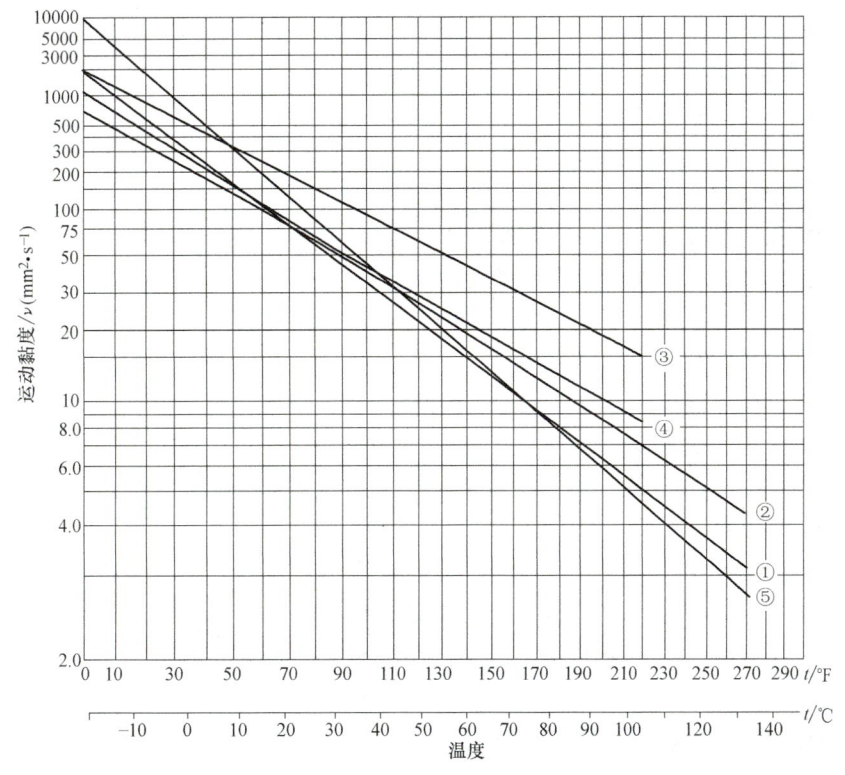

图 2-2 典型液压油的黏温特性曲线
①—矿油型普通液压油 ②—矿油型高黏度指数液压油 ③—水包油乳化液
④—水-乙二醇液 ⑤—磷酸酯液

⊖ 我国过去曾用 50℃ 时的运动黏度值作为油的黏度等级标号,如 15、20、30、40、60 号,其相对应的新的黏度等级标号分别为 L—HL22、L—HL32、L—HL46、L—HL68、L—HL100。

国际和国内常采用黏度指数 VI 值来衡量油液黏温特性的好坏。黏度指数 VI 值较大,表示油液黏度随温度的变化率较小,即黏温特性较好。一般液压油的 VI 值要求在 90 以上,优异的在 100 以上。

4. 黏度和压力的关系

液体所受的压力增大时,其分子间的距离减小,内聚力增大,黏度也随之增大。但对于一般的液压系统,当压力在 32MPa 以下时,压力对黏度的影响不大,可以忽略不计。

(四) 其他性质

液压油还有其他一些物理化学性质,如抗燃性、抗凝性、抗氧化性、抗泡沫性、抗乳化性、缓蚀性、润滑性、导热性、相容性(主要是指对密封材料不侵蚀、不溶胀的性质)以及纯净性等,都对液压系统工作性能有重要影响。对于不同品种的液压油,这些性质的指标也有不同,具体可见油类产品手册。

二、液压油的选用

为了正确选用液压油,需要了解对液压油的使用要求,熟悉液压油的品种及其性能,掌握液压油的选择方法。

1. 对液压油的使用要求

液压传动用油一般应满足如下要求:

1) 黏度适当,黏温特性好。
2) 润滑性能好,缓蚀性好。
3) 质地纯净,杂质少。
4) 对金属和密封件有良好的相容性。
5) 氧化稳定性好,长期工作不易变质。
6) 抗泡沫性和抗乳化性好。
7) 体积膨胀系数小,比热容大。
8) 燃点高,凝点低。
9) 对人体无害,成本低。

对于具体的液压传动系统,则需根据情况突出某些方面的使用性能要求。

2. 液压油的品种

国家标准《石油产品及润滑剂 分类方法和类别的确定》(GB/T 498—2014)将润滑剂和有关产品规定为 L 类产品。《润滑剂、工业用油和有关产品 (L 类) 的分类 第 1 部分:总分组》(GB/T 7631.1—2008)又将 L 类产品按照应用场合分为 18 个组,其中 H 组用于液压系统,其主要产品见表 2-1。《工业液体润滑剂 ISO 粘度分类》(GB/T 3141—1994)将工业液体润滑剂按照 40℃时的运动黏度分为 20 个黏度等级,见表 2-2。

表 2-1 润滑剂、工业用油和相关产品 (L 类) 的分类 第 2 部分:H 组 (液压系统)

组别符号	总应用	特殊应用	更具体的应用	组成和特性	产品符号 L—	典型应用	备注
H	液压系统	流体静压系统	液压导轨系统	无抑制剂的精制矿油	HH		比全损耗系统用油质量高

第二章 液压传动基础知识

(续)

组别符号	总应用	特殊应用	更具体的应用	组成和特性	产品符号 L—	典型应用	备 注
H 液压系统	流体静压系统	液压导轨系统		精制矿油,并改善其防锈和抗氧化性	HL	通用机床工业润滑油	
				HL 油,并改善其抗磨性	HM	有大负载部件的一般液压系统	抗磨液压油
				HL 油,并改善其黏温特性	HR		
				HM 油,并改善其黏温特性	HV	建筑和船用设备	低温液压油
				无特定难燃性的合成液	HS		合成低温液压油
				甘油三酸酯	HETG	一般液压系统(可移动式)	每个品种的基础液的最小含量应不少于 70%(质量分数)
				聚乙二醇	HEPG		
				合成酯	HEES		
				聚 α 烯烃和相关烃类产品	HEPR		
				HM 油,并具有黏-滑性好的特点	HG	液压和滑动轴承导轨润滑系统合用的机床,在低速下使振动或间断滑动(黏-滑)减为最小	液压-导轨油
		需要难燃液的场合		水包油型乳化液	HFAE		含水大于 80%(质量分数)
				化学水溶液	HFAS		含水大于 80%(质量分数)
				油包水乳化液	HFB		含水小于 80%(质量分数)
				含聚合物水溶液	HFC		
				磷酸酯无水合成液	HFDR		选择本产品时应小心,因其可能对环境和健康有害
				其他成分的无水合成液	HFDU		
	流体动力系统	自动传动系统			HA		与这些应用有关的分类尚未进行详细的研究,以后可以增加
		偶合器和变矩器			HN		

注:在本分类标准中,各产品名称是采用统一的方法命名的。例如

L—HM 32

- 数字(根据 GB/T 3141—1994 标准规定的黏度等级);40℃ 时液压油的运动黏度厘斯(cSt)数
- 品种(抗磨液压油,H 为 L 类产品所属的组别,其应用场合为液压系统)
- 类别(润滑剂)

表 2-2 工业液体润滑剂的黏度等级与旧牌号的对照

黏度等级 (GB/T 3141—1994)	中间点运动黏度(40℃) /(mm²/s)	运动黏度范围(40℃) /(mm²/s)	按 50℃ 运动黏度划分的旧牌号	按 100℃ 运动黏度划分的旧牌号
2	2.2	1.98~2.42	2*	
3	3.2	2.88~3.52		
5	4.6	4.14~5.06	4*、5*	
7	6.8	6.12~7.48	5*、6*	
10	10	9.00~11.00	7*、10*	
15	15	13.5~16.5	10*	
22	22	19.8~24.2		
32	32	28.8~35.2	20*	5*、6*
46	46	41.4~50.6	30*	
68	68	61.2~74.8	40*、50*	9*
100	100	90.0~110	60*、70*	13*
150	150	135~165	80*、90*	19*
220	220	198~242	100*、150*	19*
320	320	288~352	200*	24*
460	460	414~506	250*、300*	24*
680	680	612~748	400*	38*
1000	1000	900~1100	500*	52*
1500	1500	1350~1650	600*、700*	65*
2200	2200	1980~2420		
3200	3200	2880~3520		

3. 液压传动介质的选用

液压传动介质的合理选用实质上就是液压油品种和牌号的选择。

(1) 液压油品种的选择 石油基液压油的品种较多,由于制造容易、来源多、价格较低,故几乎 90% 以上的液压设备中使用的是石油基液压油;难燃液压油既有抗燃特性,又符合节省能源与控制污染的要求,故受到各国的普遍重视,是一种具有很大潜力的液压油。因此,应从设备中液压系统的特点、工作环境和液压油的特性等出发,来选择液压油的品种。表 2-3 可供选择液压油时参考。

表 2-3 液压油品种选择参考

液压设备液压系统举例	对液压油的要求	可选择的液压油品种
低压或简单机具的液压系统	抗氧化稳定性和抗泡沫性一般,无抗燃要求	HH 无 HH 时可选 HL
中、低压精密机械等液压系统	要求有较好的抗氧化稳定性,无抗燃要求	HL 无 HL 时可选用 HM
中、低压和高压液压系统	要求抗氧化稳定性、抗泡沫性、防锈性、抗磨性好	HM 无 HM 时可选用 HV、HS

（续）

液压设备液压系统举例	对液压油的要求	可选择的液压油品种
环境变化较大和工作条件恶劣（指野外工程和远洋船舶等）的低、中、高压系统	除上述要求外，要求凝点低、黏度指数高、黏温特性好	HV、HS
环境温度变化较大和工作条件恶劣（野外工程和远洋船舶等）的低压系统	要求凝点低、黏度指数高	HR 对于有银部件的液压系统，北方选用 L—HR 油，南方用 HM 油或 HL 油
液压和导轨润滑合用的系统	在 HM 油基础上改善黏-滑性（防爬行性好）	HC
煤矿液压支架、静压系统和其他不要求回收废液和不要求有良好润滑的情况，但要求有良好的抗燃性。使用温度为 5~50℃	要求抗燃性好，并具有一定的缓蚀性、润滑性和良好的冷却性，价格便宜	L—HFAE
冶金、煤矿等行业的中压和高压、高温和易燃的液压系统。使用温度为 5~50℃	抗燃性、润滑性和缓蚀性好	L—HFB
需要难燃液的低压液压系统和金属加工等机械。使用温度为 5~50℃	不要求低温性、黏温特性和润滑性，但抗燃性要好，价格要便宜	L—HFAS
冶金和煤矿等行业的低压和中压液压系统。使用温度为 -20~50℃	低温性、黏温特性和对橡胶的适用性好，抗燃性好	HFC
冶金、火力发电、燃气轮机等高温高压下操作的液压系统。使用温度为 -20~100℃	要求抗燃性好，抗氧化稳定性和润滑性好	HFDR

（2）液压油牌号的选择　在液压油的品种已定的情况下选择液压油的牌号时，最先考虑的应是液压油的黏度。如果黏度太低，会使泄漏量增加，从而降低效率，降低润滑性，增加磨损；如果液压油的黏度太高，液体流动的阻力就会增大，磨损增大，液压泵的吸油阻力增大，易产生吸空现象（也称气穴现象，即油液中产生气泡的现象）和噪声。因此，要合理选择液压油的黏度。选择液压油时要注意以下几点：

1）工作环境。当液压系统工作环境温度较高时，应采用较高黏度的液压油；反之则采用较低黏度的液压油。

2）工作压力。当液压系统工作压力较高时，应采用较高黏度的液压油，以防泄漏；反之采用较低黏度的液压油。

3）运动速度。当液压系统工作部件运动速度高时，为了减少功率损失，应采用较低黏度的液压油；反之采用较高黏度的液压油。

4）液压泵的类型。在液压系统中，不同的液压泵对润滑的要求不同，选择液压油时应考虑液压泵的类型及其工作环境，见表 2-4。

表 2-4　各类液压泵推荐用的液压油

液压泵类型		油液黏度 $\times 10^{-6}$（40℃时）/（m^2/s）		适用液压油的种类和产品符号
		液压系统温度 5~40℃	液压系统温度 40~80℃	
叶片泵	7MPa 以下	30~50	40~75	L—HM32、L—HM46、L—HM68
	7MPa 以上	50~70	55~90	L—HM46、L—HM68、L—HM100

(续)

液压泵类型	油液黏度×10⁻⁶(40℃时)/(m²/s)		适用液压油的种类和产品符号
	液压系统温度 5~40℃	液压系统温度 40~80℃	
齿轮泵	30~70	95~165	中、低压时用 L—HL32、L—HL46、L—HL68、L—HL100、L—HL150
径向柱塞泵	30~50	65~240	中、高压时用 L—HM32、L—HM46、L—HM68、L—HM100、L—HM150
轴向柱塞泵	30~70	70~150	

三、液压油的污染及其控制

液压油受到污染，常常是系统发生故障的主要原因。因此，控制液压油的污染是十分重要的。

1. 污染的危害

液压油被污染指的是液压油中含有水分、空气、微小固体颗粒及胶状生成物等杂质。液压油污染对液压系统造成的危害主要是：

1）固体颗粒和胶状生成物堵塞过滤器，使液压泵运转困难，产生噪声；堵塞阀类元件小孔或缝隙，使阀动作失灵。

2）微小固体颗粒会加速零件磨损，使元件不能正常工作；同时，也会擦伤密封件，使泄漏增加。

3）水分和空气的混入会降低液压油的润滑能力，并使其氧化变质；产生气蚀，使元件加速损坏；使液压系统出现振动、爬行等现象。

2. 污染的原因

液压油被污染的原因主要有以下几方面：

（1）残留物污染　这主要是指液压元件在制造、储存、运输、安装、维修过程中带入的砂粒、铁屑、磨料、焊渣、锈片、棉纱和灰尘等，虽经清洗，但未清洗干净而残留下来，造成液压油污染。

（2）侵入物污染　这主要是指周围环境中的污染物（空气、尘埃、水滴等）通过一切可能的侵入点，如外露的往复运动活塞杆，油箱的进气孔和注油孔等侵入系统，造成液压油污染。

（3）生成物污染　这主要是指液压系统在工作过程中产生的金属微粒、密封材料磨损颗粒、涂料剥离片、水分、气泡及油液变质后的胶状生成物等，造成液压油污染。

3. 污染的控制

液压油污染的原因很复杂，液压油自身又在不断产生脏物，因此要彻底防止污染是很困难的。为了延长液压元件的寿命，保证液压系统正常工作，将液压油污染程度控制在某一限度以内是较为切实可行的办法。实用中常采取如下几方面措施来控制污染：

（1）力求减少外来污染　液压装置组装前后必须严格清洗，油箱通大气处要加空气过滤器，向油箱灌油应通过过滤器，维修拆卸液压元件应在无尘区进行。

（2）滤除系统产生的杂质　应在系统的有关部位设置适当精度的过滤器，并且要定期检查、清洗或更换滤芯。

（3）定期检查更换液压油　应根据液压设备使用说明书的要求和维护保养规程的规定，

定期检查更换液压油。换油时要清洗油箱，冲洗系统管道及元件。

第二节 液体静力学基础

液体静力学所研究的是静止液体的力学性质。这里所说的静止，是指液体内部质点之间没有相对运动，至于液体整体完全可以像刚体一样做各种运动。

一、液体的压力

液体单位面积上所受的法向力称为压力。这一定义在物理学中称为压强，但在液压传动中习惯称为压力。压力通常以 p 表示。

液体的压力有如下特性：

1) 液体的压力沿着内法线方向作用于承压面。
2) 静止液体内任一点的压力在各个方向上都相等。

由上述性质可知，静止液体总是处于受压状态，并且其内部的任何质点都是受平衡压力作用的。

二、重力作用下静止液体中的压力分布

如图 2-3a 所示，密度为 ρ 的液体在容器内处于静止状态。为求任意深度 h 处的压力 p，可以假想从液面往下切取一个垂直小液柱作为研究体，设液柱的底面积为 ΔA，高为 h，如图 2-3b 所示。由于液柱处于平衡状态，于是有

$$p\Delta A = p_0 \Delta A + \rho g h \Delta A$$

因此得
$$p = p_0 + \rho g h \tag{2-7}$$

式(2-7)称为液体静力学基本方程式。由式(2-7)可知，重力作用下的静止液体，其压力分布有如下特征：

1) 静止液体内任一点处的压力都由两部分组成：一部分是液面上的压力 p_0，另一部分是该点以上液体自重所形成的压力，即 ρg 与该点离液面深度 h 的乘积。当液面上只受大气压力 p_a 作用时，则液体内任一点处的压力为

$$p = p_a + \rho g h \tag{2-8}$$

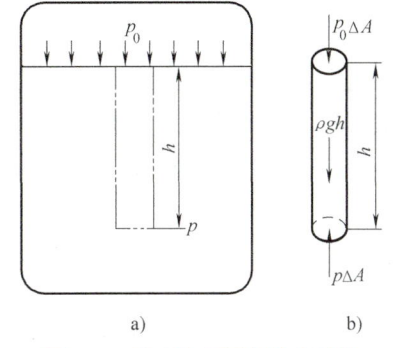

图 2-3 重力作用下的静止液体

2) 静止液体内的压力随液体深度呈线性规律分布。
3) 离液面深度相同的各点组成了等压面，此等压面为一水平面。

三、压力的表示方法和单位

根据度量基准的不同，液体压力分为绝对压力和相对压力两种。如式(2-8)中的压力 p，其值是以绝对真空为基准来度量的，称为绝对压力；而式中超过大气压力的那部分压力 $p-p_a = \rho g h$，其值是以大气压力为基准来度量的，称为相对压力。在地球的表面上，一切受大气笼罩的物体，大气压力的作用都是自相平衡的，因此一般压力仪表在大气中的读数为零，用压力计(也称压力表)测得的压力数值显然是相对压力。在液压技术中，如不特别指明，

压力均指相对压力。

如果液体中某点的绝对压力小于大气压力，这时，比大气压力小的那部分数值称为真空度。由图2-4可知，以大气压力为基准计算压力时，基准以上的正值是相对压力，基准以下的负值就是真空度。例如，当液体内某点的绝对压力为$0.3×10^5$Pa时，其相对压力为$p-p_a=0.3×10^5$Pa$-1×10^5$Pa$=-0.7×10^5$Pa，即该点的真空度为$0.7×10^5$Pa（这里取近似值$p_a=1×10^5$Pa）。

压力的单位除法定计量单位Pa（帕，N/m²）外，还有以前沿用的一些单位，如bar（巴）、工程大气压at（即kgf/cm²）、标准大气压atm、水柱高（mmH₂O）或汞柱高（mmHg）等。各种压力单位之间的换算关系见表2-5。

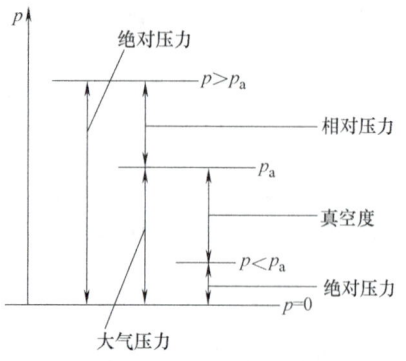

图2-4 绝对压力、相对压力和真空度

表2-5 各种压力单位的换算关系

Pa	bar	kgf/cm²	at	atm	mmH₂O	mmHg
$1×10^5$	1	1.01972	1.01972	0.986923	$1.01972×10^4$	$7.50062×10^2$

例2-1 如图2-5所示，容器内盛有油液。已知油的密度$\rho=900$kg/m³，活塞上的作用力$F=1000$N，活塞的面积$A=1×10^{-3}$m²，假设活塞的重量忽略不计，问活塞下方深度为$h=0.5$m处的压力等于多少？

解 活塞与液体接触面上的压力

$$p_0=\frac{F}{A}=\frac{1000\text{N}}{1×10^{-3}\text{m}^2}=10^6\text{N/m}^2$$

根据式(2-8)，深度为h处的液体压力为

$$p=p_0+\rho gh=10^6\text{N/m}^2+900×9.8×0.5\text{N/m}^2=1.0044×10^6\text{N/m}^2$$
$$≈10^6\text{N/m}^2=10^6\text{Pa}$$

从本例可以看出，液体在受外界压力作用的情况下，由液体自重所形成的那部分压力ρgh相对甚小，在液压系统中常可忽略不计，因而可近似认为整个液体内部的压力是相等的。以后我们在分析液压系统的压力时，一般都采用这种结论。

四、静止液体内压力的传递

如图2-5所示密闭容器内的液体，当外力F变化引起外加压力p_0发生变化时，只要液体仍保持原来的静止状态不变，则液体内任一点的压力将发生同样大小的变化。这就是说，在密闭容器内，施加于静止液体的压力可以等值地传递到液体各点。这就是帕斯卡原理，或称静压传递原理。

在图2-5中，活塞上的作用力F是外加负载，A为活塞横截面面积，根据帕斯卡原理，容器内液体的压力p与负载F之间总是保持着正比关系

$$p=\frac{F}{A} \tag{2-9}$$

可见，液体内的压力是由外界负载作用所形成的，即压力决定于负载，这是液压传动中

的一个重要的基本概念。

例 2-2 图 2-6 所示为相互连通的两个液压缸，已知大缸内径 $D=100\mathrm{mm}$，小缸内径 $d=20\mathrm{mm}$，大活塞上放置物体的质量为 5000kg。问在小活塞上所加的力 F 有多大才能使大活塞顶起重物？

解 物体的重力为

$$G = mg = 5000\mathrm{kg} \times 9.8\mathrm{m/s^2} = 49000\mathrm{kg \cdot m/s^2} = 49000\mathrm{N}$$

根据帕斯卡原理，由外力产生的压力在两缸中相等，即

$$\frac{F}{\frac{\pi d^2}{4}} = \frac{G}{\frac{\pi D^2}{4}}$$

故为了顶起重物应在小活塞上加力为

$$F = \frac{d^2}{D^2} G = \frac{20^2}{100^2} \times 49000\mathrm{N} = 1960\mathrm{N}$$

本例说明了液压千斤顶等液压起重机械的工作原理，体现了液压装置的力放大作用。

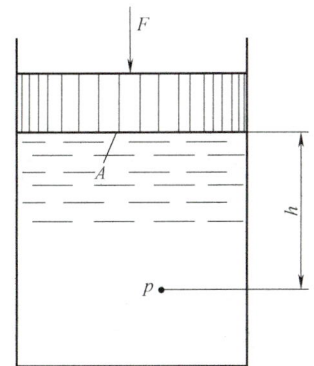

图 2-5 静止液体内的压力

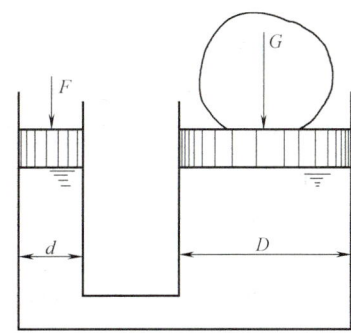

图 2-6 帕斯卡原理应用实例

五、液体对固体壁面的作用力

液体和固体壁面相接触时，固体壁面将受到总液压力的作用。

当固体壁面为一平面时，液体压力在该平面上的总作用力 F 等于液体压力 p 与该平面面积 A 的乘积，其作用方向与该平面垂直，即

$$F = pA \qquad (2-10)$$

当固体壁面为一曲面时，液体压力在该曲面某 x 方向上的总作用力 F_x 等于液体压力 p 与曲面在该方向投影面积 A_x 的乘积，即

$$F_x = pA_x \qquad (2-11)$$

上述结论可以通过液压缸缸筒的受力情况为例加以证明。

例 2-3 液压缸缸筒如图 2-7 所示，试求压力为 p 的压力油对缸筒内壁面的作用力。

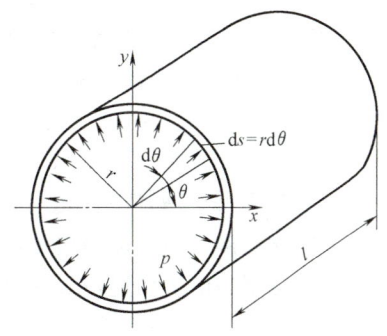

图 2-7 压力油作用在缸筒内壁面上的力

解 为求压力油对右半部缸筒内壁在 x 方向上的作用力,可在内壁上取一微小面积 $\mathrm{d}A = l\mathrm{d}s = lr\mathrm{d}\theta$(这里 l 和 r 分别为缸筒的长度和半径),则压力油作用在这块面积上的力 $\mathrm{d}F$ 的水平分量 $\mathrm{d}F_x$ 为

$$\mathrm{d}F_x = \mathrm{d}F\cos\theta = p\mathrm{d}A\cos\theta = plr\cos\theta\mathrm{d}\theta$$

由此得压力油对缸筒内壁在 x 方向上的作用力为

$$F_x = \int_{-\frac{\pi}{2}}^{\frac{\pi}{2}} \mathrm{d}F_x = \int_{-\frac{\pi}{2}}^{\frac{\pi}{2}} plr\cos\theta\mathrm{d}\theta = 2plr = pA_x$$

式中 A_x——缸筒右半部内壁在 x 方向的投影面积,$A_x = 2rl$。

第三节 液体动力学基础

本节主要讨论液体的流动状态、运动规律、能量转换以及流动液体与固体壁面的相互作用力等问题,这些内容不仅构成了液体动力学基础,而且还是液压技术中分析问题和设计计算的理论依据。

一、基本概念

1. 理想液体和恒定流动

研究液体流动时必须考虑黏性的影响,但由于这个问题非常复杂,所以在开始分析时可以假设液体没有黏性,然后再考虑黏性的作用,并通过实验验证的办法对理想结论进行补充或修正。这种办法同样可以用来处理液体的可压缩性问题。一般把既无黏性又不可压缩的假想液体称为理想液体。

液体流动时,若液体中任一点处的压力、速度和密度都不随时间而变化,则这种流动称为恒定流动(也称稳定流动或定常流动)。反之,只要压力、速度或密度中有一个随时间变化,就称非恒定流动。如图2-8所示,图2-8a 的水平管内液流为恒定流动,图2-8b 为非恒定流动。

2. 过流断面、流量和平均流速

液体在管道中流动时,其垂直于流动方向的截面称为过流断面(或称通流截面)。

单位时间内流过某一过流断面的液体体积称为体积流量,简称流量[⊖]。该流量以 q_V 表示,单位为 m^3/s 或 $\mathrm{L/min}$。

假设理想液体在一直管内做恒定流动,如图2-9所示。液流的过流断面面积即为管道截面积 A。液流在过流断面上各点的流速皆相等,以 u 表示。流运截面Ⅰ-Ⅰ的液体经时间 t 后到达截面Ⅱ-Ⅱ处,所流过的距离为 l,则流过的液体体积为 $V = Al$,因此流量即为

$$q_V = \frac{V}{t} = \frac{Al}{t} = Au \tag{2-12}$$

式(2-12)表明,液体的流量可以用过流断面面积与流速的乘积来计算。

对于实际液体,当液流通过微小的过流断面 $\mathrm{d}A$ 时(图2-10a),液体在该断面各点的流速可以认为是相等的,所以流过该微小断面的流量为

⊖ 本书中的流量一般为体积流量,故简称为流量,如果是质量流量,会特别注明。

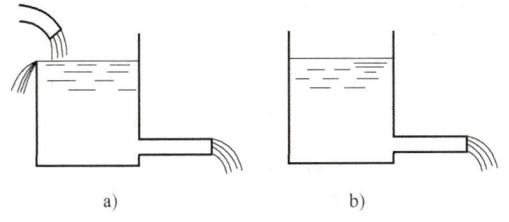

恒定流动　　　　　非恒定流动

图2-8　恒定流动和非恒定流动

$$\mathrm{d}q_V = u\mathrm{d}A$$

则流过整个过流断面 A 的流量为

$$q_V = \int_A u\mathrm{d}A \tag{2-13}$$

实际液体在流动时，由于黏性力的作用，整个过流断面上各点的速度 u 一般是不等的（图2-10b），故按式（2-13）积分计算流量是不便的。因此，提出一个平均流速概念，即假设过流断面上各点的流速均匀分布，液体以此均布流速 v 流过此断面的流量等于以实际流速流过的流量，即

$$q_V = \int_A u\mathrm{d}A = vA$$

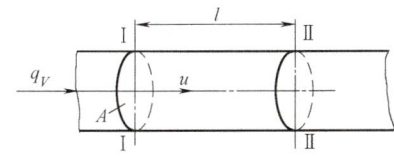

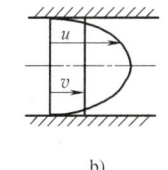

图2-9　理想液体在直管中的流动　　　图2-10　流量和平均流速

由此得出过流断面上的平均流速为

$$v = \frac{q_V}{A} \tag{2-14}$$

在工程实际中，平均流速 v 才具有应用价值。液压缸工作时，活塞运动的速度就等于缸内液体的平均流速，因而可以根据式（2-14）建立起活塞运动速度 v 与液压缸有效面积 A 和流量 q_V 之间的关系，当液压缸有效面积一定时，活塞运动速度决定于输入液压缸的流量。

3. 层流、湍流、雷诺数

液体的流动有两种状态，即层流和湍流。两种流动状态的物理现象可以通过一个实验观察出来，这就是雷诺实验。

实验装置如图2-11a所示。水箱6由进水管2不断供水，并由溢流管1保持水箱水面高度恒定。水杯3内盛有红颜色水，将开关4打开后，红色水即经细导管5流入水平玻璃管7中。当调节阀门8的开度使玻璃管中流速较小时，红色水在玻璃管7中呈一条明显的直线，这条红线和清水不相混杂，如图2-11b所示，这表明管中的水流是分层的，层与层之间互不干扰，液体的这种流动状态称为层流。当调节阀门8使玻璃管中的流速逐渐增大至某一值时，可看到红线开始抖动而呈波纹状，如图2-11c所示，这表明层流状态受到破坏，液流开始紊乱。若使管中流速进一步加大，红色水流便和清水完全混合，红线便完全消失，如

图 2-11d 所示，表明管中液流完全紊乱，这时的流动状态称为湍流。如果将阀门 8 逐渐关小，就会看到相反的过程。

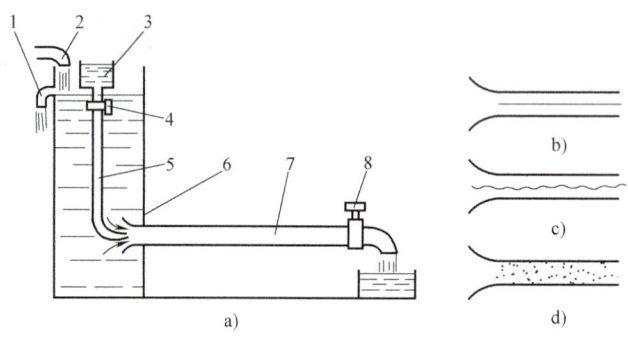

图 2-11 雷诺实验装置
1—溢流管 2—进水管 3—水杯 4—开关 5—细导管 6—水箱 7—玻璃管 8—阀门

实验还可证明，液体在圆管中的流动状态不仅与管内的平均流速 v 有关，还和管道内径 d、液体的运动黏度 ν 有关。实际上，判定液流状态的是上述三个参数所组成的一个称为雷诺数 Re 的无量纲数，即

$$Re = \frac{vd}{\nu} \tag{2-15}$$

这就是说，液流的雷诺数 Re 如果相同，它的流动状态也就相同。

液流由层流转变为湍流时的雷诺数和由湍流转变为层流时的雷诺数是不相同的，后者的数值小，所以一般都用后者作为判断液流状态的依据，称为临界雷诺数，记作 Re_c。当液流的实际雷诺数 Re 小于临界雷诺数 Re_c 时，为层流；反之，为湍流。常见液流管道的临界雷诺数由实验求得，见表 2-6。

表 2-6 常见液流管道的临界雷诺数

管 道	Re_c	管 道	Re_c
光滑金属圆管	2320	带环槽的同心环状缝隙	700
橡胶软管	1600~2000	带环槽的偏心环状缝隙	400
光滑的同心环状缝隙	1100	圆柱形滑阀阀口	260
光滑的偏心环状缝隙	1000	锥阀阀口	20~100

雷诺数的物理意义：雷诺数是液流的惯性力对黏性力的无因次比。当雷诺数较大时，说明惯性力起主导作用，这时液体处于湍流状态；当雷诺数较小时，说明黏性力起主导作用，这时液体处于层流状态。

对于非圆截面的管道，Re 可用下式计算

$$Re = \frac{d_H v}{\nu} \tag{2-16}$$

式中的 d_H 为过流断面的水力直径，可按下式求得

$$d_H = \frac{4A}{\chi} \tag{2-17}$$

式中 A——过流断面面积；

χ——湿周,为过流断面上与液体相接触的管壁周长。

水力直径的大小对通流能力的影响很大,当过流断面面积一定时,水力直径大,意味着液流和管壁的接触周长短,管壁对液流的阻力小,通流能力大。

二、连续性方程

连续性方程是质量定恒定律在流体力学中的一种表达形式。

设液体在图 2-12 所示的管道中做恒定流动。若任取的 1、2 两个过流断面的面积分别为 A_1 和 A_2,并且在该两断面处的液体密度和平均流速分别为 ρ_1、v_1 和 ρ_2、v_2,则根据质量守恒定律,在单位时间内流过两个断面的液体质量相等,即

$$\rho_1 v_1 A_1 = \rho_2 v_2 A_2$$

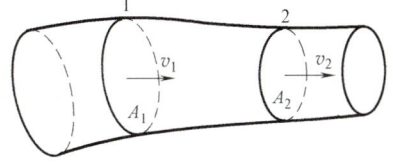

图 2-12 液流的连续性原理

当忽略液体的可压缩性时,$\rho_1 = \rho_2$,则得

$$v_1 A_1 = v_2 A_2 \qquad (2\text{-}18)$$

或写成

$$q_V = vA = 常数$$

这就是液流的连续性方程。它说明液体在管道中流动时,流过各个断面的流量是相等的(即流量是连续的),因而流速和过流断面积成反比。

三、伯努利方程

伯努利方程是能量守恒定律在流体力学中的一种表达形式。

1. 理想液体伯努利方程

设理想液体在如图 2-13 所示的管道内做恒定流动。任取一段液流 ab 作为研究对象,设 a、b 两断面中心到基准面 $O\text{-}O$ 的高度分别为 h_1 和 h_2,过流断面面积分别为 A_1 和 A_2,压力分别为 p_1 和 p_2;由于是理想液体,断面上的流速可以认为是均匀分布的,故设 a、b 断面的流速分别为 v_1 和 v_2。假设经过很短时间 Δt 以后,ab 段液体移动到 $a'b'$ 位置。现分析该段液体的功能变化。

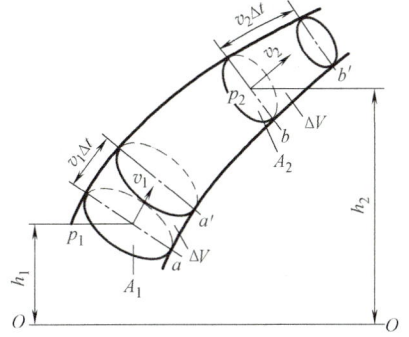

图 2-13 理想液体伯努利方程的推导

(1) 外力所做的功 作用在该段液体上的外力有侧面和两断面的压力,因理想液体无黏性,侧面压力不能产生摩擦力做功,故外力的功仅是两断面压力所做功的代数和

$$W = p_1 A_1 v_1 \Delta t - p_2 A_2 v_2 \Delta t$$

由连续性方程知 $A_1 v_1 = A_2 v_2 = q_V$,或

$$A_1 v_1 \Delta t = A_2 v_2 \Delta t = q_V \Delta t = \Delta V$$

式中 ΔV——aa' 或 bb' 微小段液体的体积。

故有

$$W = (p_1 - p_2) \Delta V$$

(2) 液体机械能的变化 因是理想液体做恒定流动,经过时间 Δt 后,中间 $a'b$ 段液体的所有力学参数均未发生变化,故这段液体的能量没有增减。液体机械能的变化仅表现在

bb' 和 aa' 两小段液体的能量差别上。由于前后两段液体有相同的质量 $\Delta m = \rho_1 v_1 A_1 \Delta t = \rho_2 v_2 A_2 \Delta t = \rho q_V \Delta t = \rho \Delta V$，所以两段液体的位能差 ΔE_p 和动能差 ΔE_k 分别为

$$\Delta E_p = \rho g q_V \Delta t (h_2 - h_1) = \rho g \Delta V (h_2 - h_1)$$

$$\Delta E_k = \frac{1}{2} \rho q_V \Delta t (v_2^2 - v_1^2) = \frac{1}{2} \rho \Delta V (v_2^2 - v_1^2)$$

根据能量守恒定律，外力对液体所做的功等于该液体能量的变化量，$W = \Delta E_p + \Delta E_k$，即

$$(p_1 - p_2) \Delta V = \rho g \Delta V (h_2 - h_1) + \frac{1}{2} \rho \Delta V (v_2^2 - v_1^2)$$

将上式各项分别除以微小段液体的体积 ΔV，整理后得理想液体伯努利方程为

$$p_1 + \rho g h_1 + \frac{1}{2} \rho v_1^2 = p_2 + \rho g h_2 + \frac{1}{2} \rho v_2^2 \tag{2-19}$$

或写成

$$p + \rho g h + \frac{1}{2} \rho v^2 = 常数 \tag{2-20}$$

式 (2-20) 各项分别是单位体积液体的压力能、位能和动能。因此，上述伯努利方程的物理意义是：在密闭管道内作恒定流动的理想液体具有三种形式的能量，即压力能、位能和动能。在流动过程中，三种能量可以相互转化，但各个过流断面上三种能量之和恒为定值。

2. 实际液体伯努利方程

实际液体在管道内流动时，由于液体存在黏性，会产生内摩擦力，消耗能量；同时，管道局部形状和尺寸的骤然变化，使液流产生扰动，也消耗能量。因此，实际液体流动有能量损失存在，设单位体积液体在两断面间流动的能量损失为 Δp_W。

另外，由于实际液体在管道过流断面上的流速分布是不均匀的，在用平均流速代替实际流速计算动能时，必然会产生误差。为了修正这个误差，需引入动能修正系数 α ⊖。

因此，实际液体的伯努利方程为

$$p_1 + \rho g h_1 + \frac{1}{2} \rho \alpha_1 v_1^2 = p_2 + \rho g h_2 + \frac{1}{2} \rho \alpha_2 v_2^2 + \Delta p_W \tag{2-21}$$

式中，动能修正系数 α_1、α_2 的值，当湍流时取 $\alpha = 1$，层流时取 $\alpha = 2$。

伯努利方程揭示了液体流动过程中的能量变化规律，因此它是流体力学中的一个特别重要的基本方程。伯努利方程不仅是进行液压系统分析的理论基础，而且还可用来对多种液压问题进行研究和计算。

应用伯努利方程时必须注意：

1) 断面 1、2 需顺流向选取 (否则 Δp_W 为负值)，且应选在缓变的过流断面上。

2) 断面中心在基准面以上时，h 取正值；反之取负值。通常选取特殊位置的水平面作为基准面。

例 2-4 液压泵装置如图 2-14 所示，油箱和大气相通。试分析吸油高度 H 对泵工作性能的影响。

⊖ $\alpha = \dfrac{实际动能}{平均动能} = \dfrac{\int_m \frac{1}{2} dm u^2}{\frac{1}{2} m v^2} = \dfrac{\int_A \frac{1}{2} (\rho u \Delta t dA) u^2}{\frac{1}{2} (\rho v \Delta t A) v^2} = \dfrac{\int_A u^3 dA}{v^3 A}$

解 设以油箱液面为基准面，对此截面1-1和泵的进口处管道截面2-2之间列伯努利方程

$$p_1+\rho gh_1+\frac{1}{2}\rho\alpha_1v_1^2=p_2+\rho gh_2+\frac{1}{2}\rho\alpha_2v_2^2+\Delta p_W$$

式中，$p_1=0$，$h_1=0$，$v_1\approx 0$，$h_2=H$，代入后可写成

$$p_2=-\left(\rho gH+\frac{1}{2}\rho\alpha_2v_2^2+\Delta p_W\right)$$

当泵安装于液面之上时，$H>0$，则有 $\rho gH+\frac{1}{2}\rho\alpha_2v_2^2+\Delta p_W>0$，故 $p_2<0$。此时，泵进口处的绝对压力小于大气压力，形成真空，油靠大气压力压入泵内。

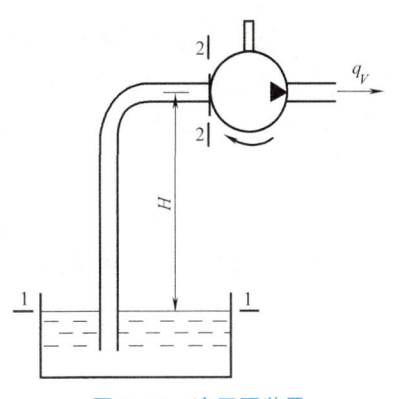

图2-14 液压泵装置

当泵安装于液面以下时，$H<0$，而当 $|\rho gH|>\frac{1}{2}\rho\alpha_2v_2^2+\Delta p_W$ 情况下，$p_2>0$，泵进口处不形成真空，油自行灌入泵内。

由上述情况分析可知，泵内吸油高度 H 值越小，泵越易吸油。在一般情况下，为便于安装维修，泵应安装在油箱液面以上，依靠进口处形成的真空度来吸油。但工作时的真空度也不能太大，当 p_2 的绝对压力值小于油液的空气分离压时，油中的气体就要析出；当 p_2 小于油液的饱和蒸气压时，油还会汽化。油中有气体析出，或油液发生汽化，油流动的连续性就受到破坏，并产生噪声和振动，影响泵和系统的正常工作。为使真空度不致过大，需要限制泵的安装高度，一般泵的 H 值不大于0.5m。

四、动量方程

动量方程是动量定理在流体力学中的具体应用。在液压传动中，要计算液流作用在固体壁面上的力时，应用动量方程求解比较方便。

刚体力学动量定理指出，作用在物体上的外力等于物体在单位时间内的动量变化量，即

$$\sum \boldsymbol{F}=\frac{m\boldsymbol{v}_2}{\Delta t}-\frac{m\boldsymbol{v}_1}{\Delta t}$$

对于作恒定流动的液体，若忽略其可压缩性，可将 $m=\rho q_V\Delta t$ 代入上式，并考虑以平均流速代替实际流速会产生误差，因而引入动量修正系数 $\beta^{\ominus}$，则可写出如下形式的动量方程

$$\sum \boldsymbol{F}=\rho q_V(\beta_2\boldsymbol{v}_2-\beta_1\boldsymbol{v}_1) \qquad (2-22)$$

式中 $\sum \boldsymbol{F}$——作用在液体上所有外力的矢量和；

$\boldsymbol{v}_1$、$\boldsymbol{v}_2$——液流在前、后两个过流断面上的平均流速矢量；

β_1、β_2——动量修正系数，湍流时 $\beta=1$，层流时 $\beta=1.33$；为简化计算，通常均取 $\beta=1$；

ρ、q_V——分别为液体的密度和流量。

式(2-22)为矢量方程，使用时应根据具体情况将式中的各个矢量分解为指定方向的投影值，再列出该方向上的动量方程。例如在 x 指定方向的动量方程可写成如下形式

$\ominus \quad \beta=\dfrac{\text{实际动量}}{\text{平均动量}}=\dfrac{\int_m \text{d}mu}{mv}=\dfrac{\int_A(\rho\Delta t\text{d}A)u}{(\rho v\Delta t)v}=\dfrac{\int_A u^2\text{d}A}{v^2A}$

$$\sum F_x = \rho q_V (\beta_2 v_{2x} - \beta_1 v_{1x}) \quad (2\text{-}23)$$

工程问题中往往要求液流对通道固体壁面的作用力，即动量方程中 $\sum \boldsymbol{F}$ 的反作用力 $\boldsymbol{F}'$，称稳态液动力。在 x 指定方向的稳态液动力计算公式为

$$F'_x = -\sum F_x = \rho q_V (\beta_1 v_{1x} - \beta_2 v_{2x}) \quad (2\text{-}24)$$

例 2-5　求图 2-15 中滑阀阀芯所受的轴向稳态液动力。

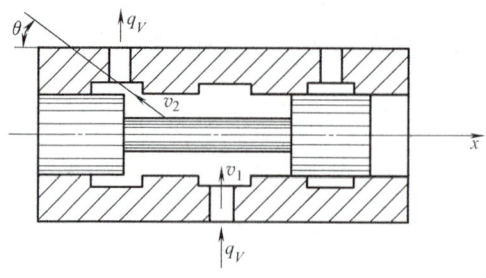

图 2-15　滑阀阀芯上的稳态液动力

解　取进出油口之间的液体为研究体积，并根据式(2-24)计算 x 轴方向液动力，即

$$F'_x = \rho q_V [\beta_1 v_1 \cos 90° - (-\beta_2 v_2 \cos \theta)] = \rho q_V \beta_2 v_2 \cos \theta$$

取 $\beta_2 = 1$，得液动力 $F'_x = \rho q_V v_2 \cos \theta$。

当液流反方向通过该阀时，同理可得相同的结果。因所得 F'_x 皆为正值，说明在上述两种情况下的 F'_x 方向都向右。可见在上述情况下，作用在滑阀阀芯上的稳态液动力总是企图关闭阀口。

第四节　液体流动时的压力损失

实际液体具有黏性，流动时会有阻力产生。为了克服阻力，流动液体需要损耗一部分能量，这种能量损失就是实际液体伯努利方程中的 Δp_W 项，见式(2-21)。Δp_W 具有压力的量纲，通常称为压力损失。

在液压系统中，压力损失不仅表明系统损耗了能量，并且由于液压能转变为热能，将导致系统的温度升高。因此，在设计液压系统时，要尽量减少压力损失。

压力损失分为两类：沿程压力损失和局部压力损失。下面分别对它们进行分析。

一、沿程压力损失

液体在等径直管中流动时因黏性摩擦而产生的压力损失，称为沿程压力损失。液体的流动状态不同，所产生的沿程压力损失也有所不同。

（一）层流时的沿程压力损失

层流时液体质点做有规则的流动，因此可以用数学工具全面探讨其流动状况，并最后导出沿程压力损失的计算公式。

1. 过流断面上的流速分布规律

图 2-16 所示为液体在等径水平直管中做层流运动。在液流中取一段与管轴重合的微

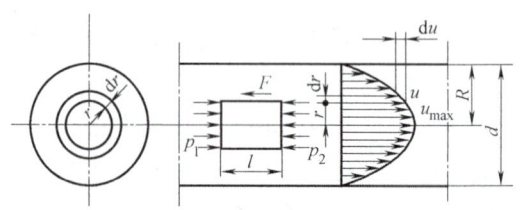

图 2-16　圆管层流运动

小圆柱体作研究对象，设其半径为 r，长度为 l，作用在两端面的压力为 p_1 和 p_2，作用在侧面的内摩擦力为 F。液流在做匀速运动时处于受力平衡状态，故有

$$(p_1 - p_2) \pi r^2 = F$$

式中，内摩擦力 $F = -2\pi r l \mu \mathrm{d}u/\mathrm{d}r$（负号表示流速 u 随 r 的增大而减小）。若令 $\Delta p = p_1 - p_2$，则

将 F 代入上式整理可得

$$\mathrm{d}u = -\frac{\Delta p}{2\mu l} r \mathrm{d}r$$

对上式积分，并应用边界条件，当 $r=R$ 时，$u=0$，得

$$u = \frac{\Delta p}{4\mu l}(R^2 - r^2) \tag{2-25}$$

可见管内液体质点的流速在半径方向上按抛物线规律分布。最小流速在管壁 $r=R$ 处，$u_{\min}=0$；最大流速在管轴 $r=0$ 处，$u_{\max} = \frac{\Delta p}{4\mu l}R^2 = \frac{\Delta p}{16\mu l}d^2$。

2. 通过管道的流量

对于微小环形过流断面面积 $\mathrm{d}A = 2\pi r \mathrm{d}r$，所通过的流量为 $\mathrm{d}q_V = u\mathrm{d}A = 2\pi u r \mathrm{d}r = 2\pi \frac{\Delta p}{4\mu l}(R^2-r^2)r\mathrm{d}r$，于是积分可得

$$q_V = \int_0^R 2\pi \frac{\Delta p}{4\mu l}(R^2 - r^2) r \mathrm{d}r = \frac{\pi R^4}{8\mu l}\Delta p = \frac{\pi d^4}{128\mu l}\Delta p \tag{2-26}$$

3. 管道内的平均流速

根据平均流速的定义，可得

$$v = \frac{q_V}{A} = \frac{1}{\frac{\pi}{4}d^2} \frac{\pi d^4}{128\mu l}\Delta p = \frac{d^2}{32\mu l}\Delta p \tag{2-27}$$

将式(2-27)与 $u_{\max}$ 值比较可知，平均流速 v 为最大流速 $u_{\max}$ 的 1/2。

4. 沿程压力损失

由式(2-27)整理后得沿程压力损失为

$$\Delta p_\lambda = \Delta p = \frac{32\mu l v}{d^2} \tag{2-28}$$

从式(2-28)可以看出，当直管中液流为层流时，其沿程压力损失与管长、流速、黏度成正比，而与管径的平方成反比。适当变换式(2-28)，有

$$\Delta p_\lambda = \frac{64\nu}{dv} \frac{l}{d} \frac{\rho v^2}{2} = \frac{64}{Re} \frac{l}{d} \frac{\rho v^2}{2} \tag{2-29}$$

最后可写成

$$\Delta p_\lambda = \lambda \frac{l}{d} \frac{\rho v^2}{2} \tag{2-30}$$

式中，λ 为沿程阻力系数。对于圆管层流，理论值 $\lambda = 64/Re$。考虑到实际圆管截面可能有变形，以及靠近管壁处的液层可能冷却，因而在实际计算时，对金属管取 $\lambda = 75/Re$，橡胶管取 $\lambda = 80/Re$。

式(2-30)是在水平管的条件下推导出来的，但前已述及，在液压传动中，液体自重和位置变化的影响可以忽略，故此公式也适用于非水平管。

(二) 湍流时的沿程压力损失

湍流时计算沿程压力损失的公式在形式上同于层流,即式(2-30)。但式中的阻力系数 λ 除与雷诺数 Re 有关外,还与管壁的表面粗糙度有关,即 $\lambda = f(Re, \Delta/d)$,这里的 Δ 为管壁的绝对表面粗糙度,它与管径 d 的比值 Δ/d 称为相对表面粗糙度。

对于光滑管,当 $2.32 \times 10^3 \leqslant Re < 10^5$ 时,$\lambda = 0.3164Re^{-0.25}$;对于粗糙管,$\lambda$ 的值可以根据不同的 Re 和 Δ/d 从图 2-17 所示的关系曲线中查出。

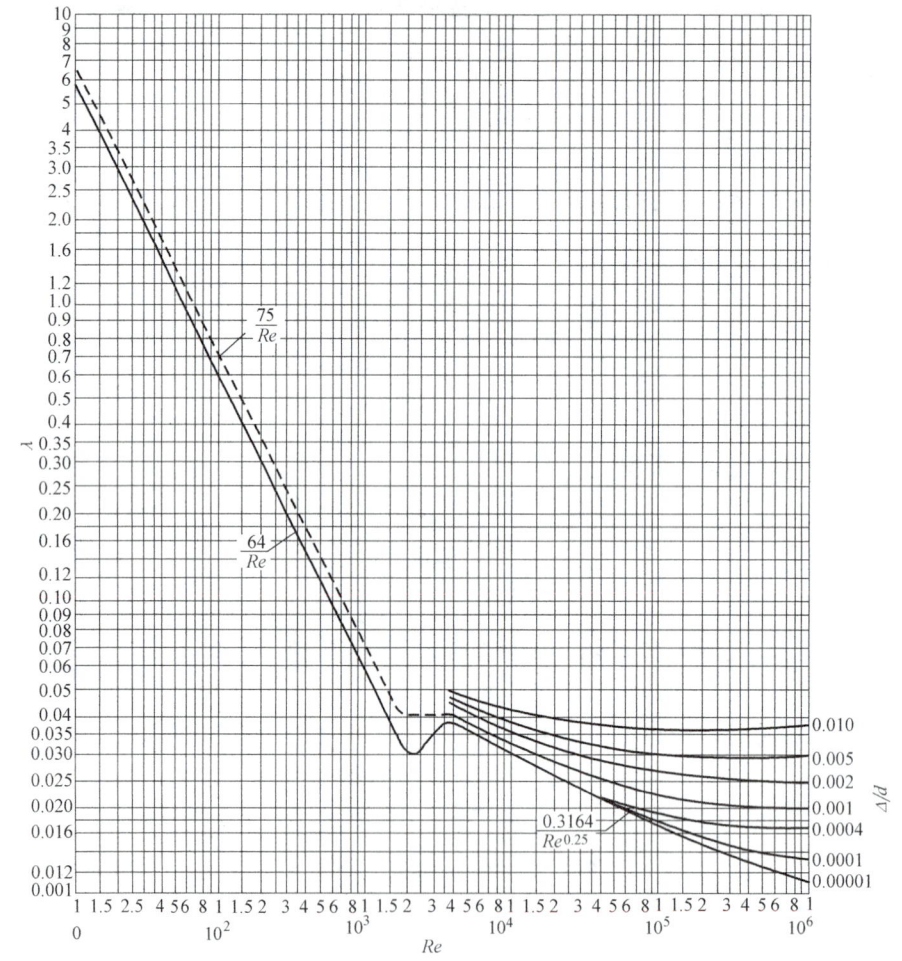

图 2-17 沿程阻力系数 λ 曲线图

管壁的绝对表面粗糙度 Δ 和管道的材料有关,一般计算可参考下列数值:钢管 0.04mm,铜管 0.0015~0.01mm,铝管 0.0015~0.06mm,橡胶软管 0.03mm。

二、局部压力损失

液体流经管道的弯头、接头、突变截面以及阀口、滤网等局部装置时,液流会产生旋涡,并发生强烈的紊动现象,由此而造成的压力损失称为<u>局部压力损失</u>。当液体流过上述各种局部装置时,流动状况极为复杂,影响因素较多,局部压力损失值不易从理论上进行分析计算,因此,局部压力损失的阻力系数,一般要依靠实验来确定。局部压力损失 Δp_ζ 的计算

公式有如下形式

$$\Delta p_\zeta = \zeta \frac{\rho v^2}{2} \tag{2-31}$$

式中　ζ——局部阻力系数。各种局部装置结构的 ζ 值可查有关手册。

液体流过各种阀类的局部压力损失也服从式(2-31)，但因阀内的通道结构复杂，按此公式计算比较困难，故阀类元件局部压力损失 Δp_V 的实际计算常用下列公式

$$\Delta p_V = \Delta p_n \left(\frac{q_V}{q_{Vn}}\right)^2 \tag{2-32}$$

式中　q_{Vn}——阀的额定流量；

　　　Δp_n——阀在额定流量 q_{Vn} 下的压力损失(可从阀的产品样本或设计手册中查出)；

　　　q_V——通过阀的实际流量。

三、管路系统的总压力损失

整个管路系统的总压力损失应为所有沿程压力损失和所有局部压力损失之和，即

$$\sum \Delta p = \sum \Delta p_\lambda + \sum \Delta p_\zeta + \sum \Delta p_V = \sum \lambda \frac{l}{d} \frac{\rho v^2}{2} + \sum \zeta \frac{\rho v^2}{2} + \sum \Delta p_n \left(\frac{q_V}{q_{Vn}}\right)^2 \tag{2-33}$$

在液压系统中，绝大部分压力损失将转变为热能，造成系统温升增高，泄漏量增大，以致影响系统的工作性能。从计算压力损失的公式可以看出，减小流速，缩短管道长度，减少管道截面的突变，提高管道内壁的加工质量等，都可使压力损失减小。其中以流速的影响为最大，故液体在管路系统中的流速不应过高。但流速太低，也会使管路和阀类元件的尺寸加大，并使成本增高。

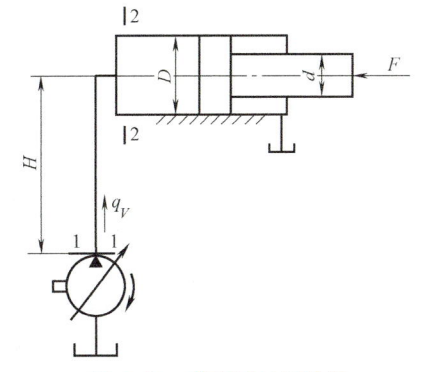

图 2-18　液压系统示意图

例 2-6　在图 2-18 所示的液压系统中，已知泵输出的流量 $q_V = 1.5 \times 10^{-3} \mathrm{m}^3/\mathrm{s}$，液压缸内径 $D = 100\mathrm{mm}$，负载 $F = 30000\mathrm{N}$，回油腔压力近似为零，液压缸的进油管是内径 $d = 20\mathrm{mm}$ 的钢管，总长即为管的垂直高度 $H = 5\mathrm{m}$，进油路总的局部阻力系数 $\sum \zeta = 7.2$，液压油的密度 $\rho = 900 \mathrm{kg/m}^3$，工作温度下的运动黏度 $\nu = 46 \mathrm{mm}^2/\mathrm{s}$。试求：

1) 进油路的压力损失；2) 泵的供油压力。

解　1) 计算进油路压力损失。

进油管内流速

$$v_1 = \frac{q_V}{\frac{\pi}{4}d^2} = \frac{1.5 \times 10^{-3}}{\frac{\pi}{4}(20 \times 10^{-3})^2} \mathrm{m/s} = 4.77 \mathrm{m/s}$$

则

$$Re = \frac{v_1 d}{\nu} = \frac{4.77 \times 20 \times 10^{-3}}{46 \times 10^{-6}} = 2074 < 2320 \text{ 为层流}$$

沿程阻力系数

$$\lambda = \frac{75}{Re} = \frac{75}{2074} = 0.036$$

故进油路的压力损失为

$$\sum \Delta p = \lambda \frac{l}{d} \frac{\rho v_1^2}{2} + \sum \zeta \frac{\rho v_1^2}{2} = \left(0.036 \times \frac{5}{20 \times 10^{-3}} + 7.2\right) \frac{900 \times 4.77^2}{2} \text{Pa}$$
$$= 0.166 \times 10^6 \text{Pa} = 0.166 \text{MPa}$$

2) 求泵的供油压力。

对泵的出口油管断面 1-1 和液压缸进口后的断面 2-2 之间列伯努利方程

$$p_1 + \rho g h_1 + \frac{1}{2} \rho \alpha_1 v_1^2 = p_2 + \rho g h_2 + \frac{1}{2} \rho \alpha_2 v_2^2 + \Delta p_W$$

写成 p_1 的表达式

$$p_1 = p_2 + \rho g (h_2 - h_1) + \frac{1}{2} \rho (\alpha_2 v_2^2 - \alpha_1 v_1^2) + \Delta p_W$$

式中，p_2 为液压缸的工作压力

$$p_2 = \frac{F}{\frac{\pi}{4} D^2} = \frac{30000}{\frac{\pi}{4}(100 \times 10^{-3})^2} \text{Pa} = 3.81 \times 10^6 \text{Pa} = 3.81 \text{MPa}$$

$\rho g (h_2 - h_1)$ 为单位体积液体的位能变化量

$$\rho g (h_2 - h_1) = \rho g H = 900 \times 9.8 \times 5 \text{Pa} = 0.044 \times 10^6 \text{Pa} = 0.044 \text{MPa}$$

$\frac{1}{2} \rho (\alpha_2 v_2^2 - \alpha_1 v_1^2)$ 为单位体积液体的动能变化量，因

$$v_2 = \frac{q_V}{\frac{\pi}{4} D^2} = \frac{1.5 \times 10^{-3}}{\frac{\pi}{4}(100 \times 10^{-3})^2} \text{m/s} = 0.19 \text{m/s}$$

$$\alpha_2 = \alpha_1 = 2$$

则

$$\frac{1}{2} \rho (\alpha_2 v_2^2 - \alpha_1 v_1^2) = \frac{1}{2} \times 900 (2 \times 0.19^2 - 2 \times 4.77^2) \text{Pa}$$
$$= -0.02 \times 10^6 \text{Pa} = -0.02 \text{MPa}$$

Δp_W 为进油路总的压力损失

$$\Delta p_W = \sum \Delta p = 0.166 \text{MPa}$$

故泵的供油压力为

$$p_1 = (3.81 + 0.044 - 0.02 + 0.166) \text{MPa} = 4 \text{MPa}$$

从本例的 p_1 算式可以看出，在液压传动中，由液体位置高度变化和流速变化引起的压力变化量，相对来说是很小的，一般计算可将 $\rho g (h_2 - h_1)$、$\frac{1}{2} \rho (\alpha_2 v_2^2 - \alpha_1 v_1^2)$ 两项忽略不计。因此，p_1 的表达式可以简化，并写成如下形式

$$p_1 = p_2 + \sum \Delta p \tag{2-34}$$

式(2-34)为一近似公式，虽不便于用来对液流进行精确计算，但在液压系统设计计算中却得到普遍的应用。

第五节 小孔和缝隙流量

液压传动中常利用液体流经阀的小孔或缝隙来控制流量和压力，达到调速和调压的目

的。液压元件的泄漏也属于缝隙流动。因而研究小孔和缝隙的流量计算,了解其影响因素,对于合理设计液压系统,正确分析液压元件和系统的工作性能,是很有必要的。

一、小孔流量

小孔可分为三种:当小孔的长径比 $l/d ≤ 0.5$ 时,称为薄壁孔;当 $l/d > 4$ 时,称为细长孔;当 $0.5 < l/d ≤ 4$ 时,称为短孔。

先研究薄壁孔的流量计算。图 2-19 所示为进口边做成锐缘的典型薄壁孔口。由于惯性作用,液流通过小孔时要发生收缩现象,在靠近孔口的后方出现收缩最大的过流断面。对于薄壁圆孔,当孔前通道直径与小孔直径之比 $d_1/d ≥ 7$ 时,流束的收缩作用不受孔前通道内壁的影响,这时的收缩称为完全收缩;反之,当 $d_1/d < 7$ 时,孔前通道对液流进入小孔起导向作用,这时的收缩称为不完全收缩。

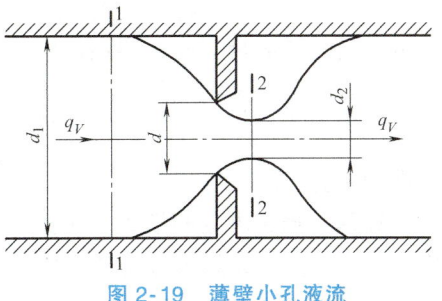

图 2-19 薄壁小孔液流

现对孔前通道断面 1-1 和收缩断面 2-2 之间列伯努利方程

$$p_1 + \rho g h_1 + \frac{1}{2}\rho \alpha_1 v_1^2 = p_2 + \rho g h_2 + \frac{1}{2}\rho \alpha_2 v_2^2 + \Delta p_W$$

式中,$h_1 = h_2$;因 $v_1 \ll v_2$,v_1 可以忽略不计;收缩断面的流速分布均匀,$\alpha_2 = 1$;而 Δp_W 仅为局部损失,即 $\Delta p_W = \zeta \dfrac{\rho v_2^2}{2}$。代入上式后得

$$v_2 = \frac{1}{\sqrt{1+\zeta}}\sqrt{\frac{2}{\rho}(p_1 - p_2)} = C_v \sqrt{\frac{2}{\rho}\Delta p} \tag{2-35}$$

式中 Δp——小孔前后的压差,$\Delta p = p_1 - p_2$;

C_v——速度系数,$C_v = \dfrac{1}{\sqrt{1+\zeta}}$。

由此可得通过薄壁小孔的流量公式为

$$q_V = A_2 v_2 = C_v C_c A_T \sqrt{\frac{2}{\rho}\Delta p} = C_q A_T \sqrt{\frac{2}{\rho}\Delta p} \tag{2-36}$$

式中 C_q——流量系数,$C_q = C_v C_c$;

C_c——收缩系数,$C_c = A_2/A_T = d_2^2/d^2$;

A_2——收缩断面的面积;

A_T——小孔过流断面面积,$A_T = \dfrac{\pi}{4}d^2$。

C_c、C_v、C_q 的数值可由实验确定。当液流完全收缩时,$C_c = 0.61 \sim 0.63$,$C_v = 0.97 \sim 0.98$,这时 $C_q = 0.6 \sim 0.62$,当液流不完全收缩时,$C_q = 0.7 \sim 0.8$。

薄壁孔由于流程很短,流量对油温的变化不敏感,因而流量稳定,宜做节流器用。但薄壁孔加工困难，实际应用较多的是短孔。

短孔的流量公式依然是式(2-36)，但流量系数 C_q 不同，一般为 $C_q = 0.82$。

流经细长孔的液流，由于黏性而流动不畅，故多为层流。其流量计算可以应用前面推出的圆管层流流量计算式(2-26)，即 $q_V = \pi d^4 \Delta p / (128 \mu l)$。细长孔的流量和油液的黏度有关，当油温变化时，油的黏度变化，因而流量也随之发生变化。这一点是和薄壁小孔特性大不相同的。

综观各小孔流量公式，可以归纳出一个通用公式

$$q_V = C A_T \Delta p^\varphi \tag{2-37}$$

式中　A_T、Δp——分别为小孔的过流断面面积和两端压差；

C——由孔的形状、尺寸和液体性质决定的系数。对细长孔，$C = \dfrac{d^2}{32 \mu l}$；对薄壁孔和短孔，$C = C_q \sqrt{2/\rho}$；

φ——由孔的长径比决定的指数。薄壁孔 $\varphi = 0.5$，细长孔 $\varphi = 1$。

式(2-37)常作为分析小孔的流量压力特性之用。

二、缝隙流量

液压装置的各零件之间，特别是有相对运动的各零件之间，一般都存在缝隙（或称间隙）。油液流过缝隙就会产生泄漏，这就是缝隙流量。由于缝隙通道狭窄，液流受壁面的影响较大，故缝隙液流的流态均为层流。

缝隙流动有两种状况：一种是由缝隙两端的压力差造成的流动，称为压差流动；另一种是形成缝隙的两壁面做相对运动所造成的流动，称为剪切流动。这两种流动经常会同时存在。

（一）平行平板缝隙的流量

平行平板缝隙可以由固定的两平行平板所形成，也可由相对运动的两平行平板所形成。

1. 流过固定平行平板缝隙的流量

图 2-20 所示为固定平行平板缝隙液流。设缝隙厚度为 δ，宽度为 b，长度为 l，两端的压力为 p_1 和 p_2。从缝隙中取出一微小的平行六面体 $b\mathrm{d}x\mathrm{d}y$，其左右两端面所受的压力为 p 和 $p+\mathrm{d}p$，上下两侧面所受的摩擦切应力为 $\tau+\mathrm{d}\tau$ 和 τ，则受力平衡方程为

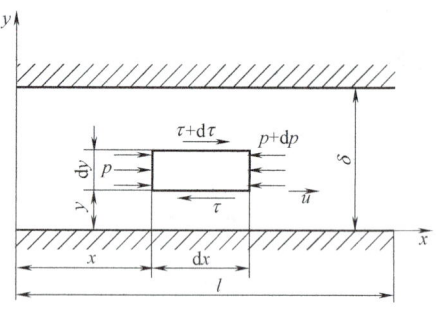

图 2-20　固定平行平板缝隙的液流

$$pb\mathrm{d}y + (\tau + \mathrm{d}\tau) b\mathrm{d}x = (p + \mathrm{d}p) b\mathrm{d}y + \tau b\mathrm{d}x$$

整理后得

$$\frac{\mathrm{d}\tau}{\mathrm{d}y} = \frac{\mathrm{d}p}{\mathrm{d}x}$$

由于 $\tau = \mu \dfrac{\mathrm{d}u}{\mathrm{d}y}$，上式可化为

$$\frac{\mathrm{d}^2 u}{\mathrm{d}y^2} = \frac{1}{\mu} \frac{\mathrm{d}p}{\mathrm{d}x}$$

将上式对 y 积分两次得

$$u = \frac{1}{2\mu} \frac{\mathrm{d}p}{\mathrm{d}x} y^2 + C_1 y + C_2 \tag{2-38}$$

式中，C_1、C_2 为积分常数。因边界条件：当 $y=0$，$u=0$；$y=\delta$，$u=0$，分别代入式(2-38)得

$$C_1 = -\frac{\delta}{2\mu}\frac{\mathrm{d}p}{\mathrm{d}x}, \quad C_2 = 0$$

此外，在缝隙液流中，压力 p 沿 x 方向的变化率 $\mathrm{d}p/\mathrm{d}x$ 是一常数，有

$$\frac{\mathrm{d}p}{\mathrm{d}x} = \frac{p_2-p_1}{l} = -\frac{p_1-p_2}{l} = -\frac{\Delta p}{l}$$

将上述关系代入式(2-38)便有

$$u = \frac{\Delta p}{2\mu l}(\delta - y)y$$

由此得液体在固定平行平板缝隙中做压差流动的流量为

$$q_V = \int_0^\delta ub\mathrm{d}y = b\int_0^\delta \frac{\Delta p}{2\mu l}(\delta - y)y\mathrm{d}y = \frac{b\delta^3}{12\mu l}\Delta p \tag{2-39}$$

从式(2-39)可以看出，在压差作用下，流过固定平行平板缝隙的流量与缝隙厚度 δ 的三次方成正比，这说明液压元件内缝隙的大小对其泄漏量的影响是很大的。

2. 流过相对运动平行平板缝隙的流量

由图2-1可知，当一平板固定，另一平板以速度 u_0 做相对运动时，由于液体存在黏性，紧贴于动平板的油液以速度 u_0 运动，紧贴于固定平板的油液则保持静止，中间各层液体的流速呈线性分布，即液体做剪切流动。因为液体的平均流速 $v = \dfrac{u_0}{2}$，故由于平板相对运动而使液体流过缝隙的流量为

$$q_V' = vA = \frac{u_0}{2}b\delta \tag{2-40}$$

式(2-40)为液体在平行平板缝隙中做剪切流动时的流量。

在一般情况下，相对运动平行平板缝隙中既有压差流动，又有剪切流动。因此，流过相对运动平板缝隙的流量为压差流量和剪切流量二者的代数和

$$q_V = \frac{b\delta^3}{12\mu l}\Delta p \pm \frac{u_0}{2}b\delta \tag{2-41}$$

式中，u_0 为平行平板间的相对运动速度。"±"号的确定方法如下：当长平板相对于短平板移动的方向和压差方向相同时取"+"号，方向相反时取"-"号。

（二）圆环缝隙的流量

在液压元件中，如液压缸的活塞和缸孔之间，液压阀的阀芯和阀孔之间，都存在圆环缝隙。圆环缝隙有同心和偏心的两种情况，它们的流量公式是有所不同的。

1. 流过同心圆环缝隙的流量

图2-21所示为同心圆环缝隙的流动。其圆柱体直径为 d，缝隙厚度为 δ，缝隙长度为 l。如果将圆环缝隙沿圆周方向展开，就相当于一个平行平板缝隙。因此，只要用 πd 替代式(2-41)中的 b，就可得内外表面之间有相对运动的同心圆环缝隙流量公式

$$q_V = \frac{\pi d\delta^3}{12\mu l}\Delta p \pm \frac{\pi d\delta u_0}{2} \tag{2-42}$$

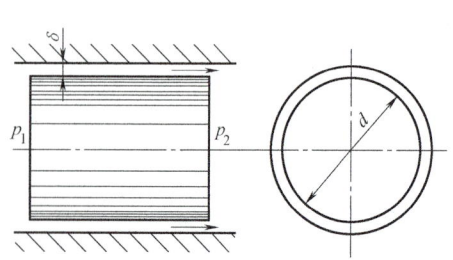

图 2-21 同心圆环缝隙的液流

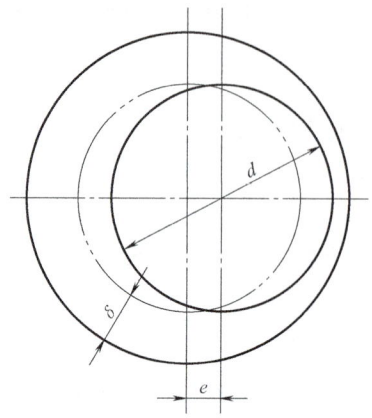

图 2-22 偏心圆环缝隙

当相对运动速度 $u_0=0$ 时,即为内外表面之间无相对运动的同心圆环缝隙流量公式

$$q_V = \frac{\pi d \delta^3}{12\mu l} \Delta p \tag{2-43}$$

2. 流过偏心圆环缝隙的流量

若圆环的内外圆不同心,偏心距为 e(图 2-22),则形成偏心圆环缝隙。其流量公式为

$$q_V = \frac{\pi d \delta^3 \Delta p}{12\mu l}(1+1.5\varepsilon^2) \pm \frac{\pi d \delta u_0}{2} \tag{2-44}$$

式中 δ——内外圆同心时的缝隙厚度;

ε——相对偏心率,即二圆偏心距 e 和同心环缝隙厚度 δ 的比值:$\varepsilon=e/\delta$。

由式(2-44)可以看到,当 $\varepsilon=0$ 时,它就是同心圆环缝隙的流量公式;当 $\varepsilon=1$ 时,即在最大偏心情况下,其压差流量为同心圆环缝隙压差流量的 2.5 倍。可见在液压元件中,为了减少圆环缝隙的泄漏,应使相互配合的零件尽量处于同心状态。

例 2-7 某液压缸活塞直径为 $d=100$mm,长 $l=50$mm,活塞与缸体内壁同心时的缝隙厚度 $\delta=0.1$mm,两端压力差是 $\Delta p=40\times10^5$Pa,活塞移动的速度 $v=60$mm/min,方向与压差方向相同。油的运动黏度 $\nu=20$mm²/s,密度 $\rho=900$kg/m³。试求活塞与缸体内壁处于最大偏心时的缝隙泄漏量有多大?

解 同心环的压差流量为

$$q_V = \frac{\pi d \delta^3 \Delta p}{12\nu\rho l} = \frac{\pi\times100\times10^{-3}\times(0.1\times10^{-3})^3\times40\times10^5}{12\times20\times10^{-6}\times900\times50\times10^{-3}}\text{m}^3/\text{s}$$

$$= 1.16\times10^{-4}\text{m}^3/\text{s}$$

剪切流量为

$$q_V' = \frac{\pi d \delta v}{2} = \frac{100\times10^{-3}\pi\times0.1\times10^{-3}\times60\times10^{-3}}{2\times60}\text{m}^3/\text{s} = 1.57\times10^{-8}\text{m}^3/\text{s}$$

根据式(2-44),因缸体相对于活塞移动的方向与压差方向相反,其剪切流量应带负号,故最大偏心缝隙的泄漏量为

$$q_{V\max} = 2.5q_V - q_V' = 2.5\times1.16\times10^{-4}\text{m}^3/\text{s} - 1.57\times10^{-8}\text{m}^3/\text{s}$$

$$\approx 2.5\times1.16\times10^{-4}\text{m}^3/\text{s} = 2.9\times10^{-4}\text{m}^3/\text{s}$$

第二章 液压传动基础知识

从本例可见,在缝隙的两表面相对运动速度不大的情况下,由剪切流动产生的泄漏量很小,可以忽略不计。

第六节 液压冲击和气穴现象

在液压传动中,液压冲击和气穴现象会给系统的正常工作带来不利影响,因此需要了解这些现象产生的原因,并采取措施加以防治。

一、液压冲击

在液压系统中,常常由于某些原因而使液体压力突然急剧上升,形成很高的压力峰值,这种现象称为液压冲击。

1. 液压冲击产生的原因和危害性

在阀门突然关闭或液压缸快速制动等情况下,液体在系统中的流动会突然受阻。这时,由于液流的惯性作用,液体就从受阻端开始,迅速将动能逐层转换为压力能,因而产生了压力冲击波;此后,又从另一端开始,将压力能逐层转化为动能,液体又反向流动;然后,又再次将动能转换为压力能,如此反复地进行能量转换。由于这种压力波的迅速往复传播,便在系统内形成压力振荡。实际上,由于液体受到摩擦力以及液体和管壁的弹性作用,不断消耗能量,才使振荡过程逐渐衰减而趋向稳定。

系统中出现液压冲击时,液体瞬时压力峰值可以比正常工作压力大好几倍。液压冲击会损坏密封装置、管道或液压元件,还会引起设备振动,产生很大噪声。有时,液压冲击使某些液压元件如压力继电器、顺序阀等产生误动作,影响系统正常工作。

2. 减小液压冲击的措施

减小液压冲击的主要措施有:

1) 延长阀门关闭和运动部件制动换向的时间。实践证明,运动部件制动换向时间若能大于 0.2s,冲击就大为减轻。在液压系统中采用换向时间可调的换向阀就可做到这一点。

2) 限制管道流速及运动部件速度。例如在机床液压系统中,通常将管道流速限制在 4.5m/s 以下,液压缸所驱动的运动部件速度一般不宜超过 10m/min 等。

3) 适当加大管道直径,尽量缩短管路长度。

4) 采用软管,或在冲击区附近安装蓄能器等缓冲装置,也可在容易出现液压冲击的地方安装限制压力升高的安全阀。

二、气穴

在液压系统中,如果某处的压力低于空气分离压时,原先溶解在液体中的空气就会分离出来,导致液体中出现大量气泡的现象,称为气穴。如果液体中的压力进一步降低到饱和蒸气压时,液体将迅速汽化,产生大量蒸气泡,这时的气穴现象将会更加严重。

当液压系统中出现气穴现象时,大量的气泡破坏了液流的连续性,造成流量和压力脉动;气泡随液流进入高压区时又急剧破灭,以致引起局部液压冲击,发出噪声并引起振动;当附着在金属表面上的气泡破灭时,它所产生的局部高温和高压会使金属剥蚀,这种由气穴造成的腐蚀作用称为气蚀。气蚀会使液压元件的工作性能变坏,并使其寿命大大缩短。

气穴多发生在阀口和液压泵的进口处。由于阀口的通道狭窄,液流的速度增大,压力则大幅度下降,以致产生气穴。当泵的安装高度过大、吸油管直径太小、吸油阻力太大,或泵的转速过高,造成进口处真空度过大,也会产生气穴。

为减少气穴和气蚀的危害,通常采取下列措施:
1) 减小小孔或缝隙前后的压差。一般希望小孔或缝隙前后的压力比值 $p_1/p_2<3.5$。
2) 降低泵的吸油高度,适当加大吸油管内径,限制吸油管的流速,尽量减少吸油管路中的压力损失(如及时清洗过滤器或更换滤芯等)。对于自吸能力差的泵需用辅助泵供油。

习 题

2-1 什么是液体的黏性?常用的黏度表示方法有哪几种?说明黏度的单位。

2-2 液压油有哪些主要品种?液压油的牌号与黏度有什么关系?如何选用液压油?

2-3 液压油的污染有何危害?如何控制液压油的污染?

2-4 什么是压力?压力有哪几种表示方法?静止液体内的压力是如何传递的?如何理解压力决定于负载这一基本概念?

2-5 阐述层流与湍流的物理现象及其判别方法。

2-6 伯努利方程的物理意义是什么?该方程的理论式和实际式有什么区别?

2-7 管路中的压力损失有哪几种?各受哪些因素影响?

2-8 指出小孔流量通用公式 $q_V = CA_T \Delta p^\varphi$ 中各物理量代号的含义。

2-9 液压冲击和气穴现象是怎样产生的?有何危害?如何防止?

2-10 某液压油的运动黏度为 $32\text{mm}^2/\text{s}$,密度为 900kg/m^3,其动力黏度是多少?

2-11 已知某油液在 20℃ 时的运动黏度 $\nu_{20} = 75\text{mm}^2/\text{s}$,在 80℃ 时为 $\nu_{80} = 10\text{mm}^2/\text{s}$,试求温度为 60℃ 时的运动黏度。

2-12 压力表校正仪原理如图 2-23 所示。已知活塞直径 $d = 10\text{mm}$,螺杆导程 $L = 2\text{mm}$,仪器内油液的体积模量 $K = 1.2 \times 10^3 \text{MPa}$。当压力表读数为零时,仪器内油的体积为 200mL。若要使压力表读数为 21MPa,手轮要转多少转?

2-13 图 2-24 中,液压缸直径 $D = 150\text{mm}$,活塞直径 $d = 100\text{mm}$,负载 $F = 5 \times 10^4 \text{N}$。若不计液压油自重及活塞或缸体重量,求图 2-24a、b 所示两种情况下的液压缸内的压力。

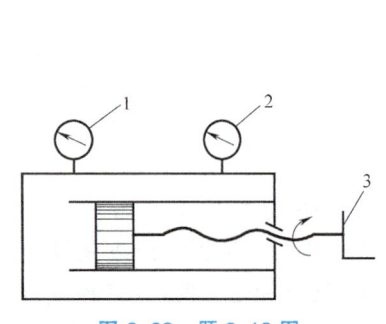

图 2-23 题 2-12 图
1—被校压力表 2—标准压力表 3—螺杆手轮

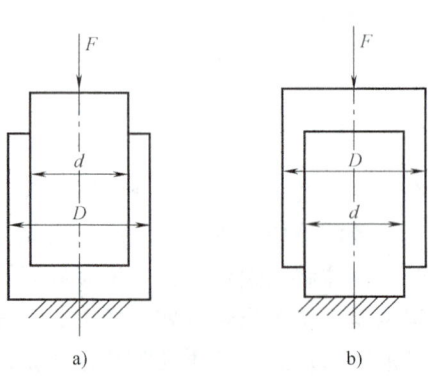

图 2-24 题 2-13 图

2-14 某压力控制阀如图 2-25 所示,当 $p_1 = 6$MPa 时,阀动作。若 $d_1 = 10$mm,$d_2 = 15$mm,$p_2 = 0.5$MPa,试求:

(1) 弹簧的预压力 F_s。

(2) 当弹簧刚度 $k = 10$N/mm 时的弹簧预压缩量 x。

2-15 在图 2-26 所示液压缸装置中,$d_1 = 20$mm,$d_2 = 40$mm,$D_1 = 75$mm,$D_2 = 125$mm,$q_{V1} = 25$L/min。求 v_1、v_2 和 q_{V2} 各为多少?

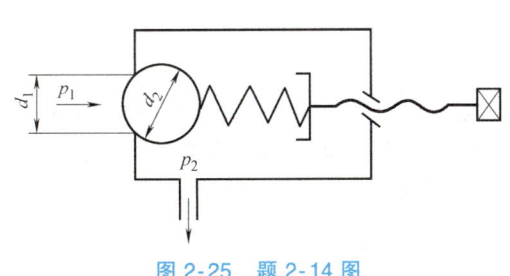

图 2-25 题 2-14 图

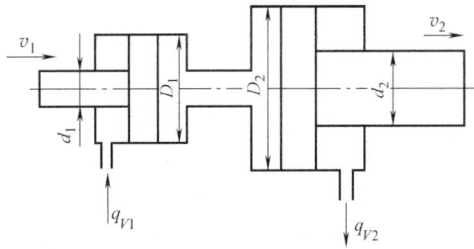

图 2-26 题 2-15 图

2-16 油在钢管中流动。已知管道直径为 50mm,油的运动黏度为 40mm²/s,如果油液处于层流状态,那么可以通过的最大流量是多少?

2-17 液压泵安装如图 2-27 所示,已知泵的输出流量 $q_V = 25$L/min,吸油管直径 $d = 25$mm,泵的吸油口距油箱液面的高度 $H = 0.4$m。设油的运动黏度 $\nu = 20$mm²/s,密度为 $\rho = 900$kg/m³。若仅考虑吸油管中的沿程损失,试计算液压泵吸油口处的真空度。

2-18 图 2-28 所示液压泵的流量 $q_V = 60$L/min,吸油管的直径 $d = 25$mm,管长 $l = 2$m,过滤器的压差 $\Delta p_\xi = 0.01$MPa(不计其他局部损失)。液压油在室温时的运动黏度 $\nu = 142$mm²/s,密度 $\rho = 900$kg/m³,空气分离压 $p_d = 0.04$MPa。求泵的最大安装高度 H_{max}。

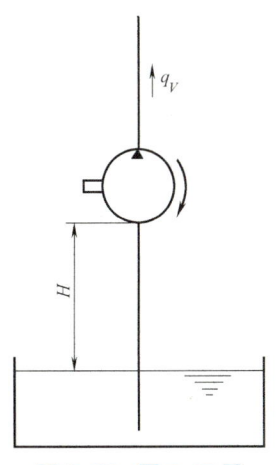

图 2-27 题 2-17 图

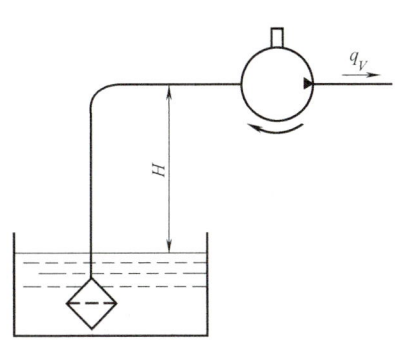

图 2-28 题 2-18 图

2-19 如图 2-29 所示,油在喷管中的流动速度 $v_1 = 6$m/s,喷管直径 $d_1 = 5$mm,油的密度 $\rho = 900$kg/m³,在喷管前端置一挡板,问在下列情况下管口射流对挡板壁面的作用力 F 是多少?

（1）当壁面与射流垂直时（图2-29a）。

（2）当壁面与射流成60°角时（图2-29b）。

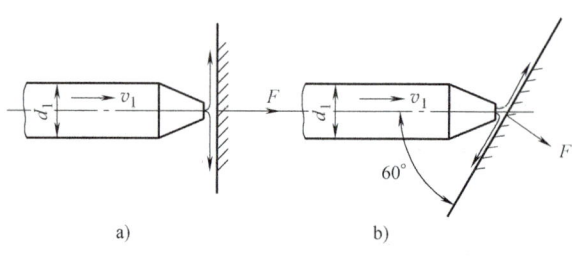

图2-29 题2-19图

2-20 内径 $d=1\text{mm}$ 的阻尼管内有 $q=0.3\text{L/min}$ 的流量流过，液压油的密度 $\rho=900\text{kg/m}^3$，运动黏度 $\nu=20\text{mm}^2/\text{s}$，欲使管的两端保持1MPa的压差，试计算阻尼管的理论长度。

2-21 某圆柱形滑阀如图2-30所示，已知阀芯直径 $d=2\text{cm}$，进口油压 $p_1=9.8\text{MPa}$，出口油压 $p_2=9.5\text{MPa}$，油的密度 $\rho=900\text{kg/m}^3$，阀口的流量系数 $C_q=0.65$，阀口开度 $x=2\text{mm}$。求通过阀口的流量。

2-22 液压泵输出流量可手动调节，当 $q_{V1}=25\text{L/min}$ 时，测得阻尼孔 R（图2-31）前的压力为 $p_1=0.5\text{MPa}$；若泵的流量增加到 $q_{V2}=50\text{L/min}$，阻尼孔前的压力 p_2 将是多大（阻尼孔 R 分别按细长孔和薄壁孔两种情况考虑）？

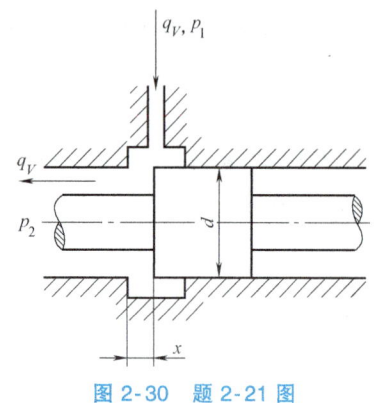

图2-30 题2-21图

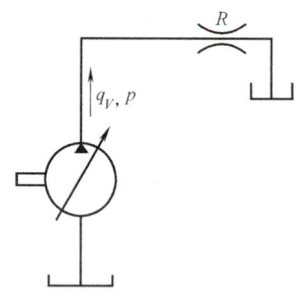

图2-31 题2-22图

第三章 液压泵和液压马达

液压泵是液压系统的动力元件，其功用是供给系统压力油。从能量观点看，它把原动机输入的机械能转换为输出油液的压力能。液压马达则是液压系统的执行元件，它把输入油液的压力能转换为输出轴转动的机械能，用来拖动负载做功。图 3-1a、b 所示为用符号表示泵和马达的能量转换关系。

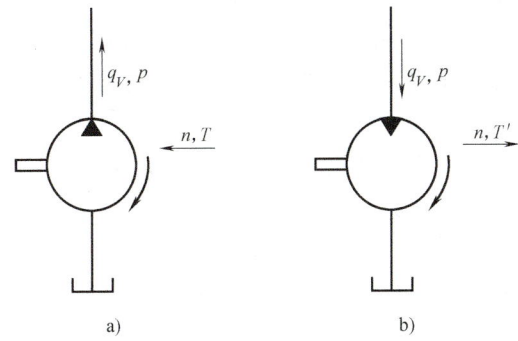

图 3-1　泵和马达的能量转换关系

第一节　液压泵概述

一、液压泵的基本原理及分类

图 3-2 所示为一单柱塞液压泵的工作原理。当偏心轮 1 由原动机带动旋转时，柱塞 2 便在泵体 3 内往复移动，使密封腔 a 的容积发生变化。密封容积增大时造成真空，油箱中的油便在大气压力作用下通过单向阀 4 流入泵体内，实现吸油。此时，单向阀 5 关闭，防止系统油液回流。密封容积减小时，油受挤压，便经单向阀 5 压入系统，实现压油。此时，单向阀 4 关闭，避免油液流回油箱。若偏心轮不停地转动，泵就不断地吸油和压油。

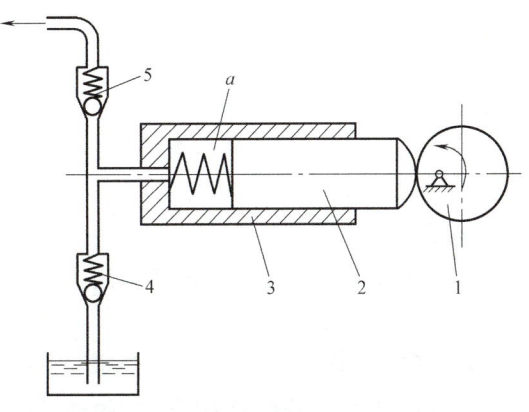

图 3-2　单柱塞液压泵的工作原理
1—偏心轮　2—柱塞　3—泵体　4、5—单向阀

由此可见，液压泵是靠密封容积的变化来实现吸油和压油的，其排油量的大小取决于密封腔的容积变化，故这种泵又称为容积式泵。构成容积式泵的两个必要条件是：

(1) 有周期性的密封容积变化　密封容积由小变大时吸油，由大变小时压油。

(2) 有配流装置　配流装置保证密封容积由小变大时只与吸油管连通；密封容积由大变小时只与压油管连通。上述单柱塞泵中的两个单向阀 4 和 5 就是起配流作用的，是配流装置的一种类型。

按照结构形式的不同，液压泵分为齿轮式、叶片式、柱塞式和螺杆式等类型；按照输出油液的流量可否调节，液压泵又有定量式和变量式之分（图形符号详见本书附录 A）。

二、液压泵的性能参数

1. 液压泵的压力

(1) 工作压力　液压泵的工作压力是指泵工作时输出油液的实际压力。泵的工作压力决定于外界负载，外负载增大，泵的工作压力也随之升高。

(2) 额定压力　泵在正常工作条件下，按试验标准规定能连续运转的最高压力称为泵的额定压力。泵的额定压力大小受泵本身的泄漏和结构强度所制约。当泵的工作压力超过额定压力时，泵就会过载。

由于液压传动的用途不同，系统所需要的压力也不相同，为了便于液压元件的设计、生产和使用，将压力分为几个等级，列于表 3-1 中。

表 3-1　压力分级

压力等级	低压	中压	中高压	高压	超高压
压力/MPa	≤2.5	2.5~8	8~16	16~32	>32

2. 液压泵的排量和流量

(1) 排量　由泵的密封容腔几何尺寸变化计算而得的泵的每转排油体积称为泵的排量。排量用 V 表示，其常用单位为 mL/r。

(2) 理论流量　由泵的密封容腔几何尺寸变化计算而得的泵在单位时间内的排油体积称为泵的理论流量。泵的理论流量等于排量和转速的乘积，即

$$q_{Vt} = Vn \tag{3-1}$$

泵的排量和理论流量是在不考虑泄漏的情况下由计算所得的量，其值与泵的工作压力无关。

(3) 实际流量　泵的实际流量是指泵工作时的实际输出流量。

(4) 额定流量　泵的额定流量是指泵在正常工作条件下，按试验标准规定必须保证的输出流量。

由于泵存在泄漏，所以泵的实际流量或额定流量都小于理论流量。

3. 液压泵的功率

(1) 输出功率　泵的输出为液压能，表现为压力 p 和流量 q_V。以图 3-3 所示的泵-缸系统为例，当忽略输送管路及液压缸中的能量损失时，液压泵的输出功率应等于液压缸的输入或输出功率，即泵的输出功率 P_o 有如下表达式

$$P_o = Fv = pAv = pA\frac{q_V}{A} = pq_V \tag{3-2}$$

式（3-2）表明，在液压传动系统中，液体所具有的功率，即液压功率等于压力和流量的乘积。

（2）输入功率 液压泵的输入功率为泵轴的驱动功率，其值为

$$P_i = 2\pi n T_i \tag{3-3}$$

式中 T_i——液压泵的输入转矩；

n——泵轴的转速。

液压泵在工作中，由于有泄漏和机械摩擦，就有能量损失，故其输出功率 P_o 小于输入功率 P_i，即 $P_o < P_i$。

4. 液压泵的效率

（1）容积效率 液压泵实际流量与理论流量的比值称为容积效率，以 η_V 表示

$$\eta_V = \frac{q_V}{q_{Vt}} = \frac{q_{Vt} - \Delta q_V}{q_{Vt}} = 1 - \frac{\Delta q_V}{q_{Vt}} \tag{3-4}$$

式中，Δq_V 为液压泵的泄漏量，它是实际流量与理论流量之间的差值，即

$$\Delta q_V = q_{Vt} - q_V \tag{3-5}$$

Δq_V 随 p 增大而增大，导致 q_V 随 p 增大而减小，它们的变化曲线示于图 3-4 中。

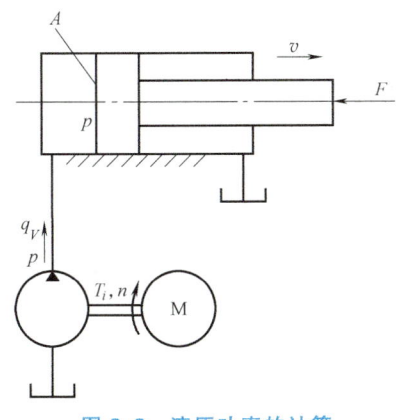

图 3-3 液压功率的计算

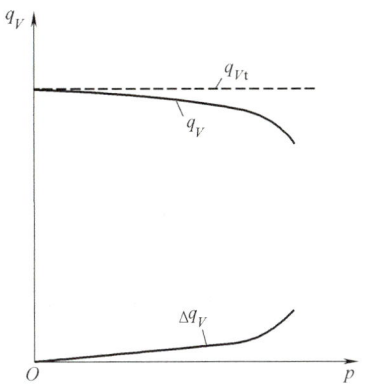

图 3-4 泵的泄漏量、流量与压力的关系

（2）机械效率 液压泵在工作时存在机械摩擦（相对运动零件之间的摩擦及液体黏性摩擦），因此驱动泵所需的实际输入转矩 T_i 必然大于理论转矩 T_t。理论转矩与实际输入转矩的比值称为机械效率，以 η_m 表示

$$\eta_m = \frac{T_t}{T_i} \tag{3-6}$$

因泵的理论功率（当忽略能量损失时）表达式为

$$P_t = pq_{Vt} = pVn = 2\pi n T_t \tag{3-7}$$

则有

$$T_t = \frac{pV}{2\pi} \tag{3-8}$$

将式 (3-8) 代入式 (3-6), 得

$$\eta_m = \frac{pV}{2\pi T_i} \tag{3-9}$$

(3) 总效率 泵的输出功率与输入功率的比值称为泵的总效率, 以 η 表示

$$\eta = \frac{P_o}{P_i} = \frac{pq_V}{2\pi n T_i} = \frac{q_V}{Vn} \cdot \frac{pV}{2\pi T_i} = \eta_V \eta_m \tag{3-10}$$

式 (3-10) 说明: 液压泵的总效率等于容积效率和机械效率的乘积。

例 某液压泵的输出油压 $p = 10\text{MPa}$, 转速 $n = 1450\text{r/min}$, 排量 $V = 46.2\text{mL/r}$, 容积效率 $\eta_V = 0.95$, 总效率 $\eta = 0.9$。求液压泵的输出功率和驱动泵的电动机功率各为多大?

解 1) 求液压泵的输出功率。

液压泵输出的实际流量为

$$q_V = q_{Vt} \eta_V = Vn\eta_V = 46.2 \times 10^{-3} \times 1450 \times 0.95 \text{L/min} = 63.64 \text{L/min}$$

液压泵的输出功率为

$$P_o = pq_V = \frac{10 \times 10^6 \times 63.64 \times 10^{-3}}{60} \text{W} = 10.6 \times 10^3 \text{W} = 10.6 \text{kW}$$

2) 求电动机的功率。

电动机功率即泵的输入功率

$$P_i = \frac{P_o}{\eta} = \frac{10.6}{0.9} \text{kW} = 11.77 \text{kW}$$

第二节 齿 轮 泵

齿轮泵是一种常用的液压泵。它的主要优点是结构简单, 制造方便, 价格低廉, 体积小, 重量轻, 自吸性能好, 对油的污染不敏感, 工作可靠, 便于维护修理。又因齿轮是对称的旋转体, 故允许转速较高。其缺点是流量脉动大, 噪声大, 排量不可调 (定量泵)。

齿轮泵有外啮合和内啮合两种结构形式。本节着重介绍外啮合齿轮泵的工作原理和结构性能。

一、外啮合齿轮泵

(一) 外啮合齿轮泵的工作原理

如图 3-5 所示, 在泵体内有一对齿数相同的外啮合渐开线齿轮。齿轮的两端皆由端盖罩住 (图中未示出)。泵体、端盖和齿轮之间形成了密封容腔, 并由两个齿轮的齿面接触线将左右两腔隔开, 形成

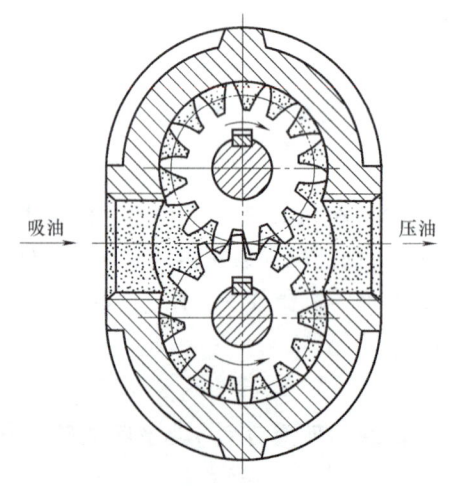

图 3-5 外啮合齿轮泵的工作原理

了吸、压油腔。当齿轮按图示方向旋转时,左侧吸油腔内的轮齿相继脱开啮合,使密封容积增大,形成局部真空,油箱中的油在大气压力作用下进入吸油腔,并被旋转的轮齿带入右侧。右侧压油腔的轮齿则不断进入啮合,使密封容积减小,油液被挤出,通过压油口排油。

(二) 外啮合齿轮泵的排量和流量

齿轮泵的排量可看作两个齿轮的齿槽容积之和。假设齿槽容积等于轮齿体积,那么其排量就等于一个齿轮的齿槽容积和轮齿体积的总和,即相当于以有效齿高($h=2m$)和齿宽构成的平面所扫过的环形体积,于是泵的排量为

$$V = \pi d h b = 2\pi z m^2 b \tag{3-11}$$

式中 d——节圆直径,$d=mz$;
h——有效齿高,$h=2m$;
b——齿宽;
z——齿轮齿数;
m——齿轮模数。

实际上齿槽容积比轮齿体积稍大一些,所以通常取

$$V = 6.66 z m^2 b \tag{3-12}$$

齿轮泵的实际输出流量为

$$q_V = 6.66 z m^2 b n \eta_V \tag{3-13}$$

式 (3-13) 中的 q_V 是齿轮泵的平均流量。实际上,由于齿轮啮合过程中压油腔的容积变化率是不均匀的,因此齿轮泵的瞬时流量是脉动的。设 $q_{V\max}$、$q_{V\min}$ 表示最大、最小瞬时流量,流量脉动率 σ 可用下式表示

$$\sigma = \frac{q_{V\max} - q_{V\min}}{q_V} \tag{3-14}$$

齿轮泵的齿数越少,其瞬时流量脉动率 σ 就越大,其值最高可达 20%。流量脉动引起压力脉动,随之产生振动与噪声,所以高精度机械不宜采用齿轮泵。

(三) 外啮合齿轮泵的结构要点

1. 困油现象及其消除措施

齿轮泵要平稳地工作,齿轮啮合的重合度必须大于1,因而有时会有两对轮齿同时啮合。此时,就有一部分油液被围困在两对轮齿所形成的封闭腔之内,如图 3-6 所示。这个封闭容积先随齿轮转动逐渐减小(由图 3-6a 到图 3-6b),以后又逐渐增大(由图 3-6b 到图 3-6c)。封闭容积减小会使被困油液受挤而产生高压,并从缝隙中流出,导致油液发热,轴承等机件也受到附加的不平衡负载作用。

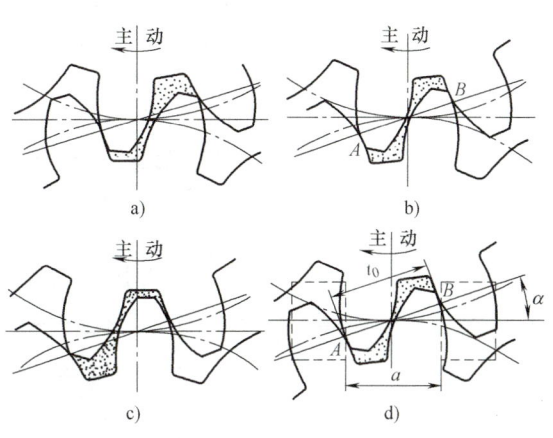

图 3-6 齿轮泵的困油现象及其消除措施

封闭容积增大又会造成局部真空,使溶于油中的气体分离出来,产生气穴,引起噪声、振动

和气蚀，这就是齿轮泵的困油现象。

消除困油的方法，通常是在齿轮的两端盖板上开卸荷槽（如图 3-6d 中的虚线所示），使封闭容积减小时通过右边的卸荷槽与压油腔相通，封闭容积增大时通过左边的卸荷槽与吸油腔相通。在很多齿轮泵中，两槽并不对称于齿轮中心线分布，而是整个向吸油腔侧平移一段距离。实践证明，这样能取得更好的卸荷效果。

2. 径向作用力不平衡

在齿轮泵中，液体作用在齿轮外缘的压力是不均匀的，从低压腔到高压腔，压力沿齿轮旋转方向逐齿递增，因此齿轮和轴受到径向不平衡力的作用。工作压力越高，径向不平衡力也越大。径向不平衡力很大时能使泵轴弯曲，导致齿顶接触泵体，产生摩擦；同时也加速轴承的磨损，降低轴承使用寿命。为了减小径向不平衡力的影响，常采取缩小压油口的办法，使压油腔的压力油仅作用在一个齿到两个齿的范围内；同时适当增大径向间隙，使齿顶不和泵体接触。

3. 端面泄漏及端面间隙的自动补偿

齿轮泵压油腔的压力油可通过三条途径泄漏到吸油腔去：一是通过齿轮啮合处的间隙；二是通过泵体内孔和齿顶圆间的径向间隙；三是通过齿轮两端面和盖板间的端面间隙。在三类间隙中，以端面间隙的泄漏量最大，占总泄漏量的 75%～80%。泵的压力越高，间隙泄漏就越大，因此一般齿轮泵只适用于低压，且其容积效率也很低。为减少泄漏，用设计较小间隙的方法并不能取得好的效果，因为泵在经过一段时间运转后，由于磨损而使间隙变大，泄漏又会增加。为使齿轮泵能在高压下工作，并具有较高的容积效率，需要从结构上采取措施对端面间隙进行自动补偿。

通常采用的端面间隙自动补偿装置有浮动轴套式和弹性侧板式两种，其原理都是引入压力油使轴套或侧板紧贴齿轮端面，压力越高，贴得越紧，从而自动补偿端面磨损和减小间

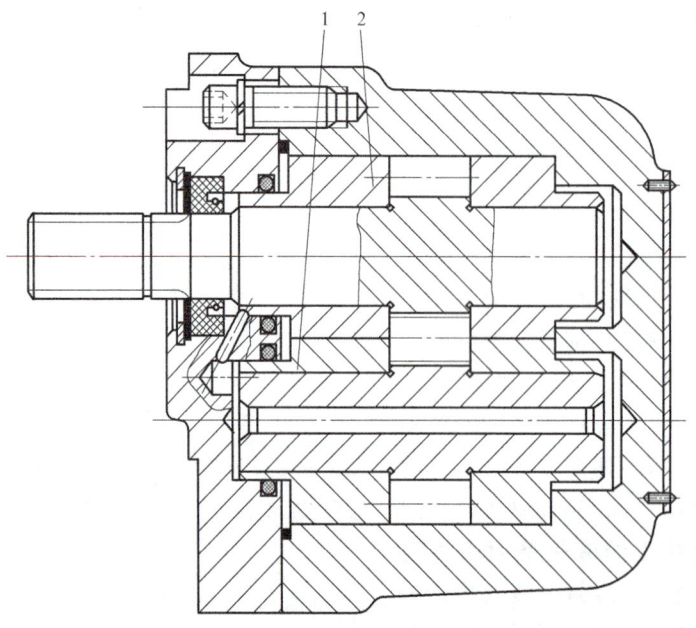

图 3-7 采用浮动轴套的中高压齿轮泵

1、2—轴套

隙。图3-7所示为采用浮动轴套的中高压齿轮泵的一种典型结构，图中，轴套1和轴套2是浮动安装的，轴套左侧的空腔均与泵的压油腔相通。当泵工作时，轴套1和轴套2受左侧油压作用而向右移动，将齿轮两侧面压紧，从而自动补偿了端面间隙。这种齿轮泵的额定工作压力可达10~16MPa，容积效率不低于0.9。

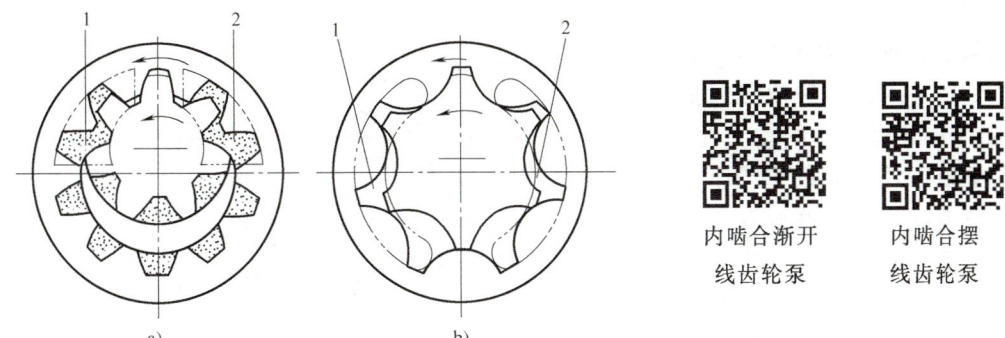

图3-8 内啮合齿轮泵
a）渐开线齿形 b）摆线齿形
1—吸油腔 2—压油腔

二、内啮合齿轮泵

内啮合齿轮泵有渐开线齿形和摆线齿形两种，其结构如图3-8所示。

1. 渐开线齿形内啮合齿轮泵

该泵由小齿轮、内齿环、月牙形隔板等组成。当小齿轮带动内齿环绕各自的中心同方向旋转时，左半部齿退出啮合，形成真空，进行吸油。进入齿槽的油被带到压油腔，右半部齿进入啮合，容积减小，从压油口排油。月牙板在内齿环和小齿轮之间，将吸、压油腔隔开。

2. 摆线齿形内啮合齿轮泵

这种泵又称摆线转子泵，其主要零件是一对内啮合的齿轮（即内、外转子）。外转子齿数比内转子齿数多一个，二转子之间有一偏心距。内转子带动外转子同向旋转。在工作时，所有内转子的齿都进入啮合，形成几个独立的密封腔。随着内外转子的啮合旋转，各密封腔的容积将发生变化，从而进行吸油和压油。

内啮合齿轮泵结构紧凑，尺寸小，重量轻，运转平稳，噪声小，流量脉动小。与外啮合齿轮泵相比，内啮合齿轮泵齿形复杂，加工困难，价格较贵。

第三节 叶 片 泵

叶片泵在机床、工程机械、船舶、压铸及冶金设备中应用十分广泛。叶片泵具有流量均匀、运转平稳、噪声低、体积小、重量轻等优点。其缺点是对油液污染较敏感，转速不能太高。

按照工作原理，叶片泵可分为单作用式和双作用式两类。双作用式与单作用式相比，其流量均匀性好，所受的径向力基本平衡，应用较广。双作用叶片泵常做成定量泵，而单作用叶片泵可以做成多种变量形式。

一、双作用叶片泵

（一）双作用叶片泵的工作原理

图3-9所示为双作用叶片泵的工作原理。该泵主要由定子1、转子2、叶片3及装在它们两侧的配流盘组成。定子内表面形似椭圆，由两段大半径 R 圆弧、两段小半径 r 圆弧和四段过渡曲线所组成。定子和转子的中心重合。在转子上沿圆周均布的若干个槽内分别安放有叶片，这些叶片可沿槽做径向滑动。在配流盘上，对应于定子四段过渡曲线的位置开有四个腰形配流窗口，其中两个窗口与泵的吸油口连通，为吸油窗口；另两个窗口与压油口连通，为压油窗口。当转子由轴带动按图示方向旋转时，叶片在离心力和根部油压（叶片根部与压油腔连通）的作用下压向定子内表面，并随定子内表面曲线的

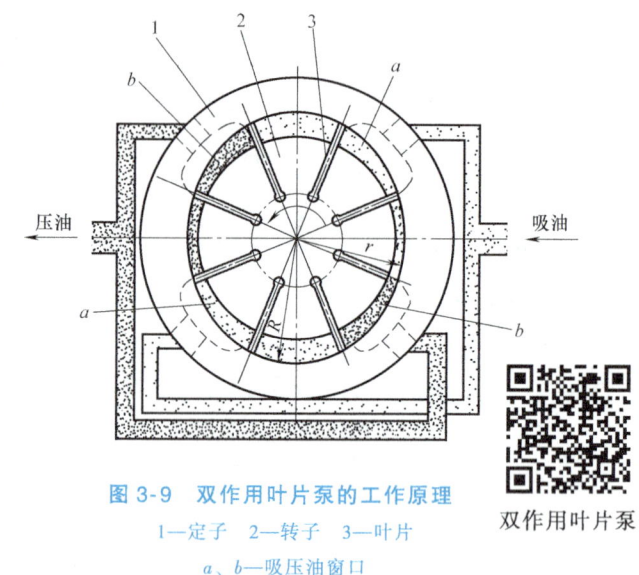

图3-9 双作用叶片泵的工作原理
1—定子 2—转子 3—叶片
a、b—吸压油窗口

双作用叶片泵

变化而被迫在转子槽内往复滑动。于是，相邻两叶片间的密封腔容积就发生增大或缩小的变化，经过窗口 a 处时容积增大，便通过窗口 a 吸油；经过窗口 b 处时容积缩小，便通过窗口 b 压油。转子每转一周，每一叶片往复滑动两次，从而吸、压油作用发生两次，故这种泵称为双作用叶片泵。又因吸、压油口对称分布，转子和轴承所受的径向液压力相平衡，所以这种泵又称为平衡式叶片泵。这种泵的排量不可调，是定量泵。

（二）双作用叶片泵的排量和流量

由图3-9所示可知，当叶片每伸缩一次时，每两叶片间油液的排出量等于大半径 R 圆弧段的容积与小半径 r 圆弧段的容积之差。若叶片数为 z，则双作用叶片泵每转排油量应等于上述容积差的 $2z$ 倍。当忽略叶片本身所占的体积时，双作用叶片泵的排量即为环形体容积的2倍，表达式为

$$V = 2\pi(R^2 - r^2)b \tag{3-15}$$

泵输出的实际流量则为

$$q_V = Vn\eta_V = 2\pi(R^2 - r^2)bn\eta_V \tag{3-16}$$

式中　b——叶片宽度。

如不考虑叶片厚度，则理论上双作用叶片泵无流量脉动。这是因为在压油区位于压油窗口的叶片不会造成它前后两个工作腔之间隔绝不通（图3-9），此时，这两个相邻的工作腔已经连成一体，形成了一个组合的密封工作腔。随着转子的匀速转动，位于大、小半径圆弧处的叶片均在圆弧上滑动，因此组合密封工作腔的容积变化率是均匀的。实际上，由于存在制造工艺误差，两圆弧有圆度误差，也不可能完全同轴；其次，叶片有一定的厚度，根部又连通压油腔，在吸油区的叶片不断伸出，根部容积要由压力油来补充，减少了输出量，造成

少量流量脉动，但其脉动率是除螺杆泵外的各类泵中最小的。

(三) 双作用叶片泵的结构要点

1. 定子过渡曲线

定子内表面的曲线是由四段圆弧和四段过渡曲线所组成（图3-9）。理想的过渡曲线不仅应使叶片在槽中滑动时的径向速度和加速度变化均匀，而且应使叶片转到过渡曲线和圆弧交接点处的加速度突变不大，以减小冲击和噪声。目前双作用叶片泵一般都使用综合性能较好的等加速等减速曲线作为过渡曲线。

2. 径向作用力平衡

由于双作用叶片泵的吸、压油口对称分布，所以，转子和轴承上所承受的径向作用力是平衡的。

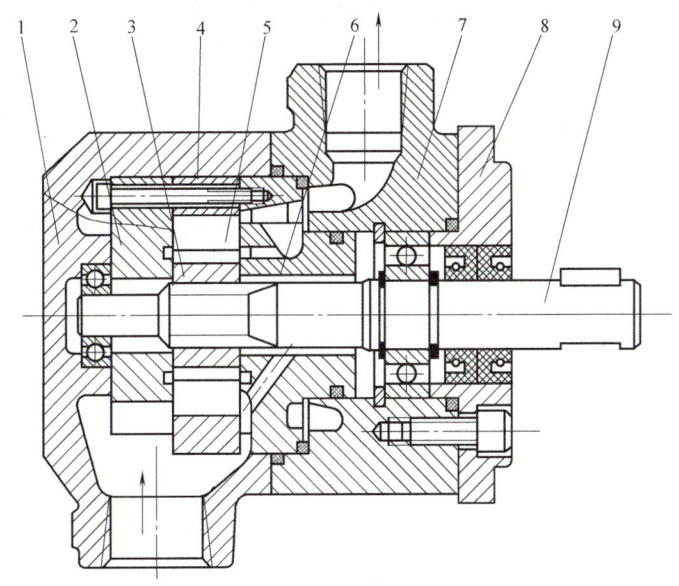

图 3-10 双作用叶片泵的典型结构
1—左泵体 2—左配流盘 3—转子 4—定子
5—叶片 6—右配流盘 7—右泵体 8—泵盖 9—轴

3. 端面间隙的自动补偿

图3-10所示为一中压双作用叶片泵的典型结构。由图可见，为了减少端面泄漏，采取的间隙自动补偿措施是将右配流盘的右侧与压油腔连通，使配流盘在液压推力作用下压向定子。泵的工作压力越高，配流盘就会越贴紧定子。同时，配流盘在液压力作用下发生弹性变形，也对转子端面间隙进行自动补偿。

4. 提高工作压力的主要措施

双作用叶片泵转子所承受的径向力是平衡的，因此，工作压力的提高不会受到负载能力的限制。同时，泵采用配流盘对端面间隙进行补偿后，泵在高压下工作也能保持较高的容积效率。双作用叶片泵工作压力的提高主要受叶片与定子内表面之间磨损的限制。

前已述及，为了保证叶片顶部与定子内表面紧密接触，所有叶片的根部都是通压油腔的。当叶片处于吸油区时，其根部作用着压油腔的压力，顶部却作用着吸油腔的压力，这一压差使叶片以很大的力压向定子内表面，加速了定子内表面的磨损。当提高泵的工作压力时，问题就更显突出，所以必须在结构上采取措施，使吸油区叶片压向定子的作用力减小。可以采取的措施有多种，下面介绍高压叶片泵常用的双叶片结构和子母叶片结构。

（1）双叶片结构　如图3-11所示，在转子的每一槽内装有两片叶片，叶片顶端和两侧面倒角构成了V形通道，根部压力油经过通道进入顶部，使叶片顶部和根部的油压相等。合理设计叶片顶部棱边的宽度，使叶片顶部的承压面积小于根部的承压面积，从而既保证叶片与定子紧密接触，又不会产生过大的压紧力。

（2）子母叶片结构　子母叶片又称为复合叶片，如图3-12所示。母叶片1的根部L腔经转子2上虚线所示的油孔始终和顶部油腔相通，而子叶片4和母叶片间的小腔C通过配流盘经K槽总是接通压力油。当叶片在吸油区工作时，推动母叶片压向定子3的力仅为小腔C的油压力，此力不大，但能使叶片与定子接触良好，保证密封。

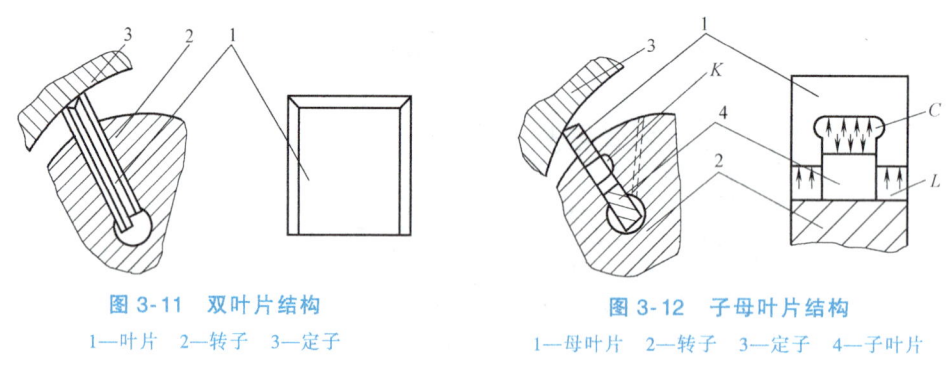

图3-11　双叶片结构　　　　　　　图3-12　子母叶片结构
1—叶片　2—转子　3—定子　　　1—母叶片　2—转子　3—定子　4—子叶片

（四）双联叶片泵

将两个双作用叶片泵的主要工作部件装在一个泵体内，同轴驱动，并在油路上实现两泵并联工作，就构成双联叶片泵。双联叶片泵合用一个吸油口，有两个各自独立的出油口，两泵的输出流量可以分开使用，也可以合并使用，其作用如同两个独立的叶片泵，但结构紧凑。

双联叶片泵多用于机床进给系统。当执行机构带动工作部件作轻载快进或快退时，大小两泵同时供给低压油；当重载慢速工进时，高压小流量泵单独供油，大流量泵输出的油在极低的压力下流回油箱，实现卸荷。系统中采用双联泵可以降低功率损耗，减少油液发热。

二、单作用叶片泵

（一）单作用叶片泵的工作原理

图3-13所示为单作用叶片泵的工作原理。与双作用叶片泵显著不同之处是，单作用叶片泵的定子内表面是一个圆形，转子与定子间有一偏心量e，两端的配流盘上只开有一个吸油窗口和一个压油窗口。当转子旋转一周时，每一叶片在转子槽内往复滑动一次，每相邻两叶片间的密封腔容积发生一次增大和缩小的变化，容积增大时通过吸油窗口吸油，容积缩小时则通过压油窗口将油压出。由于这种泵在转子每转一转过程中，吸油压油各一次，故称为单作用叶片泵。又因这种泵的转子受有不平衡的径向液压力，故又称非平衡式叶片泵。由于

轴和轴承上的不平衡负荷较大，因而使这种泵工作压力的提高受到了限制。

改变定子和转子间的偏心距 e 值，就可以改变泵的排量，故单作用叶片泵常做成变量泵。

（二）单作用叶片泵的排量和流量

当定子内径为 D、叶片宽度为 b、叶片数为 z、偏心距为 e 时，单作用叶片泵的排量近似表达式为

$$V = 2\pi beD \quad (3-17)$$

泵的实际流量为

$$q_V = 2\pi beDn\eta_V \quad (3-18)$$

式（3-18）也表明，只要改变偏心距 e，即可改变流量。

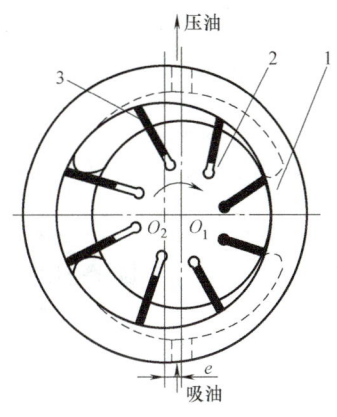

图 3-13　单作用叶片泵的工作原理
1—定子　2—转子　3—叶片

单作用叶片泵的定子内缘和转子外缘都为圆柱面，由于偏心安置，其容积变化是不均匀的，故有流量脉动。

（三）单作用叶片泵的结构要点

1. 定子和转子偏心安置

移动定子位置以改变偏心距，就可以调节泵的输出流量。

2. 径向液压力不平衡

单作用叶片泵的转子及轴承上承受着不平衡的径向力，这限制了泵工作压力的提高，故泵的额定压力不超过 7MPa。

3. 叶片后倾

为了减小叶片与定子间的磨损，叶片底部油槽采取在压油区通压力油、在吸油区与吸油腔相通的结构形式。从而叶片的底部和顶部所受的液压力是平衡的，这样，叶片的向外运动主要靠旋转时所受到的惯性力来实现。根据力学分析，叶片后倾一个角度更有利于叶片在惯性力作用下向外伸出。通常，后倾角为 24°。

（四）限压式变量叶片泵

单作用叶片泵的变量方法有手调和自调两种。自调变量泵又根据其工作特性的不同分为限压式、恒压式和恒流量式三类，其中以限压式应用较多。

限压式变量叶片泵是利用泵排油压力的反馈作用实现变量的，它有外反馈和内反馈两种形式，下面分别说明它们的工作原理和特性。

1. 外反馈式变量叶片泵的工作原理

如图 3-14 所示，转子 2 的中心 O_1 是固定的，定子 3 可以左右移动，在限压弹簧 5 的作用下，定子被推向左端，使定子中心 O_2 和转子中心 O_1 之间有一初始偏心量 e_0。它决定了泵的最大流量 q_{max}。定子左侧装有反馈液压缸 6，其油腔与泵出口相通。

在泵工作的过程中，液压缸活塞对定子施加向右的反馈力 pA（A 为活塞有效作用面积）。设泵的工作压力达到 p_B 值时，定子所受的液压力与弹簧力相平衡，有 $p_B A = k x_0$（k 为弹簧刚度，x_0 为弹簧的预压缩量），则 p_B 称为泵的限定压力。当泵的工作压力 $p < p_B$ 时，$pA < kx_0$，定子不动，最大偏心距 e_0 保持不变，泵的流量也维持最大值 q_{max}；当泵的工作压力 $p > p_B$ 时，$pA > kx_0$，限压弹簧被压缩，定子右移，偏心距减小，泵的流量也随之迅速减小。

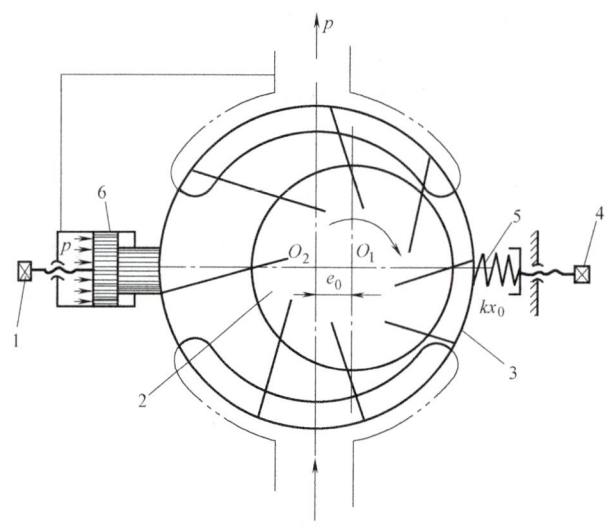

图 3-14 外反馈式变量叶片泵的工作原理

1、4—调节螺钉 2—转子 3—定子 5—限压弹簧 6—反馈液压缸

2. 内反馈式变量叶片泵的工作原理

内反馈式变量叶片泵的工作原理与外反馈式相似，但泵的偏心距的改变不是依靠外反馈液压缸，而是依靠内反馈液压力的直接作用。内反馈式变量叶片泵配流盘的吸、压油窗口布置如图 3-15 所示，由于存在偏角 θ，压油区的压力油对定子的作用力 F 在平行于转子、定子中心连线 O_1O_2 的方向有一分力 F_x。随着泵工作压力 p 的升高，F_x 也增大。当 F_x 大于限压弹簧 5 的预紧力 kx_0 时，定子就向右移动，减小了定子和转子的偏心距，从而使流量相应变小。

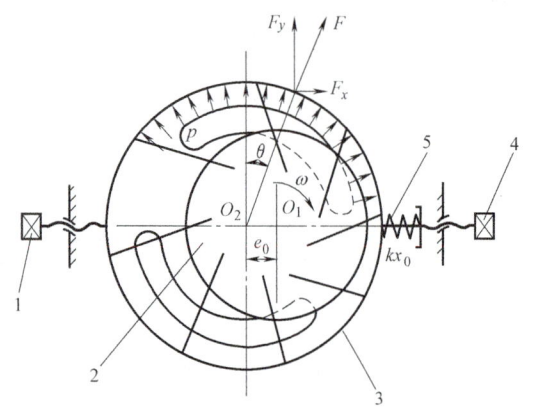

图 3-15 内反馈式变量叶片泵的工作原理

1、4—调节螺钉 2—转子 3—定子 5—限压弹簧

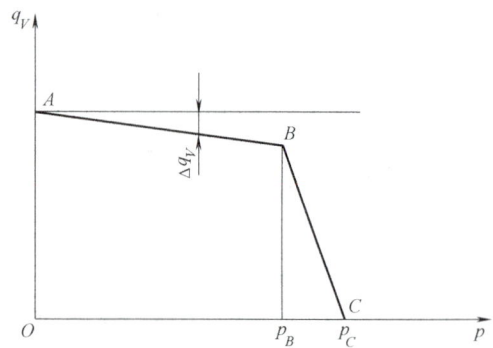

图 3-16 限压式变量叶片泵的特性曲线

3. 限压式变量叶片泵的流量压力特性

限压式变量叶片泵的流量压力特性曲线如图 3-16 所示。曲线表示泵工作时流量随压力变化的关系。当泵的工作压力小于 p_B 时，其特性相当于定量泵，用线段 AB 表示，线段 AB 和水平线的差值 Δq_V 为泄漏量。B 点为特性曲线的转折点，其对应的压力 p_B 就是限定压力，

它表示在初始偏心距 e_0 时，泵可达到的最大工作压力。当泵的工作压力超过 p_B 以后，限压弹簧被压缩，偏心距减小，流量随压力增加而剧减，其变化情况用线段 BC 表示。C 点所对应的压力 p_C 为极限压力（又称截止压力），这时限压弹簧被压缩到最短，偏心距减至最小，泵的实际输出流量为零。

如图 3-14、图 3-15 所示，泵的最大流量由螺钉 1（称最大流量调节螺钉）调节，它可改变 A 点的位置，使 AB 线段上下平移。泵的限定压力由螺钉 4（称限定压力调节螺钉）调节，它可改变 B 点的位置，使 BC 线段左右平移。若改变弹簧刚度 k，则可改变 BC 线段的斜率。

限压式变量叶片泵常用于执行机构需要有快慢速运动的机床液压系统。

第四节 柱 塞 泵

柱塞泵是依靠柱塞在缸体内往复运动，使密封工作腔容积产生变化来实现吸油、压油的。由于柱塞与缸体内孔均为圆柱表面，因此加工方便，配合精度高，密封性能好。同时，柱塞泵主要零件处于受压状态，使材料强度性能得到充分利用，故柱塞泵常做成高压泵。此外，只要改变柱塞的工作行程就能改变泵的排量，易于实现单向或双向变量。所以，柱塞泵具有压力高、结构紧凑、效率高及流量调节方便等优点。其缺点是结构较为复杂，有些零件对材料及加工工艺的要求较高，因而在各类容积式泵中，柱塞泵的价格最高。柱塞泵常用于需要高压大流量和流量需要调节的液压系统。如龙门刨床、拉床、液压机、起重机械、工程机械等设备的液压系统。

柱塞泵按柱塞排列方向的不同，分为轴向柱塞泵和径向柱塞泵。轴向柱塞泵按其结构特点又分为斜盘式和斜轴式两类。在此，我们主要了解斜盘式轴向柱塞泵。

一、斜盘式轴向柱塞泵

（一）斜盘式轴向柱塞泵的工作原理

轴向柱塞泵的柱塞都平行于缸体的中心线，并均匀分布在缸体的圆周上。

斜盘式轴向柱塞泵的工作原理如图 3-17 所示。泵的传动轴轴线与缸体中心线重合，故又称为直轴式轴向柱塞泵。它主要由斜盘 1、柱塞 2、缸体 3、配流盘 4 等组成。斜盘与缸体间倾斜了一个 γ 角。缸体由轴带动旋转，斜盘和配流盘固定不动，在底部弹簧的作用下，柱塞头部始终紧贴斜盘。当缸体按图示方向旋转时，由于斜盘和弹簧的共同作用，使柱塞产生往复运动，各柱塞与缸体间的密封腔容积便发生增大或缩小的变化，通过配流盘上的窗口 a 吸油，通过窗口 b 压油。

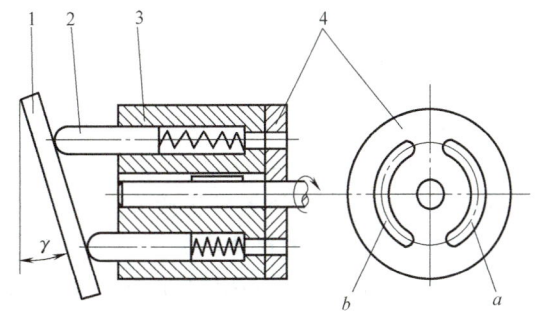

图 3-17 斜盘式轴向柱塞泵的工作原理
1—斜盘 2—柱塞 3—缸体 4—配流盘
a、b—吸压油窗口

如果改变斜盘倾角 γ 的大小，就能改变柱塞的行程长度，也就改变了泵的排量。如果改变斜盘倾角的方向，就能改变吸、压油方向，这时就成为双向变量轴向柱塞泵。

（二）斜盘式轴向柱塞泵的排量和流量

若柱塞数目为 z，柱塞直径为 d，柱塞孔的分布圆直径为 D，斜盘倾角为 γ（图3-18），当缸体转动一转时，泵的排量为

$$V = \frac{\pi}{4} d^2 D (\tan\gamma) z \qquad (3-19)$$

泵输出的实际流量为

$$q_V = \frac{\pi}{4} d^2 D (\tan\gamma) z n \eta_V \qquad (3-20)$$

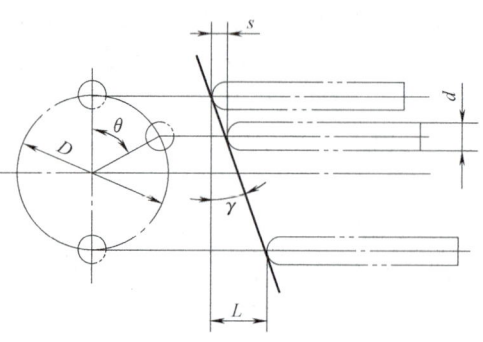

图 3-18　轴向柱塞泵的流量计算

实际上，柱塞泵的输油量是脉动的。不同柱塞数目的柱塞泵，其输出流量的脉动率 σ 是不同的。具体脉动率 σ 的大小见表3-2。

由表3-2可以看出柱塞数较多并为奇数时，脉动率 σ 较小，故柱塞泵的柱塞数一般都为奇数。从结构和工艺性考虑，常取 $z=7$ 或 $z=9$。

表 3-2　柱塞泵的流量脉动率

柱塞数 z	5	6	7	8	9	10	11	12
脉动率 σ（%）	4.98	14	2.53	7.8	1.53	4.98	1.02	3.45

（三）斜盘式轴向柱塞泵的结构要点

图3-19所示是目前使用比较广泛的一种斜盘式轴向柱塞泵的结构图。

1. 滑履结构

在图3-17中，各柱塞以球形头部直接接触斜盘而滑动，柱塞头部与斜盘之间为点接触，因此被称为点接触式轴向柱塞泵。泵工作时，柱塞头部接触应力大，极易磨损，故一般轴向柱塞泵都在柱塞头部装一滑履7（图3-19），改点接触为面接触，并且各相对运动表面之间通过小孔引入压力油，实现可靠的润滑，大大降低了相对运动零件表面的磨损。这样，就有利于泵在高压下工作。

2. 中心弹簧机构

柱塞头部的滑履必须始终紧贴斜盘才能正常工作。图3-17中是在每个柱塞底部加一个弹簧。但这种结构中，随着柱塞的往复运动，弹簧易于疲劳损坏。图3-19中改用一个中心弹簧14，通过钢球17和压盘6将滑履压向斜盘，从而使泵具有较好的自吸能力。这种结构中的弹簧只受静载荷，不易发生疲劳损坏。

3. 缸体端面间隙的自动补偿

由图3-19可见，使缸体紧压配流盘端面的作用力，除弹簧14的推力外，还有柱塞孔底部台阶面上所受的液压力，此液压力比弹簧力大得多，而且随泵的工作压力增大而增大。由于缸体始终受力紧贴着配流盘，就使端面间隙得到了自动补偿，提高了泵的容积效率。

4. 变量机构

在变量轴向柱塞泵中均设有专门的变量机构，用来改变斜盘倾角 γ 的大小以调节泵的排量。轴向柱塞泵的变量方式有多种，其变量机构的结构形式也多种多样，这里只简要介绍手动变量机构的工作原理。

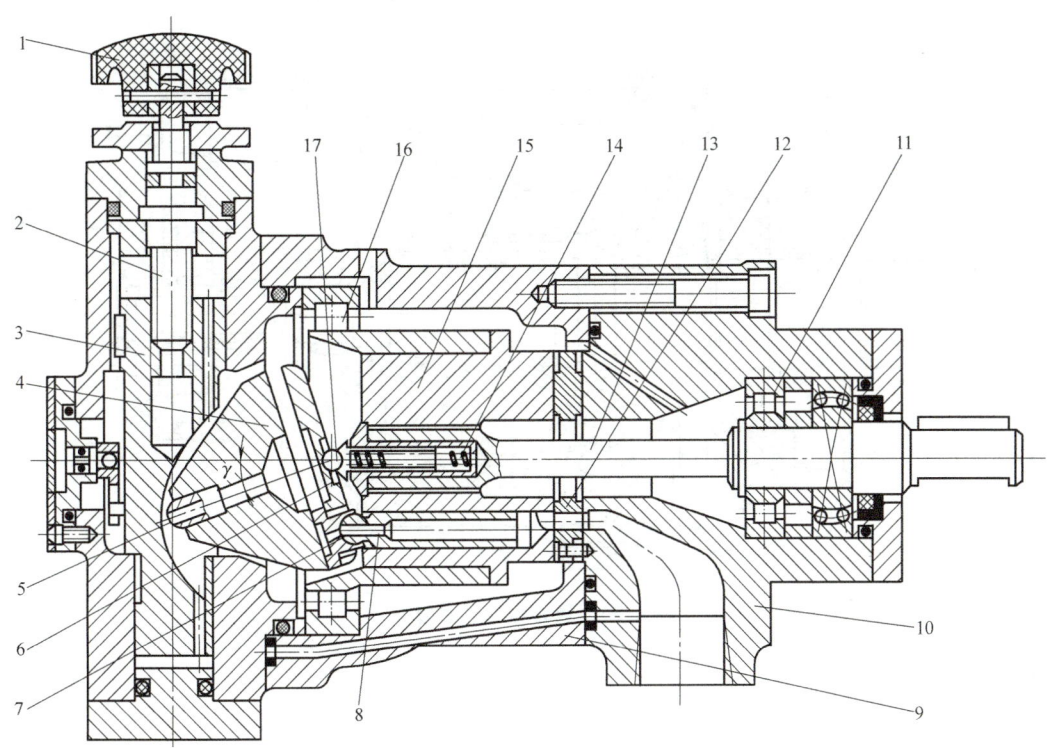

图 3-19 手动变量斜盘式轴向柱塞泵

1—手轮 2—螺杆 3—活塞 4—斜盘 5—销 6—压盘 7—滑履 8—柱塞 9—中间泵体 10—前泵体 11—前轴承 12—配流盘 13—轴 14—中心弹簧 15—缸体 16—大轴承 17—钢球

图 3-19 中,手动变量机构设置在泵的左侧。变量时,转动手轮 1,螺杆 2 随之转动,因导键的作用,变量活塞 3 便上下移动,通过销 5 使支承在变量壳体上的斜盘 4 绕其中心转动,从而改变了斜盘倾角 γ。手动变量机构结构简单,但手操纵力较大,通常只能在停机或泵压较低的情况下才能实现变量。

5. 通轴与非通轴结构

斜盘式轴向柱塞泵有通轴与非通轴两种结构形式。图 3-19 所示的泵是一种非通轴型轴向柱塞泵。非通轴型泵的主要缺点之一是要采用大型滚柱轴承来承受斜盘施加给缸体的径向力,其受力状态不佳,轴承寿命较低,且噪声大,成本高。

图 3-20 所示为通轴型轴向柱塞泵(简称通轴泵)的一种典型结构。与非通轴型泵的主要不同之处在于:通轴泵的主轴采用了两端支承,斜盘通过柱塞作用在缸体上的径向力可以由主轴承受,因而取消了缸体外缘的大轴承;该泵无单独的配流盘,而是通过缸体和后泵盖端面直接配油。通轴泵结构的另一特点是在泵的外伸端可以安装一个小型辅助泵(通常为内齿轮泵),供闭式系统补油之用,因而可以简化油路系统和管道连接,有利于液压系统的集成化。这是近年来通轴泵发展较快的原因之一。

二、斜轴式轴向柱塞泵

图 3-21 所示为斜轴式轴向柱塞泵的工作原理图。传动轴 1 与缸体 4 的轴线倾斜一个角

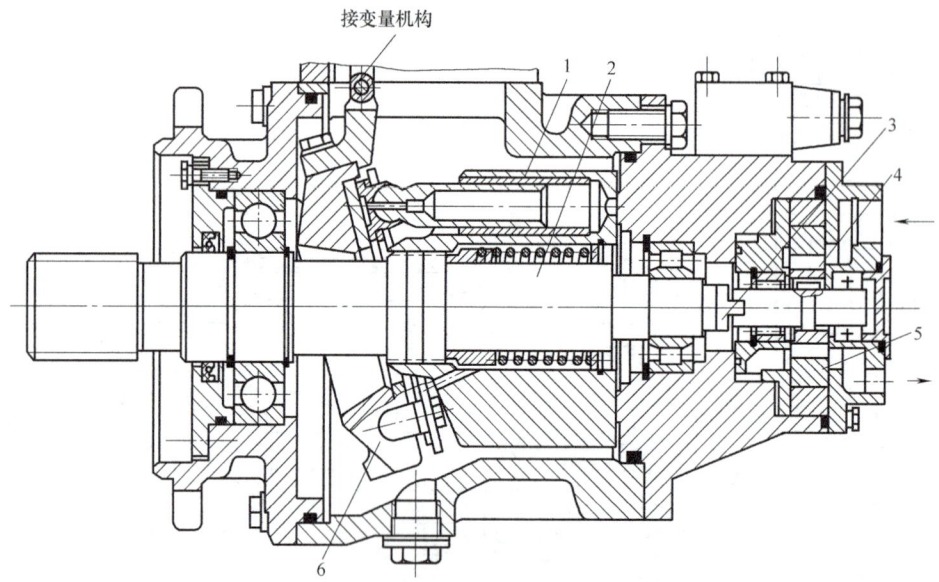

图 3-20 通轴型轴向柱塞泵

1—缸体 2—轴 3—联轴器 4、5—辅助泵内、外转子 6—斜盘

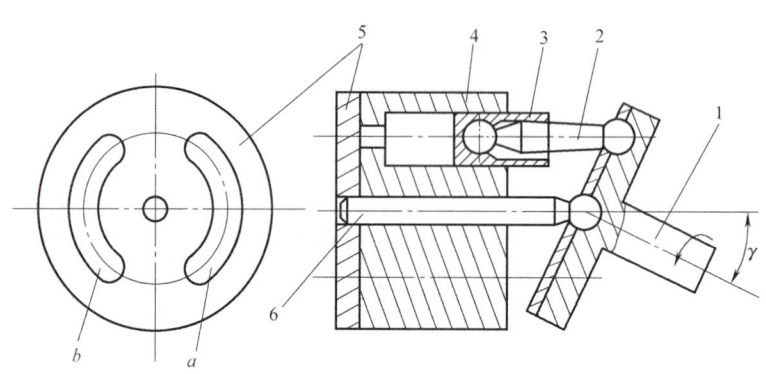

图 3-21 斜轴式轴向柱塞泵的工作原理

1—传动轴 2—连杆 3—柱塞 4—缸体 5—配流盘 6—中心轴 a、b—吸压油窗口

度 γ，故称为斜轴式泵。

传动轴与缸体之间传递运动的连接件是一个两端为球头的连杆，依靠连杆的锥体部分与柱塞内壁的接触带动缸体旋转。配流盘固定不动，中心轴 6 起支承缸体的作用。

当传动轴沿图示方向旋转时，连杆就带动柱塞连同缸体一起转动，柱塞同时也在孔内做往复运动，使柱塞孔底部的密封腔容积不断发生增大和缩小的变化，通过配流盘 5 上的窗口 a 和 b 实现吸油和压油。

与斜盘式泵相比较，斜轴式泵由于柱塞及缸体所受的径向作用力较小，故结构强度较高，因而允许的倾角 γ_{max} 较大，变量范围较大。一般斜盘式泵的最大斜盘角度为 20°左右，斜轴式泵的最大倾角可达 40°。但斜轴式泵是靠摆动缸体来改变倾角从而实现变量的，因而体积较大。

目前，斜盘式和斜轴式轴向柱塞泵的应用都很广泛。

三、径向柱塞泵

径向柱塞泵的工作原理如图 3-22 所示。它主要由定子 1、转子（缸体）2、柱塞 3、配流轴 4 等组成，柱塞径向均匀布置在转子中。转子和定子之间有一个偏心量 e。配流轴固定不动，上部和下部各做成一个缺口，此两缺口又分别通过所在部位的两个轴向孔与泵的吸、压油口连通。当转子按图示方向旋转时，上半周的柱塞在离心力作用下外伸，通过配流轴吸油；下半周的柱塞则受定子内表面的推压作用而缩回，通过配流轴压油。移动定子改变偏心距的大小，便可改变柱塞的行程，从而改变排量。若改变偏心距的方向，则可改变吸、压油的方向。因此，径向柱塞泵可以做成单向或双向变量泵。

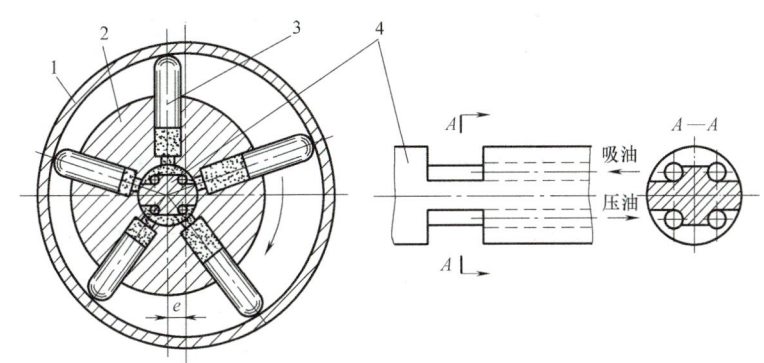

图 3-22 径向柱塞泵的工作原理
1—定子 2—转子 3—柱塞 4—配流轴

径向柱塞泵的优点是流量大，工作压力较高，便于做成多排柱塞的形式，轴向尺寸小，工作可靠等。其缺点是径向尺寸大，自吸能力差，且配流轴受到径向不平衡液压力的作用，易于磨损，泄漏间隙不能补偿。这些缺点限制了泵的转速和压力的提高，因而也限制了它的应用与发展。

第五节 螺 杆 泵

螺杆泵是利用螺杆转动将液体沿轴向压送而进行工作的。螺杆泵内的螺杆可以有两根，也可以有三根。在液压传动中，使用最广泛的是具有良好密封性能的三螺杆泵。图 3-23 所

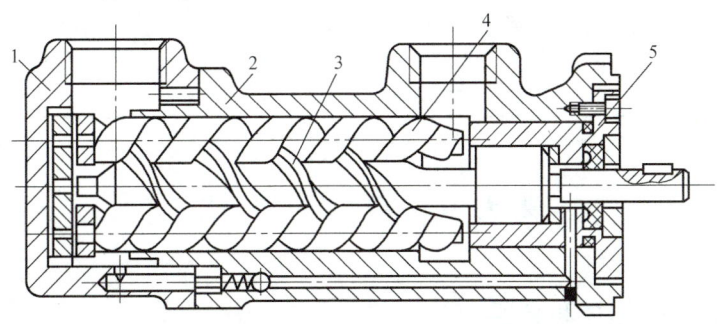

图 3-23 三螺杆泵
1—后盖 2—泵体 3—主动螺杆 4—从动螺杆 5—前盖

示是三螺杆泵的结构图。在泵体内安装三根螺杆,中间的主动螺杆是右旋凸螺杆,两侧的从动螺杆是左旋凹螺杆。三根螺杆的外圆与泵体的对应弧面保持着良好的配合,螺杆的啮合线把主动螺杆和从动螺杆的螺旋槽分割成多个相互隔离的密封工作腔。随着螺杆的顺时针方向旋转,密封工作腔可以一个接一个地在左端形成,不断从左向右移动。主动螺杆每转一周,每个密封工作腔便移动一个导程。最左面的一个密封工作腔容积逐渐增大,从而吸油;最右面的工作腔容积逐渐缩小,则将油压出。螺杆直径越大,螺旋槽越深,泵的排量就越大;螺杆越长,吸油口和压油口之间的密封层次越多,泵的额定压力就越高。

螺杆泵结构简单紧凑,体积小,重量轻,运转平稳,输油量均匀,噪声小,寿命长,自吸能力强,允许采用高转速,容积效率较高(可达 0.95),对油液的污染不敏感。因此,螺杆泵在精密机床等设备中应用日趋广泛。螺杆泵的主要缺点是螺杆齿形复杂,加工较困难,不易保证精度。

第六节　各类液压泵的性能比较及应用

为比较前述各类液压泵的性能,有利于选用,将它们的主要性能及应用场合列于表 3-3 中。

表 3-3　各类液压泵的性能比较及应用

类型 项目	齿轮泵	双作用叶片泵	限压式变量叶片泵	轴向柱塞泵	径向柱塞泵	螺杆泵
工作压力/MPa	<20	6.3~21	≤7	20~35	10~20	<10
容积效率(%)	0.70~0.95	0.80~0.95	0.80~0.90	0.90~0.98	0.85~0.95	0.75~0.95
总效率(%)	0.60~0.85	0.75~0.85	0.70~0.85	0.85~0.95	0.75~0.92	0.70~0.85
流量调节	不能	不能	能	能	能	不能
流量脉动率	大	小	中等	中等	中等	很小
自吸特性	好	较差	较差	较差	差	好
对油的污染敏感性	不敏感	敏感	敏感	敏感	敏感	不敏感
噪声	大	小	较大	大	大	很小
单位功率造价	低	中等	较高	高	高	较高
应用范围	机床、工程机械、农机、航空、船舶、一般机械	机床、注塑机、液压机、起重运输机械、工程机械、飞机	机床、注塑机	工程机械、锻压机械、起重运输机械、矿山机械、冶金机械、船舶、飞机	机床、液压机、船舶机械	精密机床、精密机械、食品、化工、石油、纺织等机械

第七节　液压马达

一、液压马达的作用和分类

液压马达是执行元件,它将液体的压力能转换为机械能,输出转矩和转速。

从原理上讲，液压马达可以当作液压泵用，液压泵也可以当作液压马达用。事实上，同类型的泵和马达虽然在结构上相似，但由于两者的使用目的不一样，导致了它们在结构上的某些差异，例如，液压马达需要正、反转，所以在内部结构上应具有对称性，其进、出油口大小相等；而液压泵则一般是单方向旋转，因而没有这一要求，为了改善吸油性能，其吸油口往往大于压油口，故只有少数泵能当作马达使用。

按照转速的不同，液压马达可分为高速和低速两大类。一般认为额定转速高于500r/min 的属于高速马达，额定转速低于500r/min 的属于低速马达。

按照排量可否调节，液压马达可分为定量马达和变量马达两大类。变量马达又可分为单向变量马达和双向变量马达（图形符号见本书附录A）。

另外，还有一种马达，其输出不是连续的转动，而是往复摆动，这种马达称为摆动液压马达。

二、液压马达的主要性能参数

在液压马达的各项性能参数中，压力、排量、流量等参数与液压泵同类参数有相似的涵义，其原则差别在于：在泵中它们是输出参数，在马达中则是输入参数。

下面对液压马达的输出转速、转矩和效率参数作必要的了解。

1. 液压马达的容积效率和转速

因为液压马达存在泄漏，输入马达的实际流量 q_V 必然大于理论流量 q_{Vt}，故液压马达的容积效率为

$$\eta_V = \frac{q_{Vt}}{q_V} \tag{3-21}$$

将 $q_{Vt} = Vn$ 代入式（3-21），可得液压马达的转速公式为

$$n = \frac{q_V}{V} \eta_V \tag{3-22}$$

衡量液压马达转速性能的一个重要指标是最低稳定转速，它是指液压马达在额定负载下不出现爬行（抖动或时转时停）现象的最低转速。液压马达的结构形式不同，最低稳定转速也不同。实际工作中，一般都希望最低稳定转速越小越好。这样就可以扩大马达的变速范围。

2. 液压马达的机械效率和转矩

因为液压马达工作时存在摩擦，它的实际输出转矩 T 必然小于理论转矩 T_t，故液压马达的机械效率为

$$\eta_m = \frac{T}{T_t} \tag{3-23}$$

设马达进、出口间的工作压差为 Δp，则马达的理论功率（当忽略能量损失时）表达式为

$$P_t = 2\pi n T_t = \Delta p q_{Vt} = \Delta p V n \tag{3-24}$$

因而有

$$T_t = \frac{\Delta p V}{2\pi} \tag{3-25}$$

将式（3-25）代入式（3-23），可得液压马达的输出转矩公式为

$$T = \frac{\Delta p V}{2\pi} \eta_m \tag{3-26}$$

3. 液压马达的总效率

马达的输入功率为 $P_i = p q_V$，输出功率为 $P_o = 2\pi n T$。马达的总效率 η 为输出功率 P_o 与输入功率 P_i 的比值，即

$$\eta = \frac{P_o}{P_i} = \frac{2\pi n T}{\Delta p q_V} = \frac{2\pi n T}{\Delta p \dfrac{Vn}{\eta_V}} = \frac{T}{\dfrac{\Delta p V}{2\pi}} \eta_V = \eta_m \eta_V \tag{3-27}$$

由式（3-27）可见，液压马达的总效率也同于液压泵的总效率，等于机械效率与容积效率的乘积。

液压马达用以驱动各种工作机构，因此最重要的使用工作参数是输出转矩和转速。从式（3-22）和式（3-26）可以看出，对于定量马达，V 为定值，在 q_V 和 Δp 不变的情况下，输出转速 n 和转矩 T 皆不可变；对于变量马达，V 的大小可以调节，因而其输出转速 n 和转矩 T 是可以改变的，在 q_V 和 Δp 不变的情况下，若使 V 增大，则 n 减小，T 增大。

三、高速小转矩液压马达

高速液压马达的基本形式有齿轮式、叶片式、轴向柱塞式和螺杆式等，其结构与同类型的液压泵基本相同。它们的主要特点是转速高，转动惯量小，便于起动、制动、调速和换向。通常高速马达的输出转矩不大，故又称高速小转矩液压马达。下面说明常用的轴向柱塞式液压马达的工作原理。

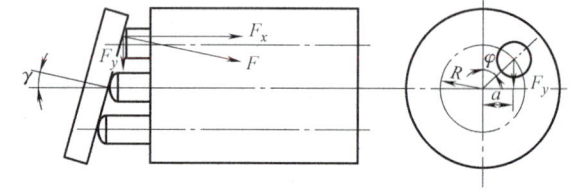

图 3-24 轴向柱塞式液压马达的工作原理

如图 3-24 所示，当压力油输入马达时，处于压力腔（进油腔）的柱塞被顶出，压在斜盘上。设斜盘作用在某一柱塞上的反力为 F，F 可分解为两个方向的分力 F_x 和 F_y。其中，轴向分力 F_x 和作用在柱塞后端的液压力相平衡，其值为 $F_x = \dfrac{\pi}{4} d^2 \Delta p$；垂直于轴向的分力 F_y 使缸体产生转矩，其值为 $F_y = F_x \tan\gamma = \dfrac{\pi}{4} d^2 \Delta p \tan\gamma$。

由图可知，此一柱塞产生的瞬时转矩为

$$T' = F_y a = F_y R \sin\varphi = \frac{\pi}{4} d^2 R \Delta p \tan\gamma \sin\varphi$$

式中　d——柱塞直径；

R——柱塞在缸体中的分布圆半径；

Δp——马达的工作压差；

γ——斜盘倾角；

φ——柱塞的瞬时方位角。

液压马达的输出转矩,等于处在马达压力腔半周内各柱塞瞬时转矩 T' 的总和。由于柱塞的瞬时方位角 φ 是变量,T' 值则按正弦规律变化,所以液压马达输出的转矩是脉动的。

液压马达实际输出的平均转矩 T 可按式(3-26)计算。

当马达的进、回油口互换时,马达将反向转动。

如果改变斜盘倾角 γ 的大小,就改变了马达的排量;如果改变斜盘倾角的方向,就改变了马达的旋转方向,这时就成为双向变量马达。

四、低速大转矩液压马达

低速液压马达的基本形式是径向柱塞式,通常分为两种类型,即单作用曲轴型和多作用内曲线型。低速马达的主要特点是排量大、低速稳定性好(一般可在 10r/min 以下平稳运转,有的可达 0.5r/min 以下),因此,可以直接与工作机构连接,不需要减速装置,使传动机构大为简化。通常,低速马达的输出转矩较大,所以又称为低速大转矩液压马达。这种马达广泛用于工程、运输、建筑、矿山和船舶等机械上。

多作用内曲线径向柱塞式液压马达,简称内曲线马达,它具有尺寸较小、径向受力平衡、转矩脉动小、转动效率高、并能在很低转速下稳定工作等优点,因此获得了广泛的应用。下面说明内曲线马达的工作原理。

图 3-25 所示为内曲线马达的工作原理图。定子 1 的内表面由 x 段形状相同作均匀分布的曲面组成,曲面的数目 x 就是马达的作用次数(本例 $x=6$)。每一曲面的凹部的顶点处分为对称的两半,一半为进油区段(即工作区段),另一半为回油区段。缸体 2 有 z 个(本例为 8 个)径向柱塞孔沿圆周均布,柱塞孔中装有柱塞 3。柱塞头部与横梁 4 接触,横梁可在缸体的径向槽中滑动。安装在横梁两端轴颈上的滚轮 5 可沿定子内表面滚动。在缸体内,每个柱塞孔底部都有一配流孔与配流轴 6 相通。配流轴是固定不动的,其上有 $2x$ 个配流窗孔沿圆周均匀分布,其中有 x 个窗孔 A 与轴中心的进油孔相通,另外 x 个窗孔 B 与回油孔道相通,

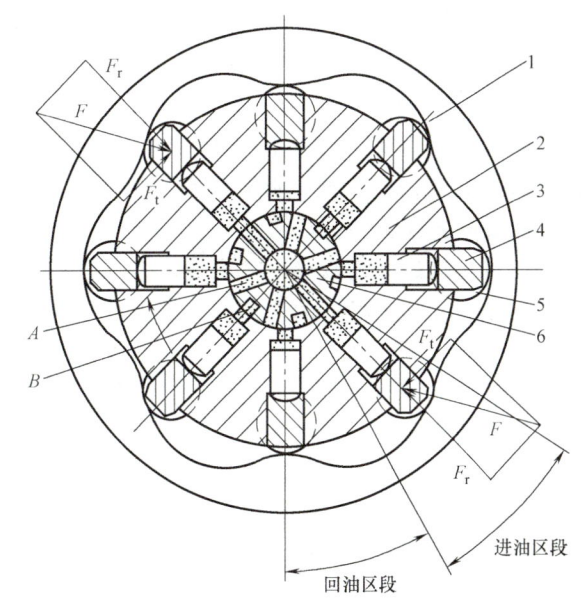

图 3-25 多作用内曲线马达的工作原理
1—定子 2—缸体 3—柱塞
4—横梁 5—滚轮 6—配流轴

这 $2x$ 个配流窗孔位置又分别和定子内表面的进、回油区段位置一一相对应。

当压力油输入马达后,通过配流轴上的进油窗孔分配到处于进油区段的柱塞底部油腔。油压使滚轮顶紧在定子内表面上,滚轮所受到的法向反力 F 可以分解为两个方向的分力,其中,径向分力 F_r 和作用在柱塞后端的液压力相平衡,切向分力 F_t 通过横梁对缸体产生转矩。同时,处于回油区段的柱塞受压缩回,把低压油从回油窗孔排出。

缸体每转一周，每个柱塞往复移动 x 次。由于 x 和 z 不等，所以任一瞬时总有一部分柱塞处于进油区段，使缸体转动。

当马达的进、回油口互换时，马达将反转。

内曲线马达多为定量马达。由于马达的作用次数多，并可设置较多的柱塞（还可制成双排、三排柱塞结构），所以排量大，尺寸紧凑。

五、摆动液压马达

摆动液压马达又称为摆动液压缸，它是实现往复摆动的执行元件，输入为压力和流量，输出为转矩和角速度。摆动液压马达的结构比连续旋转的液压马达结构简单，以叶片式摆动液压马达应用较多。

叶片式摆动液压马达有单叶片式和双叶片式两种。图 3-26a 所示为单叶片式摆动液压马达的结构原理；图 3-26b 为摆动液压马达的图形符号。摆动液压马达的轴 3 上装有叶片 4，叶片和封油隔板 2 将缸体 1 内的密封空间分为两腔。当缸的一个油口接通压力油，而另一油口接通回油时，叶片在油压作用下往一个方向摆动，带动轴偏转一定的角度（小于 360°）；当进、回油的方向改变时，叶片就带动轴往相反的方向偏转。

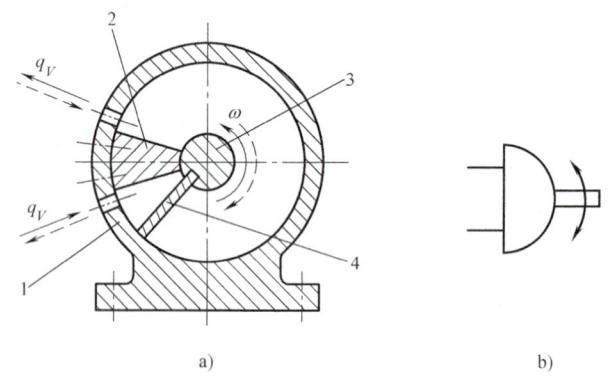

图 3-26 摆动液压马达的结构原理和图形符号
a) 结构原理　b) 图形符号
1—缸体　2—隔板　3—轴　4—叶片

摆动液压马达结构紧凑，输出转矩大，但密封较困难，一般只用于中低压系统。随着结构工艺的改进和密封材料的改善，其应用范围已扩大到中高压系统。

习　题

3-1　从能量观点看，液压泵与液压马达有什么区别和联系？

3-2　液压泵的工作压力取决于什么？泵的工作压力与额定压力有何区别？

3-3　如何计算液压泵的输出功率和输入功率？液压泵在工作过程中会产生哪两方面的能量损失？产生损失的原因何在？

3-4　齿轮泵为什么有较大的流量脉动？流量脉动大会产生什么危害？

3-5　齿轮泵压力的提高主要受哪些因素的影响？可以采取哪些措施来提高齿轮泵的压力？

3-6　说明叶片泵的工作原理。双作用叶片泵和单作用叶片泵各有什么优缺点？

3-7　限压式变量叶片泵的限定压力和最大流量如何调节？调节时，泵的流量压力特性曲线将如何变化？

3-8　为什么轴向柱塞泵适用于高压液压系统？

3-9　各类液压泵中，哪些能实现单向变量或双向变量？画出定量泵和变量泵的符号。

3-10　试述轴向柱塞式液压马达和内曲线径向柱塞式液压马达的工作原理,指出它们的性能特点和适用场合。

3-11　某液压泵的输出油压 $p=10\text{MPa}$,转速 $n=1450\text{r/min}$,排量 $V=100\text{mL/r}$,容积效率 $\eta_V=0.95$,总效率 $\eta=0.9$,求泵的输出功率和电动机的驱动功率。

3-12　某变量叶片泵的转子外径 $d=83\text{mm}$,定子内径 $D=89\text{mm}$,叶片宽度 $b=30\text{mm}$。求:

（1）当泵的排量 $V=16\text{mL/r}$ 时,定子与转子间的偏心距有多大?

（2）泵的最大排量是多少?

3-13　某轴向柱塞泵的斜盘倾角 $\gamma=22°30'$,柱塞直径 $d=22\text{mm}$,柱塞分布圆直径 $D=68\text{mm}$,柱塞数 $z=7$。若容积效率 $\eta_V=0.98$,机械效率 $\eta_m=0.9$,转速 $n=960\text{r/min}$,输出压力 $p=10\text{MPa}$,试求泵的理论流量、实际流量和输入功率。

3-14　液压马达的排量 $V=100\text{mL/r}$,入口压力 $p_1=10\text{MPa}$,出口压力 $p_2=0.5\text{MPa}$,容积效率 $\eta_V=0.95$,机械效率 $\eta_m=0.85$,若输入流量 $q_V=50\text{L/min}$,求马达的转速 n、转矩 T、输入功率 P_i 和输出功率 P_o 各为多少?

第四章 液 压 缸

液压缸和第三章所述的液压马达同属于液压系统的执行元件。液压缸能将油液的压力能转换为机械能，用于驱动工作机构做往复直线运动。液压缸结构简单，工作可靠，与杠杆、连杆、齿轮齿条、棘轮棘爪、凸轮等机构配合，能实现多种机械运动，故其应用比液压马达更为广泛。

第一节 液压缸的类型和特点

液压缸有多种类型。按结构特点可分为活塞式、柱塞式和组合式三大类；按作用方式又可分为单作用式和双作用式两种。在单作用式液压缸中，压力油只供入液压缸的一腔，使缸体实现单方向运动，反方向运动则依靠外力（弹簧力、自重或外部载荷等）来实现。在双作用式液压缸中，压力油则交替供入液压缸的两腔，使缸体实现正反两个方向的往复运动。

一、活塞式液压缸

活塞式液压缸可分为双杆式和单杆式两种结构。其固定方式有缸体固定和活塞杆固定两种。

1. 双杆活塞式液压缸

图 4-1 所示为双杆活塞式液压缸的原理图。活塞两侧均装有活塞杆。当两活塞杆直径相等（即有效工作面积相等）、供油压力和流量不变时，活塞（或缸体）在两个方向的运动速度和推力也都相等，即

$$v = \frac{q_V}{A} = \frac{4q_V}{\pi(D^2 - d^2)} \tag{4-1}$$

$$F = (p_1 - p_2)A = \frac{\pi}{4}(D^2 - d^2)(p_1 - p_2) \tag{4-2}$$

式中 v——活塞（或缸体）的运动速度；

q_V——输入液压缸的流量；

F——活塞（或缸体）上的液压推力；

p_1——液压缸的进油压力；

p_2——液压缸的回油压力；

A——活塞的有效作用面积；

D——活塞直径（即缸体内径）；

d——活塞杆直径。

这种两个方向等速、等力的特性使双杆液压缸多用于双向负载基本相等的场合,如磨床液压系统。

图 4-1a 所示为缸体固定式结构,缸的左腔进油,推动活塞向右移动,右腔则回油;反之,活塞向左移动。这种液压缸的运动范围约等于活塞有效行程的三倍,一般用于中小型设备。图 4-1b 所示为活塞杆固定式结构,缸的左腔进油,推动缸体向左移动,右腔回油;反之,缸体向右移动。这种液压缸的运动范围约等于缸体有效行程的两倍,常用于大中型设备中。

2. 单杆活塞式液压缸

图 4-2 所示为双作用单杆活塞式液压缸。它只在活塞的一侧装有活塞杆,因而两腔有效作用面积不等,当向缸的两腔分别供油,且供油压力和流量不变时,活塞在两个方向的运动速度和输出推力皆不相等。

无杆腔进油时(图 4-2a),活塞的运动速度 v_1 和推力 F_1 分别为

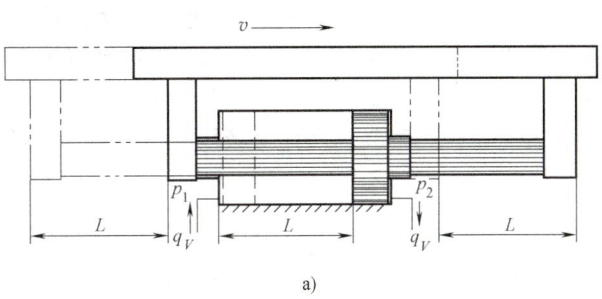

图 4-1 双杆活塞式液压缸
a) 缸体固定 b) 活塞杆固定

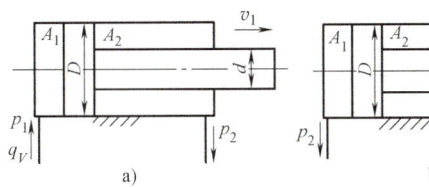

图 4-2 单杆活塞式液压缸
a) 无杆腔进油 b) 有杆腔进油

单杆活塞式液压缸

$$v_1 = \frac{q_V}{A_1} = \frac{4q_V}{\pi D^2} \tag{4-3}$$

$$F_1 = p_1 A_1 - p_2 A_2 = \frac{\pi}{4} D^2 p_1 - \frac{\pi}{4}(D^2 - d^2) p_2 = \frac{\pi}{4} D^2 (p_1 - p_2) + \frac{\pi}{4} d^2 p_2 \tag{4-4}$$

有杆腔进油时(图 4-2b),活塞的运动速度 v_2 和推力 F_2 分别为

$$v_2 = \frac{q_V}{A_2} = \frac{4q_V}{\pi (D^2 - d^2)} \tag{4-5}$$

$$F_2 = p_1 A_2 - p_2 A_1 = \frac{\pi}{4}(D^2 - d^2) p_1 - \frac{\pi}{4} D^2 p_2 = \frac{\pi}{4} D^2 (p_1 - p_2) - \frac{\pi}{4} d^2 p_1 \tag{4-6}$$

式中　q_V——输入液压缸的流量;
　　　p_1——液压缸的进油压力;

p_2——液压缸的回油压力；

D——活塞直径（即缸体内径）；

d——活塞杆直径；

A_1、A_2——液压缸无杆腔和有杆腔的活塞有效作用面积。

比较上述各式，由于 $A_1>A_2$，故 $v_1<v_2$，$F_1>F_2$。活塞杆伸出时，推力较大，速度较小；活塞杆缩回时，推力较小，速度较大。因而它适用于伸出时承受工作载荷，缩回时为空载或轻载的场合。

由式（4-3）和式（4-5）得液压缸往复运动时的速度比为

$$\lambda_v = \frac{v_2}{v_1} = \frac{D^2}{D^2-d^2} \tag{4-7}$$

式（4-7）表明，当活塞杆直径越小时，速度比 λ_v 越接近于 1，两个方向的速度差值越小。

当单杆液压缸两腔同时通入压力油时，如图 4-3 所示。在忽略两腔连通油路压力损失的情况下，两腔的油液压力相等。但由于无杆腔受力面积大于有杆腔，活塞向右的作用力大于向左的作用力，活塞杆做伸出运动，并将有杆腔的油液挤出，流进无杆腔，加快活塞杆的伸出速度。单杆液压缸两腔都通入压力油的这种油路连接方式称为差动连接。

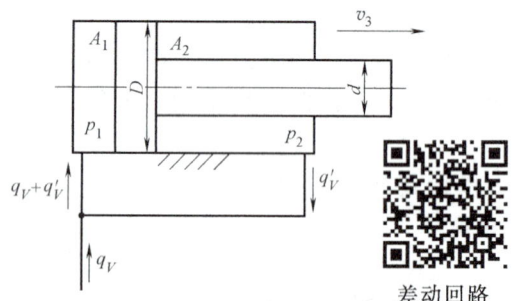

图 4-3　差动连接液压缸

差动连接时，有杆腔排出流量 $q'_V = v_3 A_2$ 进入无杆腔，则有

$$v_3 A_1 = q_V + v_3 A_2$$

故活塞杆的伸出速度 v_3 为

$$v_3 = \frac{q_V}{A_1 - A_2} = \frac{4q_V}{\pi d^2} \tag{4-8}$$

若要使活塞往返速度相等，即 $v_3 = v_2$，则 $D = \sqrt{2}\,d$。

差动连接时，$p_2 \approx p_1$，活塞推力 F_3 为

$$F_3 = p_1 A_1 - p_2 A_2 \approx \frac{\pi}{4}D^2 p_1 - \frac{\pi}{4}(D^2-d^2)p_1 = \frac{\pi}{4}d^2 p_1 \tag{4-9}$$

由式（4-8）和式（4-9）可知，差动连接时实际起有效作用的面积是活塞杆的横截面积。与非差动连接无杆腔进油工况相比，在输入油液压力和流量相同的条件下，活塞杆伸出速度较大而推力较小。实际应用中，液压系统常通过控制阀来改变单杆液压缸的油路连接，使其有不同的工作方式，从而获得快进（差动连接）—工进（无杆腔进油）—快退（有杆腔进油）的工作循环。差动连接是在不增加液压泵流量的前提下实现快速运动的有效办法，它被广泛应用于组合机床的液压动力滑台和各类专用机床中。

单杆缸往复运动范围约为有效行程的两倍，其结构紧凑，应用广泛。

二、柱塞式液压缸

如图 4-4a 所示，柱塞缸由缸筒 1、柱塞 2、导向套 3、密封圈 4 和压盖 5 等零件组成。

由于柱塞与导向套配合,以保证良好的导向,故可以不与缸筒接触,因而对缸筒内壁的精度要求很低,甚至可以不加工,工艺性好,成本低,特别适用于行程较长的场合。

柱塞端面是受压面,其面积大小决定了柱塞缸的输出速度和推力。柱塞工作时恒受压,为保证压杆的稳定,柱塞必须有足够的刚度,故一般柱塞较粗,重量较大,水平安装时易产生单边磨损,故柱塞缸适宜于垂直安装使用。水平安装使用时,为减轻重量,有时制成空心柱塞。为防止柱塞自重下垂,通常要设置柱塞支承套和托架。

柱塞缸只能制成单作用缸。在大行程设备中,为了得到双向运动,柱塞缸常成对使用(图 4-4b)。

柱塞缸结构简单,制造容易,维修方便,常用于长行程机床,如龙门刨床、导轨磨床、大型拉床等。

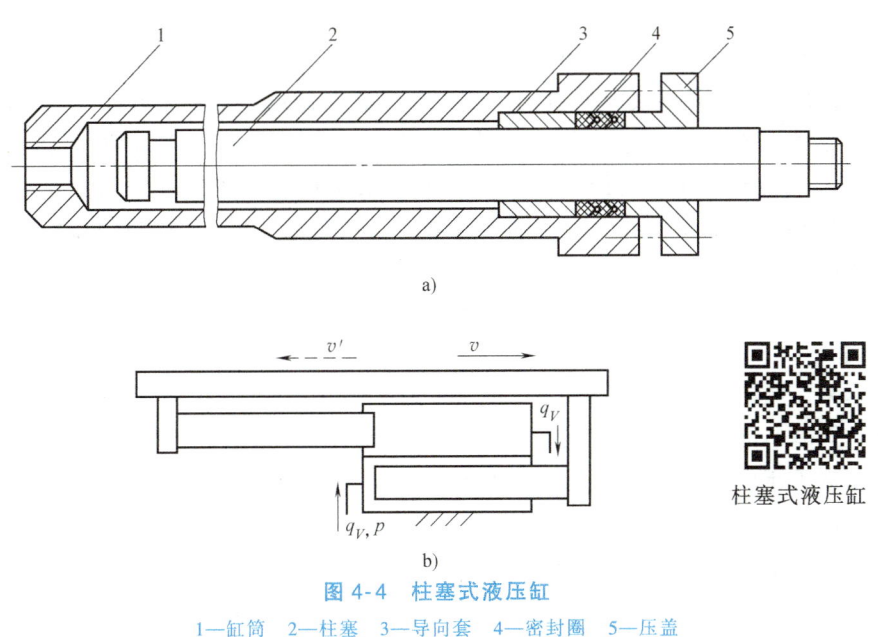

图 4-4 柱塞式液压缸

1—缸筒 2—柱塞 3—导向套 4—密封圈 5—压盖

三、组合式液压缸

1. 伸缩缸

伸缩缸又称为多级缸,它由两级或多级活塞缸套装而成,图 4-5 所示为其示意图。前一级活塞缸的活塞就是后一级活塞缸的缸筒。伸缩缸逐个伸出时,有效工作面积逐次减小,因此,当输入流量相同时,外伸速度逐次增大;当负载恒定时,液压缸的工作压力逐次增高。空载缩回的顺序一

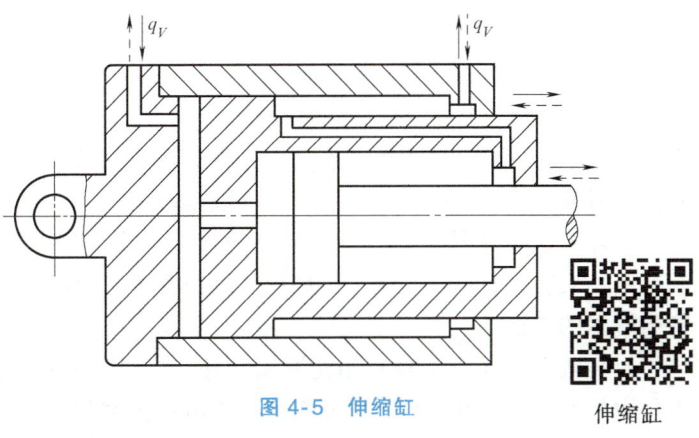

图 4-5 伸缩缸

般是从小活塞到大活塞，收缩后液压缸总长度较短，结构紧凑，适用于安装空间受到限制而行程要求很长的场合。例如，起重机伸缩臂液压缸、自卸汽车举升液压缸等。

2. 齿条活塞缸

齿条活塞缸由带有齿条杆的双活塞缸和齿轮齿条机构所组成，如图4-6所示。活塞的往复移动经齿轮齿条机构变成齿轮轴的往复转动。它多用于自动线、组合机床等的转位或分度机构中。

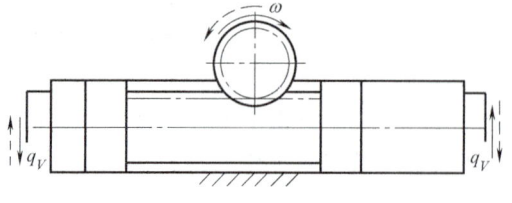

图4-6 齿条活塞缸

第二节　液压缸的结构

图4-7所示为液压滑台液压缸的典型结构。它由后端盖、缸筒、活塞、活塞杆、前端盖等主要部分组成。为防止油液向外泄漏，或由高压腔向低压腔泄漏，在缸筒与端盖、活塞与活塞杆、活塞与缸筒、活塞杆与前端盖之间均设置有密封圈。为了防止脏物进入液压缸内部，在前端盖外侧还装有防尘圈，用以刮除活塞杆上的脏物。为防止活塞快速退回到行程终端时撞击后端盖，液压缸端部还设置了缓冲装置（结构原理详见后文）。液压缸用螺钉固定在滑座上，活塞杆通过支架和滑台固定在一起，活塞杆往复移动时，即带动滑台运动。为增加连接刚度和改善连接螺钉的工作条件，在支架和滑台的结合面处放置了一个平键。

归结起来，液压缸由缸体组件（缸筒、端盖等）、活塞组件（活塞、活塞杆等）、密封件和连接件等基本部分组成。此外，一般液压缸还设有缓冲装置和排气装置。在进行液压缸设计时应根据工作压力、运动速度、工作条件、加工工艺及装拆检修等方面的要求综合考虑液压缸的各部分结构。

一、缸体组件

缸体组件包括缸筒、端盖及其连接件。

1. 缸体组件的连接形式

常见的缸体组件的连接形式如图4-8所示。

法兰式结构（图4-8a）简单，加工和装拆都很方便，连接可靠。缸筒端部一般用铸造、镦粗或焊接方式制成粗大的外径，用以穿装螺栓或旋入螺钉。其径向尺寸和重量都较大。大、中型液压缸大部分采用此种结构。

螺纹式连接（图4-8c、d）有外螺纹连接和内螺纹连接两种。其特点是重量轻，外径小，结构紧凑，但缸筒端部结构复杂，外径加工时要求保证内外径同轴，装卸需专用工具，旋端盖时易损坏密封圈，一般用于小型液压缸。

半环式连接（图4-8b）分外半环连接和内半环连接两种。半环连接工艺性好，连接可靠，结构紧凑，装拆较方便，半环槽对缸筒强度有所削弱，需加厚筒壁，常用于无缝钢管缸筒与端盖的连接。

拉杆式连接（图4-8e）结构通用性好，缸筒加工方便，装拆方便，但端盖的体积较大，重量也较大，拉杆受力后会拉伸变形，影响端部密封效果，只适用于长度不大的中低压缸。

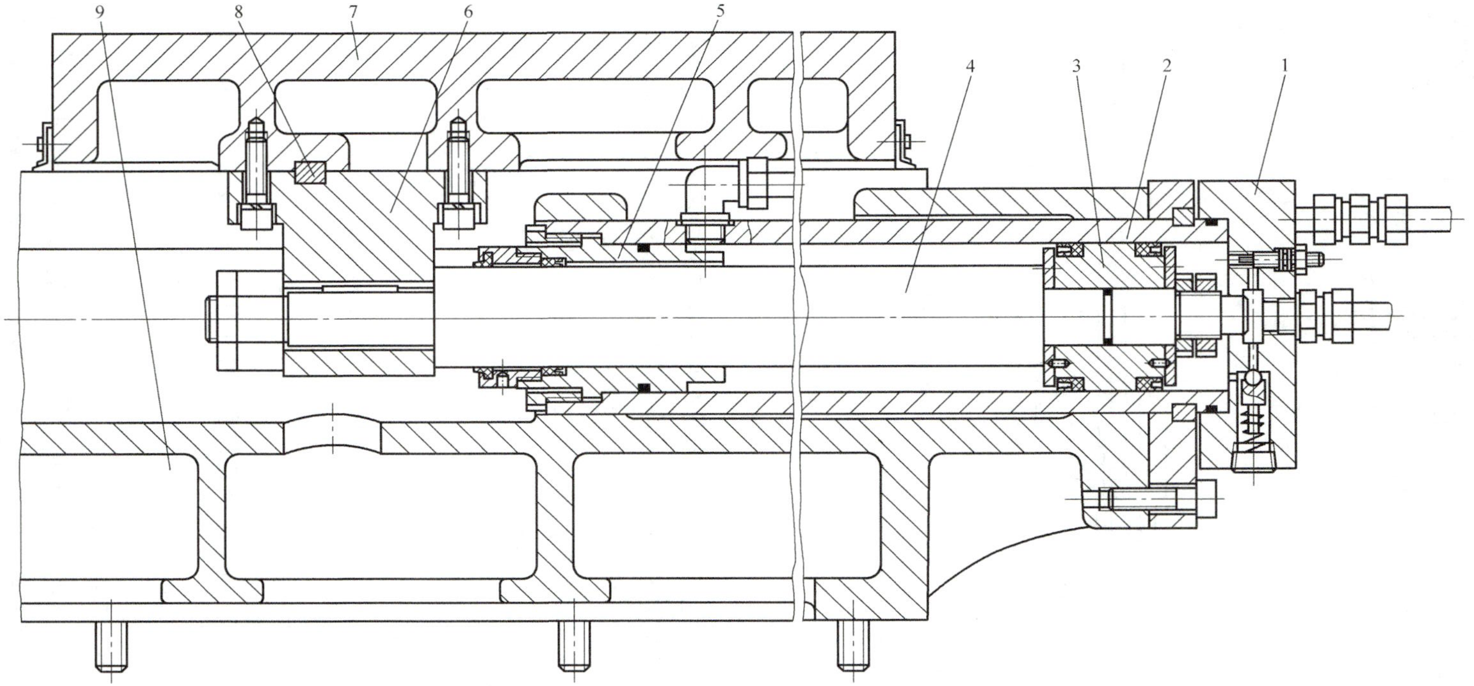

第四章 液压缸

图 4-7 液压滑台液压缸

1—后端盖 2—缸筒 3—活塞 4—活塞杆 5—前端盖 6—支架 7—滑台 8—平键 9—滑座

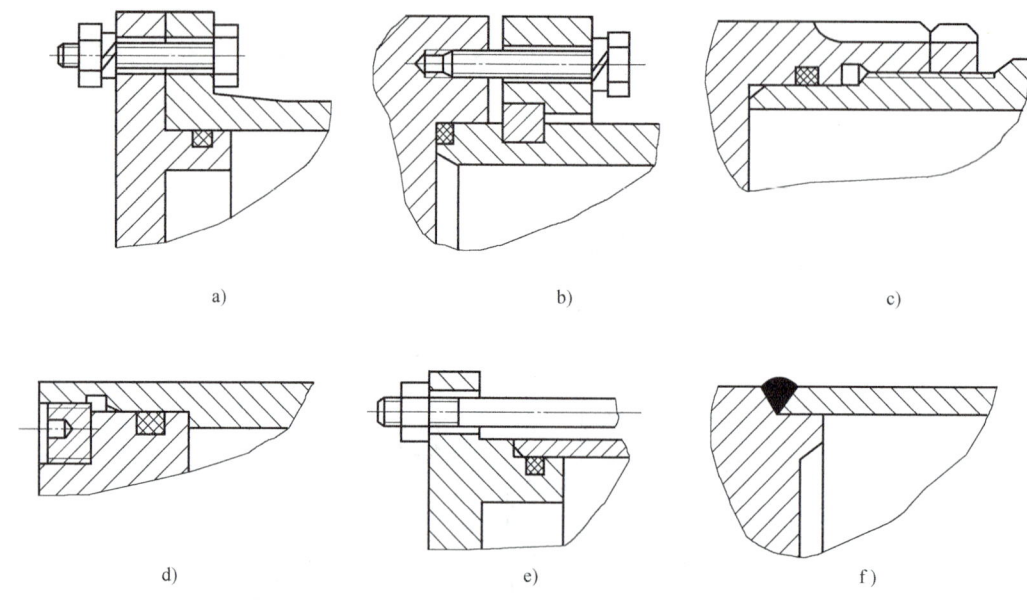

图 4-8 缸体组件的连接形式

a) 法兰式 b) 半环式 c) 外螺纹式 d) 内螺纹式 e) 拉杆式 f) 焊接式

焊接式连接（图 4-8f）外形尺寸较小，结构简单，但焊接时易引起缸筒变形，主要用于柱塞式液压缸。

2. 缸筒、端盖和导向套

缸筒是液压缸的主体，它与端盖、活塞等零件构成密闭的容腔，承受油压，因此要有足够的强度和刚度，以便抵抗液压力和其他外力的作用。缸筒内孔一般采用镗削、铰孔、滚压或珩磨等精密加工工艺制造，要求表面粗糙度 Ra 值为 $0.1\sim0.4\mu m$，以使活塞及其密封件、支承件能顺利滑动和保证密封效果，减少磨损。为了防止腐蚀，缸筒内表面有时需镀铬。

端盖装在缸筒两端，与缸筒形成密闭容腔，同样承受很大的液压力，因此它们及其连接部件都应有足够的强度。设计时既要考虑强度，又要选择工艺性较好的结构形式。

导向套对活塞杆或柱塞起导向和支承作用。有些液压缸不设导向套，直接用端盖孔导向，这种结构简单，但磨损后必须更换端盖。

缸筒、端盖和导向套的材料选择和技术要求可参考有关手册。

二、活塞组件

活塞组件由活塞、活塞杆和连接件等组成。随工作压力、安装方式和工作条件的不同，活塞组件有多种结构形式。

1. 活塞组件的连接形式

活塞与活塞杆的连接形式如图 4-9 所示。

整体式连接（图 4-9a）和焊接式连接（图 4-9b）结构简单，轴向尺寸紧凑，但损坏后需整体更换。锥销式连接（图 4-9c）加工容易，装配简单，但承载能力小，且需要必要的防止脱落措施。螺纹式连接（图 4-9d、e）结构简单，装拆方便，但一般需备有螺母防松装置。半环式连接（图 4-9f、g）强度高，但结构复杂。在轻载情况下可采用锥销式连接；一

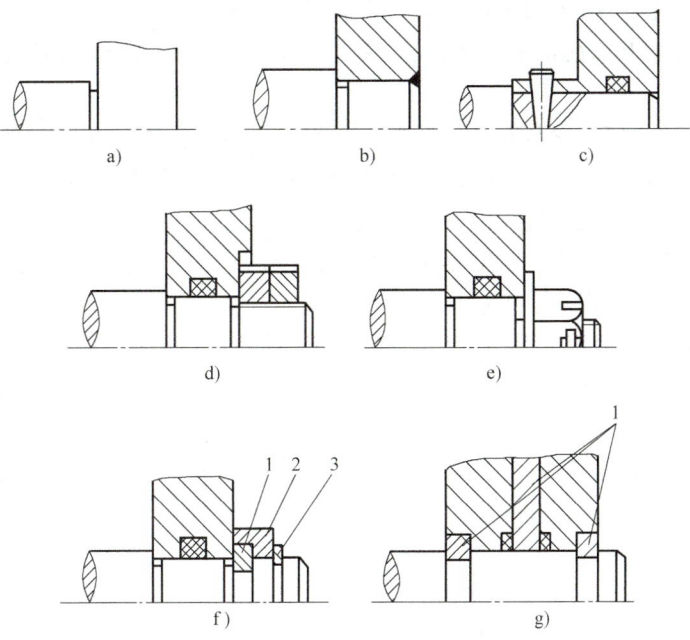

图 4-9 活塞与活塞杆的连接形式

a) 整体式 b) 焊接式 c) 锥销式 d、e) 螺纹式 f、g) 半环式

1—半环 2—轴套 3—弹簧圈

般使用螺纹式连接；高压和振动较大时多用半环式连接；对活塞和活塞杆比值 D/d 较小、行程较短或尺寸不大的液压缸，其活塞与活塞杆可采用整体式连接或焊接式连接。

2. 活塞和活塞杆

活塞受油压的作用在缸筒内做往复运动，因此，活塞必须具备一定的强度和良好的耐磨性。活塞一般用铸铁制造。活塞的结构通常分为整体式和组合式两类（图 4-9）。

活塞杆是连接活塞和工作部件的传力零件，它必须具有足够的强度和刚度。活塞杆无论是实心的还是空心的，通常都用钢材制造。活塞杆在导向套内往复运动，其外圆表面应当耐磨并有防锈能力，故活塞杆外圆表面有时需镀铬。

活塞和活塞杆的技术要求可参考有关手册。

三、密封装置

密封装置主要用来防止液压油的泄漏。液压缸因为是依靠密闭油液容积的变化来传递动力和速度的，故密封装置的优劣，将直接影响液压缸的工作性能。根据两个需要密封的偶合面间有无相对运动，可把密封分为动密封和静密封两大类。设计或选用密封装置的基本要求是：具有良好的密封性能，并随着压力的增加能自动提高其密封性能，摩擦阻力小，密封件耐油性、耐蚀性、耐磨性好，使用寿命长，使用的温度范围广，制造简单，装拆方便。常见的密封方法有以下几种。

（一）间隙密封

间隙密封是一种简单的密封方法。它依靠相对运动零件配合面间的微小间隙来防止泄漏。由环形缝隙流量公式可知泄漏量与间隙的三次方成正比，因此可用减小间隙的办法来减少泄漏。一般间隙为 0.01~0.05mm，这就要求配合面加工的精度很高。一般间隙密封活塞的外圆表面上开有若干条宽 0.3~0.5mm、深 0.5~1mm、间距 2~5mm 的环形沟槽（称平衡槽），其作用是：

1) 由于活塞的几何形状与同轴度误差，工作中压力油在密封间隙中的不对称分布将形成一个径向不平衡力，称为液压卡紧力，以致摩擦力增大。开平衡槽后，间隙的差别减小，各向油压趋于平衡，使活塞能自动对中，减小了摩擦力。

2) 增大了油液泄漏的阻力，减小了偏心量，提高了密封性能。

3) 储存油液，使活塞能自动润滑。

间隙密封的特点是结构简单，摩擦力小，经久耐用，但对零件的加工精度要求较高，且难以完全消除泄漏，故只适用于低压、小直径的快速液压缸中。

(二) 活塞环密封

活塞环密封依靠装在活塞环形槽内的弹性金属环紧贴缸筒内壁实现密封，如图 4-10 所示。其密封效果较间隙密封好，适应的压力和温度范围很宽，能自动补偿磨损和温度变化的影响，能在高速条件下工作，摩擦力小，工作可靠，寿命长，但因活塞环与其相对应的滑动面之间为金属接触，故不

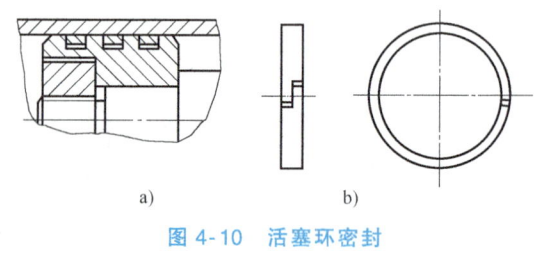

图 4-10 活塞环密封

a) 活塞环的安装 b) 活塞环

能完全密封，且活塞环的加工复杂，缸筒内表面加工精度要求高，一般用于高压、高速和高温的场合。

(三) 密封圈密封

密封圈密封是液压系统中应用最广泛的一种密封形式，密封圈有 O 形、Y 形、V 形及组合式等数种，其材料为耐油橡胶、尼龙等。

1. O 形密封圈

O 形密封圈的截面为圆形，主要用于静密封和滑动密封（转动密封用得较少）。其结构简单紧凑，摩擦力较其他密封圈小，装拆方便，密封可靠，成本低，可在 -40~120℃ 温度范围内工作。但与唇形密封圈（如 Y 形）相比，其寿命较短，密封装置机械部分的精度要求高，起动摩擦阻力较大。O 形密封圈的使用速度范围为 0.005~0.3m/s。

O 形密封圈密封原理如图 4-11 所示。O 形密封圈密封属于挤压密封。当 O 形密封圈装入密封槽后，其截面受到一定的压缩变形。在无液压力时，靠 O 形密封圈的弹性对接触面产生预接触压力 p_0，实现初始密封（图 4-11a）；当密封腔充入压力油后，在液压力 p 的作用下，O 形密封圈被挤到槽的一侧，O 形密封圈变形如图 4-11b 所示，O 形密封圈以更大的弹性变形力密封，密封面上的接触压力上升为 p_m，提高了密封效果。

O 形密封圈在安装时必须保证适当的预压缩量，压缩量的大小直接影响 O 形密封圈的使用性能和寿命，过小不能密封，过大则摩擦力增大，且易损坏。因此，安装密封圈的沟槽尺寸和表面精度必须按有关手册给出的数据严格保证。

在静密封中，当压力大于 32MPa 时，或在动密封中，当压力大于 10MPa 时，O 形密封圈就会被挤入间隙中而损坏，以致密封效果降低或失去密封作用。为此，需在 O 形密封圈低压侧设置由聚四氟乙烯或尼龙制成的挡圈（图 4-12），其厚度为 1.25~2.5mm。双向受高

压时,两侧都要加挡圈。

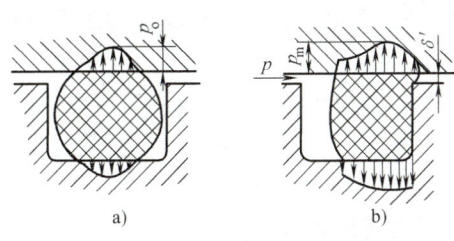

图 4-11 O 形密封圈密封原理

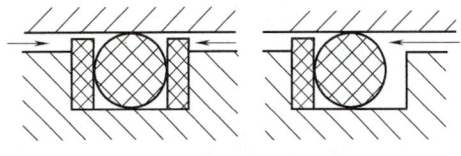

图 4-12 挡圈的设置

2. Y 形密封圈

Y 形密封圈的截面呈 Y 形,属唇形密封圈。它是一种密封性、稳定性和耐压性都较好、摩擦阻力小、寿命较长的密封圈,是目前比较广泛使用的密封结构之一。Y 形密封圈主要用于往复运动的密封。

Y 形密封圈的密封作用是依赖于它的唇边对偶合面的紧密接触,在液压力的作用下产生较大的接触压力,达到密封的目的。液压力越高,贴得越紧,接触压力越大,密封性能越好。因此,Y 形密封圈从低压到高压的压力范围内都表现了良好的密封性,还能自动补偿唇边的磨损。

根据截面长宽比例的不同,Y 形密封圈可分为宽断面和窄断面两种形式。图 4-13 所示为宽断面 Y 形密封圈,图 4-14 所示为窄断面 Y 形密封圈。

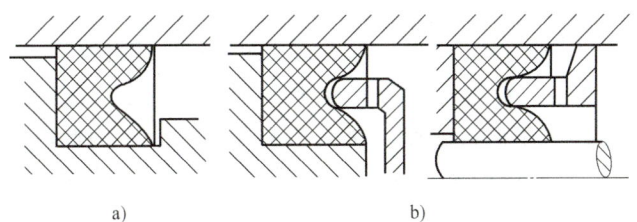

图 4-13 宽断面 Y 形密封圈
a) Y 形密封圈一般安装 b) Y 形密封圈带支承环安装

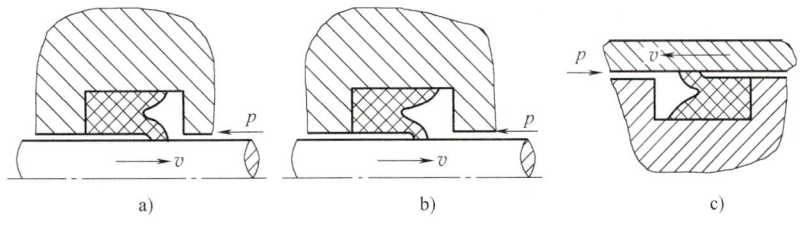

图 4-14 窄断面 Y 形密封圈
a) 等高唇通用型 b) 轴用型 c) 孔用型

Y 形密封圈安装时,唇口端应对着液压力高的一侧。当压力变化较大、滑动速度较高时,为避免翻转,要使用支承环,以固定密封圈,如图 4-13b 所示。

宽断面 Y 形密封圈一般适用于工作压力小于 20MPa、工作温度为 -30~100℃、使用速度小于 0.5m/s 的场合。

窄断面 Y 形密封圈是宽断面 Y 形密封圈的改型产品,其截面的长宽比有 2 倍以上,因而不易翻转。它有等高唇 Y 形密封圈和不等高唇 Y 形密封圈两种,后者又有孔用和轴用之分。其低唇与密封面接触,滑动摩擦阻力小,耐磨性好,寿命长;高唇与非运动表面有较大的预压缩量,摩擦阻力大,工作时不易窜动。

窄断面 Y 形密封圈一般适用于工作压力小于 32MPa、使用温度为 -30~100℃ 的场合。

3. V 形密封圈

V 形密封圈的截面为 V 形,如图 4-15 所示。V 形密封装置是由压环、V 形圈和支承环组成。所采用的 V 形密封圈的数量可根据工作压力来选定。安装时,V 形密封圈的开口应面向压力高的一侧。

V 形密封圈密封性能良好,耐高压,寿命长,通过选择适当的 V 形圈个数和调节压紧力,可获得最佳的密封效果。但 V 形密封装置的摩擦阻力及轴向结构尺寸较大,它主要用于活塞及活塞杆的往复运动密封,适宜在工作压力小于 50MPa、温度在 -40~80℃ 条件下工作。

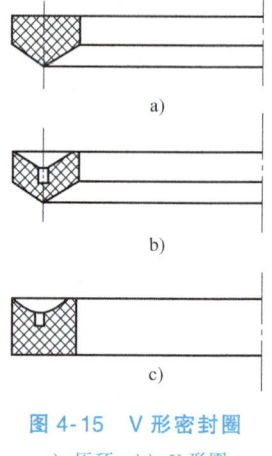

图 4-15　V 形密封圈
a) 压环　b) V 形圈
c) 支承环

4. 组合式密封

随着液压技术应用的日益广泛,系统对密封的要求越来越高,普通的密封圈单独使用已不能很好地满足密封性能要求,特别是使用寿命和可靠性方面的要求。因此,研究和开发了由包括密封圈在内的两个以上元件组成的组合式密封装置。

图 4-16a 所示为 O 形密封圈与截面为矩形的聚四氟乙烯塑料滑环组成的孔用组合密封装置。其中滑环 2 紧贴密封面,O 形密封圈 1 为滑环提供弹性预压力,在介质压力为零时即构成密封。由于是靠滑环组成密封接触面,而不是 O 形密封圈,因此摩擦阻力小且稳定,可以用于 40MPa 的高压。往复运动密封时,速度可达 15m/s;往复摆动与螺旋运动密封时,速度可达 5m/s。矩形滑环组合密封的缺点是抗侧倾能力稍差,安装不够方便。

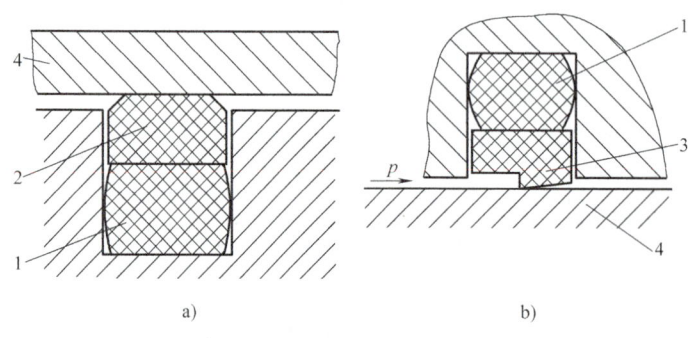

图 4-16　组合式密封装置
a) 孔用密封　b) 轴用密封
1—O 形密封圈　2—滑环　3—支承环　4—被密封件

图 4-16b 所示为由支承环 3 和 O 形密封圈 1 组成的轴用组合密封。支持环与被密封件 4 之间形成狭窄的环带密封面,其工作原理类似唇边密封。

5. 防尘圈

防尘圈设置在活塞杆或柱塞密封圈的外部,防止外界灰尘、砂粒等异物进入液压缸内,以避免影响液压系统的工作和液压系统元件的使用寿命。目前常用的防尘圈一般为唇形，按其有无骨架分为骨架式和无骨架式两种。其中以无骨架式防尘圈应用最普遍，其工作状态如图4-17所示。防尘圈的唇部对活塞杆应有一定的过盈量，以便当活塞杆往复运动时，唇口刃部能将粘附在杆上的灰尘、砂粒等清除掉。

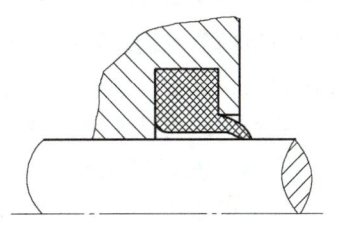

图4-17　防尘圈

四、缓冲装置

当液压缸拖动质量较大的部件做快速往复运动时，运动部件具有很大的动能，这样，当活塞运动到液压缸的终端时，会与端盖发生机械碰撞，产生很大的冲击和噪声，会引起液压缸的损坏。故一般应在液压缸内设置缓冲装置，或在液压系统中设置缓冲回路。

缓冲的一般原理是：当活塞快速运动到接近缸盖时，通过节流的方法增大了回油阻力，使液压缸的排油腔产生足够的缓冲压力，活塞因运动受阻而减速，从而避免与缸盖快速相撞。常见的缓冲装置如图4-18所示。

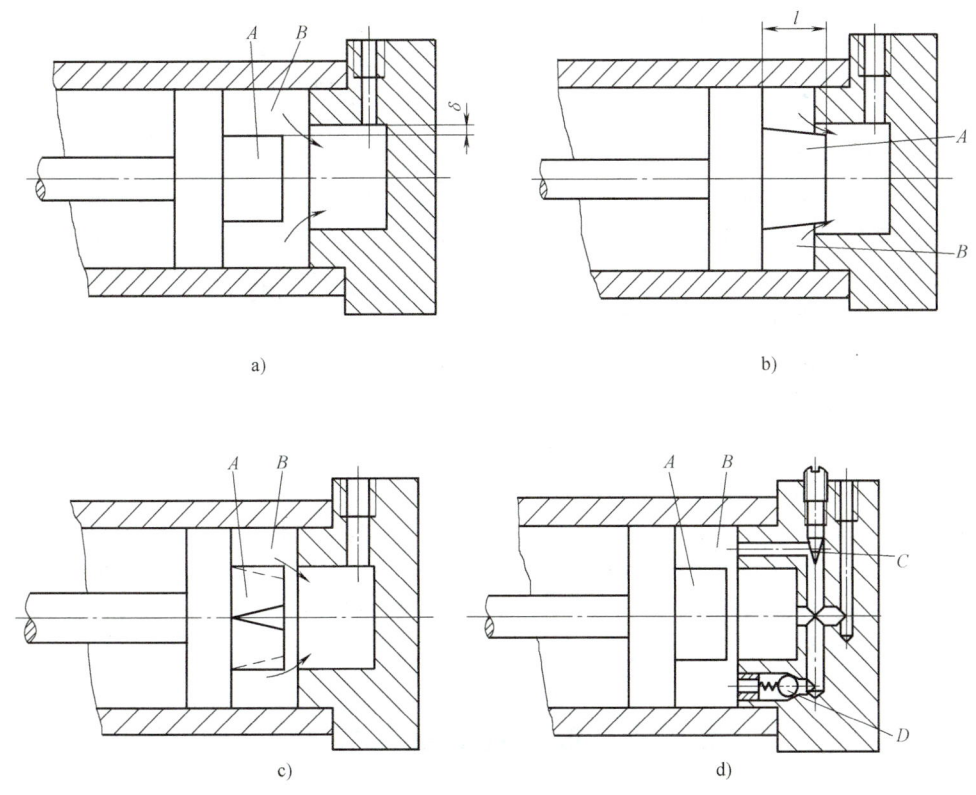

图4-18　液压缸的缓冲装置
a) 圆柱形环隙式　b) 圆锥形环隙式　c) 可变节流槽式　d) 可调节流孔式
A—缓冲柱塞　B—缓冲油腔　C—节流阀　D—单向阀

1. 圆柱形环隙式缓冲装置（图4-18a）

当缓冲柱塞A进入缸盖上的内孔时，缸盖和活塞间形成环形缓冲油腔B，被封闭的油液只能经环形间隙δ排出,产生缓冲压力,从而实现减速缓冲。这种装置在缓冲过程中,由于回油通道的节流面积不变,故缓冲开始时,产生的缓冲制动力很大,其缓冲效果较差,液压冲击较大,且实现减速所需行程较长,但这种装置结构简单,便于设计和降低成本,所以在一般系列化的成品液压缸中多采用这种缓冲装置。

2. 圆锥形环隙式缓冲装置(图4-18b)

由于缓冲柱塞A为圆锥形,所以缓冲环形间隙δ随位移量不同而改变,即节流面积随缓冲行程的增大而缩小,使机械能的吸收较均匀,其缓冲效果较好,但仍有液压冲击。

3. 可变节流槽式缓冲装置(图4-18c)

在缓冲柱塞A上开有三角节流沟槽,节流面积随着缓冲行程的增大而逐渐减小,其缓冲压力变化较平缓。

4. 可调节流孔式缓冲装置(图4-18d)

当缓冲柱塞A进入到缸盖内孔时,回油口被柱塞堵住,只能通过节流阀C回油,调节节流阀的开度,可以控制回油量,从而控制活塞的缓冲速度。当活塞反向运动时,压力油通过单向阀D很快进入到液压缸内,并作用在活塞的整个有效面积上,故活塞不会因推力不足而产生起动缓慢现象。这种缓冲装置可以根据负载情况调整节流阀开度的大小,改变缓冲压力的大小,因此适用范围较广。

五、排气装置

液压系统往往会混入空气,使系统工作不稳定,产生振动、噪声及工作部件爬行和前冲等现象,严重时会使系统不能正常工作。因此,设计液压缸时必须考虑排除空气。

在液压系统安装时或停止工作后又重新起动时,必须把液压系统中的空气排出去。对于要求不高的液压缸往往不设专门的排气装置,而是将油口布置在缸筒两端的最高处,这样也能使空气随油液排往油箱,再从油面逸出;对于速度稳定性要求较高的

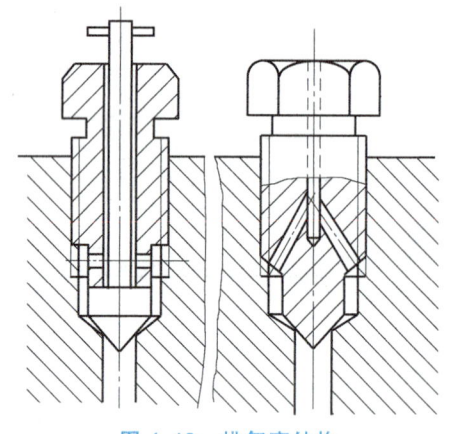

图4-19 排气塞结构

液压缸或大型液压缸,常在液压缸两侧的最高位置处(该处往往是空气聚积的地方)设置专门的排气装置,如排气塞、排气阀等。图4-19所示为排气塞。当松开排气塞螺钉后,让液压缸全行程空载往复运动若干次,带有气泡的油液就会排出。然后,再拧紧排气塞螺钉,液压缸便可正常工作。

第三节 液压缸的设计与计算

液压设备的设计者有时需要自行设计液压缸。液压缸的结构设计可参考本章第二节,本节着重介绍单杆液压缸主要尺寸的计算及强度的验算方法。

一、液压缸主要尺寸的计算

液压缸的主要几何尺寸,包括液压缸内径D、活塞杆直径d和液压缸缸筒长度L。

(一) 液压缸内径 D

液压缸内径 D 的计算通常有两种方法：

1. 根据最大总负载和选取的工作压力（参看第九章）来确定

对单杠缸而言，无杆腔进油时，由式（4-4）得

$$D = \sqrt{\frac{4F_1}{\pi(p_1-p_2)} - \frac{d^2 p_2}{p_1-p_2}} \tag{4-10}$$

有杆腔进油时，由式(4-6)得

$$D = \sqrt{\frac{4F_2}{\pi(p_1-p_2)} + \frac{d^2 p_1}{p_1-p_2}} \tag{4-11}$$

式中，各符号含义同前。液压缸设计中，常初步选取回油压力 $p_2=0$，这时，上面两式便可简化，即

无杆腔进油时

$$D = \sqrt{\frac{4F_1}{\pi p_1}} \tag{4-12}$$

有杆腔进油时

$$D = \sqrt{\frac{4F_2}{\pi p_1} + d^2} \tag{4-13}$$

2. 根据执行机构的速度要求和选定的液压泵流量来确定

同样对单杆缸而言，无杆腔进油时，由式（4-3）得

$$D = \sqrt{\frac{4q_V}{\pi v_1}} \tag{4-14}$$

有杆腔进油时，由式（4-5）得

$$D = \sqrt{\frac{4q_V}{\pi v_2} + d^2} \tag{4-15}$$

式中，各符号含义同前。

计算所得的液压缸内径 D（即活塞直径）应圆整为标准系列值（可查液压设计手册）。

(二) 活塞杆直径 d

活塞杆直径 d 可根据工作压力或设备类型选取，见表 4-1 和表 4-2。当液压缸的往复速度比 λ_v 有一定要求时，由式（4-7）得

$$d = D\sqrt{\frac{\lambda_v - 1}{\lambda_v}} \tag{4-16}$$

推荐液压缸的往复速度比见表 4-3。

表 4-1 液压缸工作压力与活塞杆直径

液压缸工作压力 p/MPa	≤5	5~7	>7
推荐活塞杆直径 d	$(0.5\sim0.55)D$	$(0.6\sim0.7)D$	$0.7D$

表 4-2 设备类型与活塞杆直径

设 备 类 型	磨床、珩磨及研磨机	插、拉、刨床	钻、镗、车、铣床
活塞杆直径 d	$(0.2 \sim 0.3)D$	$0.5D$	$0.7D$

表 4-3 液压缸往复速度比推荐值

工作压力 p/MPa	≤10	$1.25 \sim 20$	>20
往复速度比 λ_v	1.33	1.46	2	2

计算所得的活塞杆直径 d 也应圆整为标准系列值（可查液压设计手册）。

(三) 液压缸缸筒长度 L

液压缸的缸筒长度 L 由液压缸最大行程、活塞宽度、活塞杆导向套长度、活塞杆密封长度和特殊要求的其他长度确定。其中，活塞宽度 $B = (0.6 \sim 1.0)D$；导向套长度 C：当 $D < 80$mm 时，$C = (0.6 \sim 1.0)D$；当 $D \geq 80$mm 时，$C = (0.6 \sim 1.0)d$。为减小加工难度，一般液压缸缸筒长度不应大于内径的 20 倍。

二、液压缸的校核

1. 缸筒壁厚 δ 的校核

对于低压系统，缸筒壁厚往往由结构要求来确定，此时壁厚一般都能满足强度要求。

中、高压缸一般用无缝钢管作缸筒，大多属薄壁筒（即 $\delta/D \leq 0.08$），可按材料力学薄壁圆筒公式验算壁厚，即

$$\delta \geq \frac{p_{\max}D}{2[R_m]} \tag{4-17}$$

当液压缸采用铸造缸筒时，壁厚由铸造工艺确定，这时应按厚壁圆筒公式验算壁厚。
当 $\delta/D = 0.08 \sim 0.3$ 时，可用实用公式验算，即

$$\delta \geq \frac{p_{\max}D}{2.3[R_m] - 3p_{\max}} \tag{4-18}$$

当 $\delta/D > 0.3$ 时，可用下式验算，即

$$\delta \geq \frac{D}{2}\left(\sqrt{\frac{[R_m] + 0.4p_{\max}}{[R_m] - 1.3p_{\max}}} - 1\right) \tag{4-19}$$

式中　D——缸筒内径；

　　　$p_{\max}$——缸筒内的最高工作压力；

　　　$[R_m]$——缸筒材料的许用应力。$[R_m] = R_m/n$，R_m 为缸筒材料的抗拉强度；n 为安全系数，一般取 $n = 3.5 \sim 5$。

2. 液压缸缸盖固定螺栓直径 d_1 的校核

液压缸缸盖固定螺栓在工作过程中同时承受拉应力和切应力，螺栓直径可按下式校核，即

$$d_1 \geq \sqrt{\frac{5.2KF}{\pi Z[R_{eL}]}} \tag{4-20}$$

式中　d_1——螺栓底径；

K——螺纹拧紧系数,一般取 $K=1.25\sim1.5$;

F——缸筒端部承受的最大推力;

Z——螺栓数;

$[R_{eL}]$——螺栓材料的许用应力。$[R_{eL}]=R_{eL}/n$,R_{eL} 为螺栓材料的下屈服极限;n 为安全系数,一般取 $n=1.2\sim2.5$。

3. 活塞杆稳定性验算

当液压缸承受轴向压缩载荷时,若活塞杆的支承长度[⊖]与活塞杆的直径之比 $l/d \geqslant 10$,则必须进行活塞杆纵向稳定性的验算。验算可按材料力学有关公式进行,此处不再赘述。

习　题

4-1　已知单杆液压缸缸筒内径 $D=100\text{mm}$,活塞杆直径 $d=50\text{mm}$,工作压力 $p_1=2\text{MPa}$,流量 $q_V=10\text{L/min}$,回油压力 $p_2=0.5\text{MPa}$。试求活塞往返运动时的推力和运动速度。

4-2　如图 4-3 所示,已知单杆液压缸的内径 $D=50\text{mm}$,活塞杆直径 $d=35\text{mm}$,泵的供油压力 $p=2.5\text{MPa}$,供油流量 $q_V=8\text{L/min}$。试求:

(1) 液压缸差动连接时的运动速度。

(2) 若考虑管路损失,则实测 $p_1 \approx p$,而 $p_2=2.6\text{MPa}$,求此时液压缸的推力。

4-3　图 4-20 所示两个结构相同相互串联的液压缸,无杆腔的面积 $A_1=100\times10^{-4}\text{m}^2$,有杆腔的面积 $A_2=80\times10^{-4}\text{m}^2$,缸 1 的输入压力 $p_1=0.9\text{MPa}$,输入流量 $q_V=12\text{L/min}$,不计损失和泄漏,求:

(1) 两缸承受相同负载($F_1=F_2$)时,该负载的数值及两缸的运动速度。

(2) 缸 2 的输入压力是缸 1 的一半 $\left(p_2=\dfrac{1}{2}p_1\right)$ 时,两缸各能承受多少负载?

(3) 缸 1 不承受负载($F_1=0$)时,缸 2 能承受多少负载?

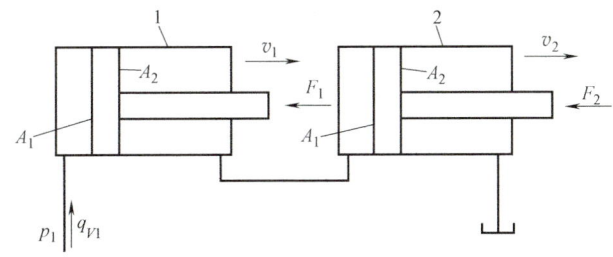

图 4-20　题 4-3 图

4-4　设计一单杆活塞式液压缸,要求快进时为差动连接,快进和快退(有杆腔进油)时速度均为 0.1m/s,工进时(无杆腔进油,非差动连接)可驱动的负载为 25000N,回油压力为 0.2MPa,采用额定压力为 6.3MPa、额定流量为 25L/min 的液压泵,试确定:

(1) 缸筒内径和活塞杆的直径。

(2) 若缸筒材料选用无缝钢管,其许用应力 $[R_m]=50\text{MPa}$,选取缸筒的壁厚。

⊖ 当活塞杆全部伸出时,杆的顶端连接点与液压缸支承点之间的距离称为支承长度。

第五章 液压控制阀

第一节 概述

液压控制阀是液压系统中用来控制液流方向、压力和流量的元件。借助于这些阀，便能对执行元件的起动、停止、运动方向、速度、动作顺序和克服负载的能力进行调节与控制，使各类液压机械都能按要求协调地进行工作。

一、液压阀的基本共同点及要求

各种各样不同类型的液压阀都具有下述基本共同点：
1）在结构上，所有液压阀都是由阀体、阀芯和驱动阀芯动作的元器件组成。
2）在工作原理上，所有液压阀的开口大小、进出口间的压差以及通过阀的流量之间的关系都符合孔口流量公式，即式（2-37），仅是各种阀控制的参数各不相同而已。

液压系统中所用的液压阀应满足如下要求：
1）动作灵敏，使用可靠，工作时冲击和振动小。
2）油液流过时压力损失小。
3）密封性能好。
4）结构紧凑，安装、调整、使用、维护方便，通用性强。

二、液压阀的分类

1. 按机能分

液压阀可分为方向控制阀、压力控制阀和流量控制阀。这三类阀还可根据需要互相组合成为组合阀，使得其结构紧凑，连接简单，并提高了效率。

2. 按控制原理分

液压阀可分为开关阀、比例阀、伺服阀和数字阀。开关阀调定后只能在调定状态下工作，本章将重点介绍这一使用最为普遍的阀类。比例阀和伺服阀能根据输入信号连续地或按比例地控制系统的参数。数字阀则用数字信息直接控制阀的动作。

3. 按安装连接形式分

（1）管式连接　又称为螺纹连接，阀的油口用螺纹管接头或法兰和管道及其他元件连接，并由此固定在管路上。

（2）板式连接　阀的各油口均布置在同一安装面上，并用螺钉固定在与阀有对应油口的连接板上，再用管接头和管道及其他元件连接；或者，把几个阀用螺钉固定在一个集成块的不同侧面上，在集成块上打孔，沟通各阀组成回路。由于拆卸时无需拆卸与之相连的其他元件，故这种安装连接方式应用较广。

(3) 叠加式连接　阀的上下面为连接结合面，各油口分别在这两个面上，且同规格阀的油口连接尺寸相同。每个阀除其自身的功能外，还起油路通道的作用，阀相互叠装便成回路，无需管道连接，故结构紧凑，压力损失很小。

(4) 插装式连接　这类阀无单独的阀体，由阀芯、阀套等组成的单元体插装在插装块体的预制孔中，用连接螺纹或盖板固定，并通过块内通道把各插装式阀连通组成回路，插装块体起到阀体和管路的作用。这是适应液压系统集成化而发展起来的一种新型安装连接方式。

三、液压阀的性能参数

阀的规格大小用通径 D_g（单位 mm）表示。D_g 是阀进、出油口的名义尺寸，它和实际尺寸不一定相等。

对于各种不同类型的阀，还用不同的参数表征其不同的工作性能，一般有压力、流量的限制值，以及压力损失、开启压力、允许背压、最小稳定流量等。同时给出若干条特性曲线，供使用者确定不同状态下的性能参数值。

第二节　方向控制阀

方向控制阀用以控制液压系统中油液流动的方向或液流的通与断，它分为单向阀和换向阀两类。

一、单向阀

1. 普通单向阀

普通单向阀通常简称单向阀，它是一种只允许油液正向流动，不允许倒流的阀，故又称逆止阀或止回阀。按进出油液流向的不同分直通式和直角式两种结构，如图 5-1a、b 所示，前者仅有螺纹连接型。当液流从进油口 A 流入时，油液压力克服弹簧阻力和阀体 1 与阀芯 2 间的摩擦力，顶开带有锥端的阀芯（小规格直通式阀有用钢球作阀芯的），从出油口 B 流出。当液流反向从 B 流入时，油液压力使阀芯紧密地压在阀座上，故不能倒流。

单向阀中的弹簧仅用于使阀芯在阀座上就位，刚度较小，故开启压力很小（0.04~0.1MPa）。更换硬弹簧，使其开启压力达到 0.2~0.6MPa，便可当背压阀使用。

2. 液控单向阀

液控单向阀是一种通入控制压力油后即允许油液双向流动的单向阀。它由单向阀和液控装置两部分组成，如图 5-2a 所示。当控制口 X 未通压力油时，作用与普通单向阀相同，正向流通，反向截止。当控制口通入压力油（称控制油）后，控制活塞 a 把单向阀的锥形阀芯顶离阀座，油液正反向均可流动。

油液反向流动时（即由 B 口进油），进油压力相当于系统工作压力，通常很高，控制活塞 a 的背压（即 A 口压力）也可能较大。控制油的开启压力必须很大才能顶开阀芯，这影

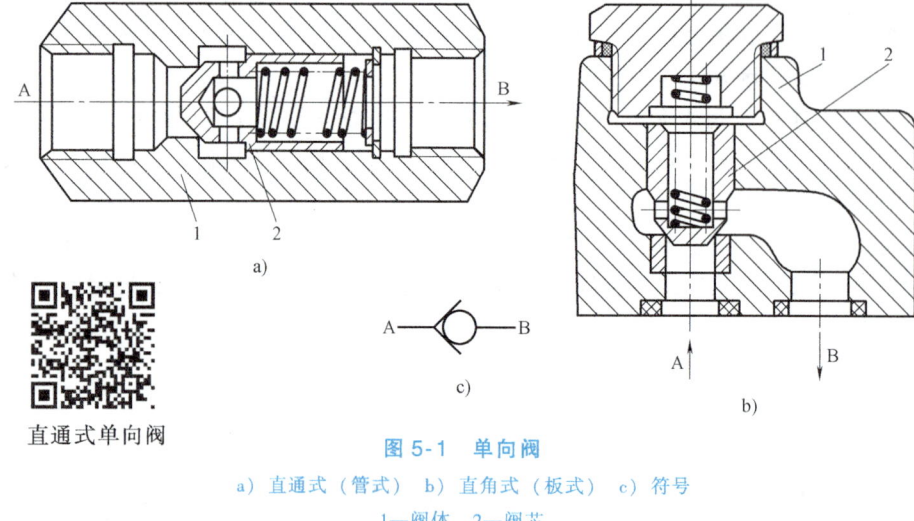

图 5-1 单向阀
a) 直通式（管式） b) 直角式（板式） c) 符号
1—阀体 2—阀芯

响了液控单向阀的工作可靠性。解决的办法是：

1) 对于 B 口进油压力很高的情况，可采用先导阀预先卸压。如图 5-2b 所示，在单向阀的锥阀芯中装一更小的锥阀芯 b(有的是钢球)，称先导阀芯（或卸压阀芯）。因该阀芯承压面积小，无需多大推力便可将它先行顶开，A、B 两腔随即通过先导阀芯圆杆上的小缺口 c 相互沟通，使 B 腔逐渐卸压，直至控制活塞较易地将主阀芯推离阀座，使单向阀的反向通道打开。

2) 对于 A 口压力较高造成控制活塞背压较大的情况，可采用外泄口回油降低背压。如图 5-2b 所示，控制活塞与阀体成二节同芯式配合结构，背压对控制活塞的作用面积很小，对开启阀芯的阻力也就不大。外泄口 Y 可将 A 腔和 X 腔的泄漏油排回油箱。这种结构的阀称外泄式液控单向阀（其具体结构有带卸压阀芯和不带卸压阀芯的两种）；而图 5-2a 所示的阀则称为内泄式液控单向阀。

液控单向阀的符号如图 5-2c 所示。

液控单向阀未通控制油时具有良好的反向密封性能，常用于保压、锁紧和平衡回路。

二、换向阀

（一）换向阀的工作原理

换向阀的作用是变换阀芯在阀体内的相对工作位置，使阀体各油口连通或断开，从而控制执行元件的换向或启停。换向阀的工作原理如图 5-3 所示。在图示位置，液压缸两腔不通压力油，处于停

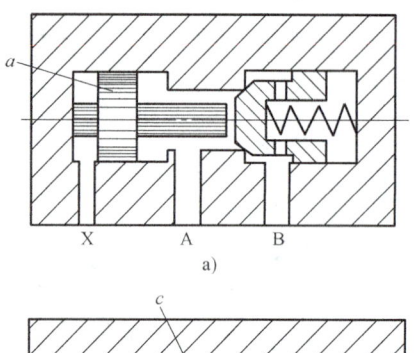
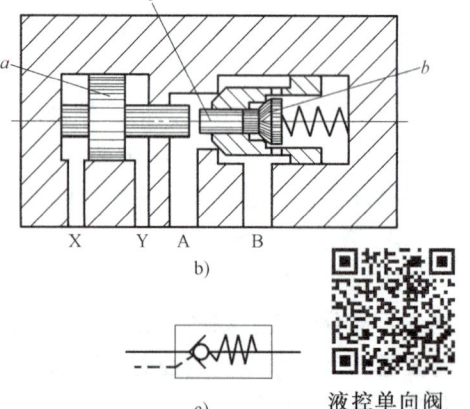

图 5-2 液控单向阀
a) 内泄式 b) 外泄式 c) 符号

第五章 液压控制阀

机状态。若使换向阀的阀芯 1 左移，阀体 2 上的油口 P 和 A 连通，B 和 T 连通。压力油经 P、A 进入液压缸左腔，活塞右移，右腔油液经 B、T 回油箱。反之，若使阀芯右移，则 P 和 B 连通，A 和 T 连通，活塞便左移。

（二）换向阀的分类

换向阀可按不同的特征进行分类，见表 5-1。需要说明的是，滑阀式换向阀在液压系统中远比转阀式用得广泛，因此，本节主要介绍滑阀式换向阀。表 5-2 为换向阀的结构原理和图形符号。

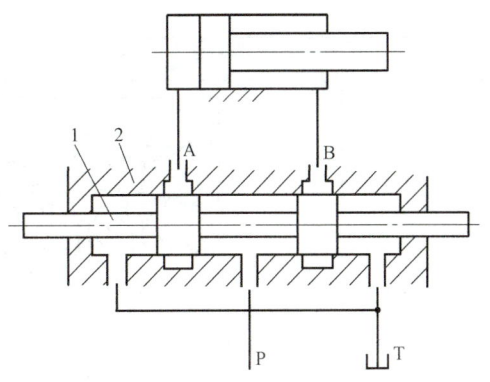

图 5-3 换向阀的工作原理

1—阀芯　2—阀体

表 5-1 换向阀的类型

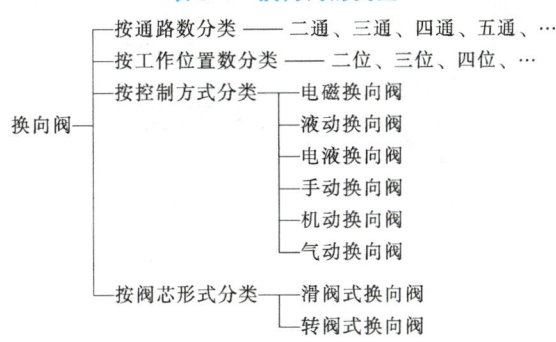

表 5-2 换向阀的结构原理和图形符号

名　称	结　构　原　理　图	符　号
二位二通		
二位三通		
二位四通		
三位四通		

(续)

名　称	结构原理图	符　号
二位五通	(结构图：T₁ A P B T₂)	(符号图：A B / T₁ P T₂)
三位五通	(结构图：T₁ A P B T₂)	(符号图：A B / T₁ P T₂)

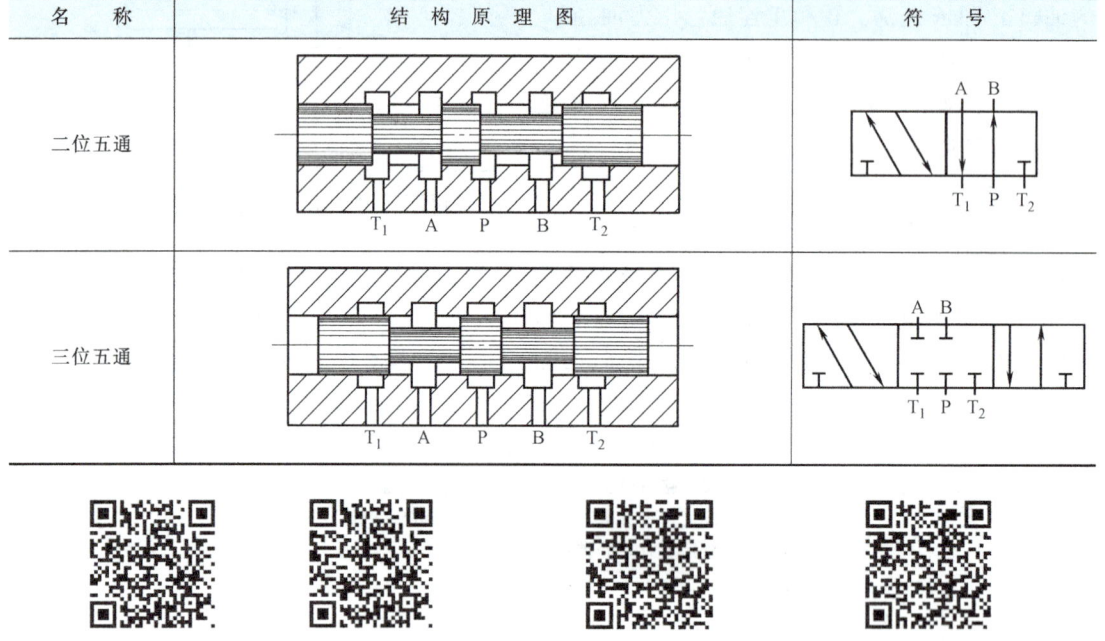

三位五通换向阀　　三位四通换向阀　　二位二通换向阀　　二位四通换向阀

（三）三位换向阀的中位机能

三位阀常态位（即中位）各油口的连通方式称为中位机能。中位机能不同，中位时对系统的控制性能也不相同。不同机能的阀，阀体通用，仅阀芯台肩结构、尺寸及内部通孔情况有区别。

表5-3列出三位四通阀五种常用的中位机能型式、结构原理和符号。另外，还有J、C、K等多种型式中位机能；阀的非中位有时也兼有某种机能，如OP、MP等型式，它们的符号示例见表5-3右栏。

表 5-3　三位四通阀的中位机能

型式	结构原理图	中位符号	中位油口状况和特点	其他机能符号示例
O	(结构图 A B T P)	(A B / P T)	回油口全封,执行元件闭锁,泵不卸荷	J
H	(结构图 A B T P)	(A B / P T)	回油口全通,执行元件浮动,泵卸荷	C　X
Y	(结构图 A B T P)	(A B / P T)	P口封闭,A、B、T口相通,执行元件浮动,泵不卸荷	U

(续)

型式	结构原理图	中位符号	中位油口状况和特点	其他机能符号示例
P	![P结构]	A B ⊥ P T	T口封闭，P、A、B口相通，单杆缸差动，泵不卸荷	N / K
M	![M结构]	A B □ □ P T	P、T口相通，A、B口封闭，执行元件闭锁，泵卸荷	OP / MP

对中位机能的选用应从执行元件的换向平稳性要求、换向位置精度要求、重新起动时能否允许有冲击、是否需要卸荷和保压等方面加以考虑。就常用型式举例说明如下：

1) O 型中位机能。油口全封。执行元件可在任意位置上被锁住，换向位置精度高，但因运动部件惯性引起的换向冲击较大。重新起动时因两腔充满油液，故起动平稳。泵不能卸荷，但系统能保持压力（因有泄漏，保压是短暂的）。

2) H 型中位机能。油口全通。换向平稳，但冲出量大，换向位置精度低。执行元件浮动。重新起动时有冲击。泵卸荷，系统不能保压。

其余型式的性能可以类推，不再赘述。

除中位机能外，有的系统还对阀芯换向过程中各油口的连通方式，即过渡机能提出了要求。过渡过程虽只有一瞬间，且不能形成稳定的油口连通状态，但其作用不能忽视。如换位过程中，二位四通阀的四个油口若能半开启，则可减小换向冲击，同时使 P 口保持一定压力，此即 X 型过渡机能，符号如图 5-4a 所示（注意符号中用虚线画出过渡位），图 5-4b 为具有 HMH 型过渡机能的二位四通阀符号。

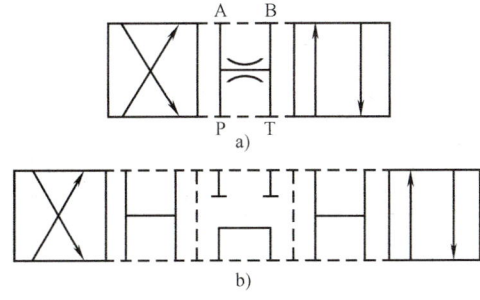

图 5-4 换向阀的过渡机能

（四）几种常用的换向阀

1. 机动换向阀

机动换向阀又称行程阀。这种阀必须安装在液压缸附近，在液压缸驱动工作部件的行程中，装在工作部件一侧的挡块或凸轮移动到预定位置时就压下阀芯，使阀换位。图 5-5 所示为二位四通机动换向阀的结构原理及符号。

机动换向阀通常是弹簧复位式的二位阀。它的结构简单，动作可靠，换向位置精度高，改变挡块的迎角 α 或凸轮外形，可使阀芯获得合适的换位速度，以减小换向冲击。但这种阀不能安装在液压站上，因此连接管路较长，并使整个液压装置不够紧凑。

2. 电磁换向阀

电磁换向阀是利用电磁铁吸力操纵阀芯换位的方向控制阀。图 5-6 所示为三位四通电磁换向阀的结构原理和符号。阀的两端各有一个电磁铁和一个对中弹簧，阀芯在常态时处于中位。当右端电磁铁通电吸合时，衔铁通过推杆将阀芯推至左端，换向阀就在右位工作；反之，左端电磁铁通电吸合时，换向阀就在左位工作。

图 5-7 所示为二位四通电磁阀的符号，图 5-7a 所示为单电磁铁弹簧复位式，图 5-7b 所示为双电磁铁钢球定位式。二位电磁阀一般都是单电磁铁控制的，但无复位弹簧的双电磁铁二位阀由于电磁铁断电后仍能保留通电时的状态，从而减少了电磁铁的通电时间，延长了电磁铁的寿命，节约了能源；此外，当电源因故中断时，电磁阀的工作状态仍能保留下来，可以避免系统失灵或出现事故，这种"记忆"功能，对于一些连续作业的自动化机械和自动线来说，往往是十分必要的。

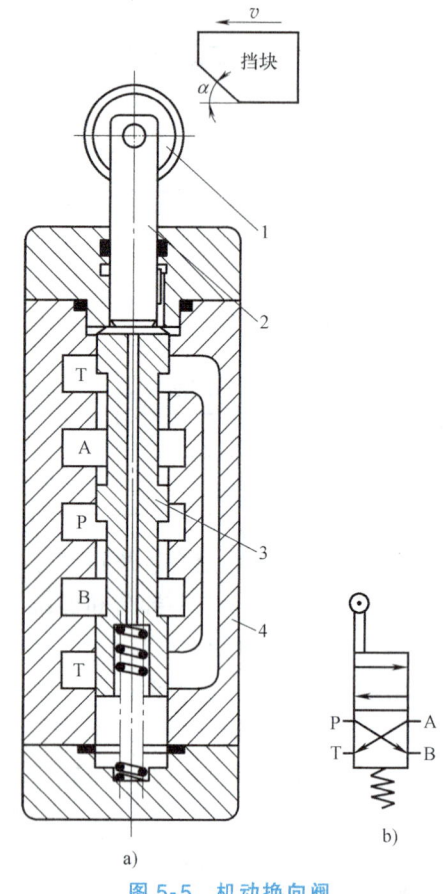

图 5-5 机动换向阀
a) 结构原理 b) 符号
1—滚轮 2—顶杆 3—阀芯 4—阀体

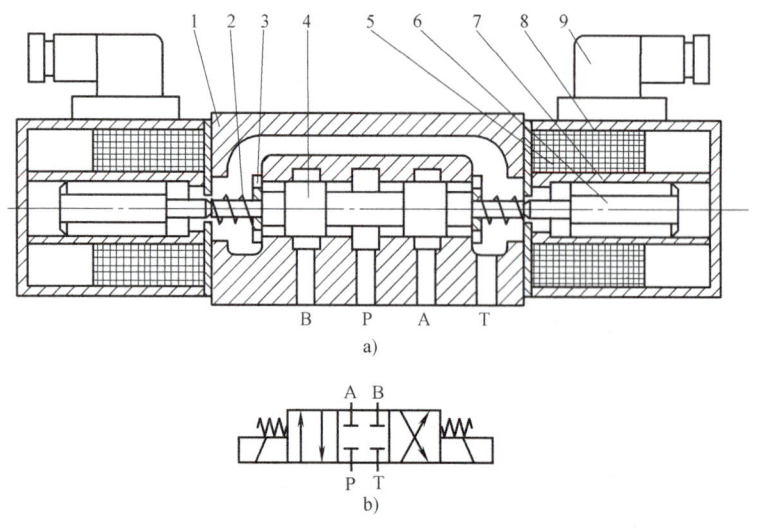

图 5-6 三位四通电磁换向阀
a) 结构原理 b) 符号
1—阀体 2—弹簧 3—弹簧座 4—阀芯 5—线圈 6—衔铁 7—隔套 8—壳体 9—插头组件

第五章 液压控制阀

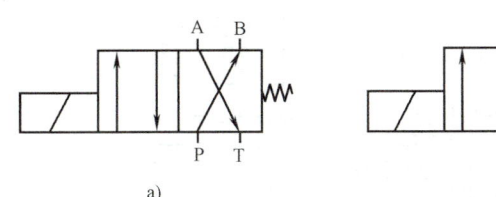

图5-7 二位四通电磁阀的符号
a) 单电磁铁弹簧复位式 b) 双电磁铁钢球定位式

电磁铁按所接电源的不同，分交流和直流两种基本类型。交流电磁铁使用方便，起动力大，但换向时间短（0.01~0.07s），换向冲击大，噪声大，换向频率低（约30次/min），而且当阀芯被卡住或由于电压低等原因不能吸合时，线圈易烧坏。直流电磁铁则需直流电源或整流装置，但换向时间长（0.1~0.15s），换向冲击小，换向频率允许较高（最高可达240次/min），而且有恒电流特性，当电磁铁吸合不上时，线圈不会烧坏，故工作可靠性高。还有一种本整型（本机整流型）电磁铁，其上附有二极管整流线路和冲击电压吸收装置，能把接入的交流电整流后自用，因而兼具了前述两者的优点。

上述电磁阀的阀芯皆为滑动式圆柱阀芯，故这种电磁阀又称电磁滑阀。近年来出现了一种电磁球阀，它以电磁力为动力，推动钢球来实现油路的通断和切换。与电磁滑阀相比较，电磁球阀具有密封性好，反应速度快，使用压力高和适应能力强等优点，是一种颇具特色的换向阀。电磁球阀的主要缺点是不像滑阀那样具备多种位通组合形式和多种中位机能，故目前在使用范围方面还受到限制。

3. 液动换向阀

电磁阀布置灵活，易于实现自动化，但电磁铁的吸力有限，难于切换大的流量。当阀的

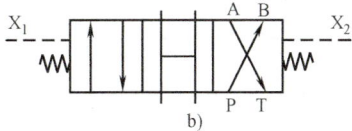

图5-8 液动换向阀的符号
a) 二位三通液动阀 b) 三位四通液动阀

通径大于10mm时，常用压力油（称控制油）操纵阀芯换位，这就是液动阀。图5-8a、b分别表示二位三通液动阀和三位四通液动阀的图形符号。

液动换向阀的阀芯换位需要利用另一个小换向阀来改变控制油的流向，故经常与其他控制方式的换向阀结合使用。对液动阀控制油实行换向的可以是手动阀、机动阀或电磁阀。

4. 电液换向阀

电液换向阀是由电磁阀和液动阀结合在一起构成的一种组合式换向阀。在电液换向阀中，电磁阀起先导控制作用（称为先导阀），液动阀则控制主油路换向（称为主阀）。

图5-9为两端带主阀芯行程调节机构的三位四通电液换向阀的结构示意图，其工作原理可通过图5-10a所示的组合图形符号（图5-10b所示为简化符号）加以说明。常态时，先导阀和主阀皆处于中位，控制油路和主油路皆不进油。当左电磁铁通电时，先导阀处于左位工作，控制油自X口经先导阀到主阀芯左端油腔，操纵主阀芯换向，使主阀也切换到左位工

81

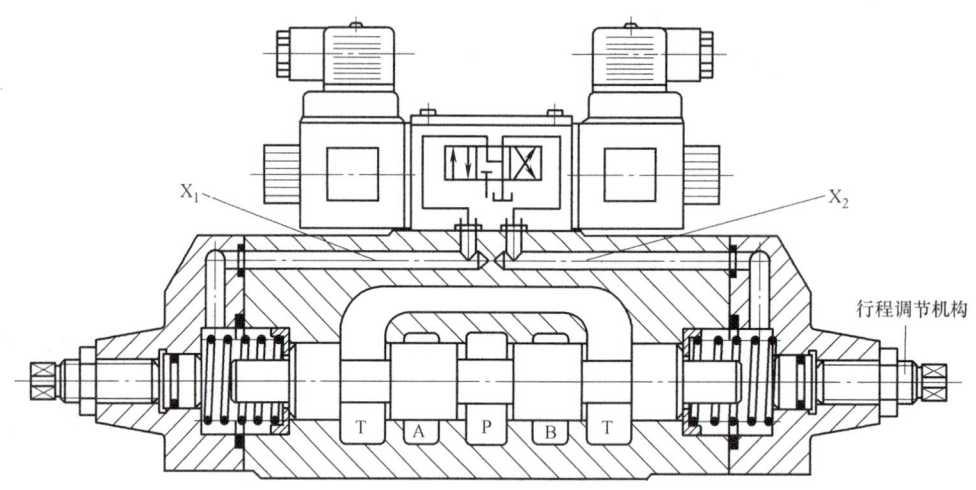

图 5-9 三位四通电液换向阀

作,主阀芯右端油腔回油经先导阀及泄油口 Y 流往油箱,此时主油路油口 P 与 A、B 与 T 相通。当先导阀左电磁铁断电、右电磁铁通电时,则主油路油口换接,P 与 B、A 与 T 相通,实现了油流换向。

下面对电液换向阀的一些控制机构作必要的介绍:

(1) 阻尼调节器 又称换向时间调节器,它是一叠加式单向节流阀,可叠放在先导阀与主阀之间。图 5-11 所示即为装有双阻尼调节器的电液换向阀的符号。左电磁铁通电后,控制油经左单向阀至主阀芯左控制腔,右控制腔回油需经右节流阀才能通过先导阀回油箱。调节节流阀开口,即可调节主阀换向时间,从而消除执行元件的换向冲击。

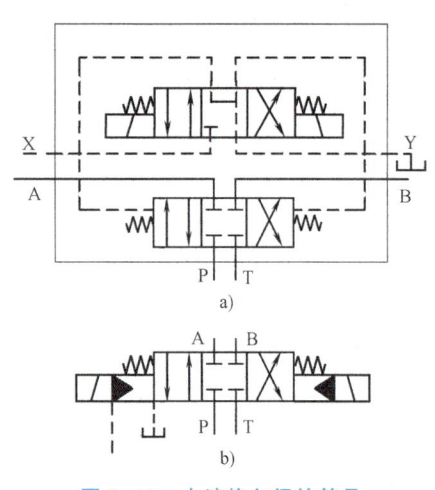

图 5-10 电液换向阀的符号
a) 组合符号 b) 简化符号

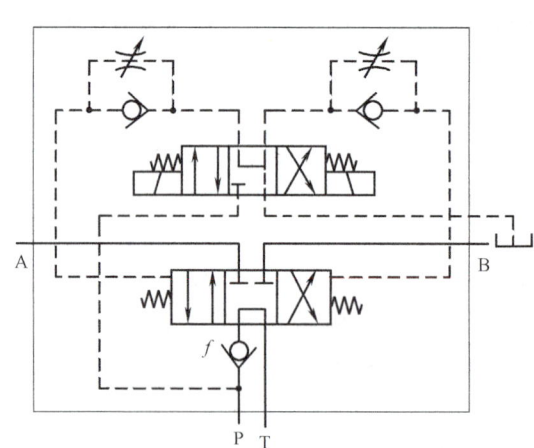

图 5-11 阻尼调节器和预压阀的作用

(2) 主阀芯行程调节机构 调节图 5-9 中主阀阀盖两端的螺钉,则主阀芯换位移动的行程和各阀口的开度即可改变,通过主阀的流量便随之变化,因而可对执行元件起粗略的速度调节作用。若无此需要,可用封闭阀盖。

(3) 预压阀 以内控方式供油的电液换向阀,若在常态位使泵卸荷(具有 M、H、K 等中位机能），为克服阀在通电后因无控制油压而使主阀不能动作的缺陷，常在主阀的进油孔中插装一个预压阀（即一具有硬弹簧的单向阀），使在卸荷状态下仍有一定的控制油压，足以操纵主阀芯换向。图 5-11 所示为一具有 M 型中位机能的内控外回式电液换向阀符号，装在进油口 P 内的阀 f 即为预压阀。

5. 手动换向阀

手动换向阀是用手动杠杆操纵阀芯换位的方向控制阀。按换向定位方式的不同，手动换向阀有钢球定位式和弹簧复位式两种（图 5-12）。当操纵手柄的外力取消后，前者因钢球卡在定位沟槽中，可保持阀芯处于换向位置；后者则在弹簧力作用下使阀芯自动回复到初始位置。

手动换向阀结构简单，动作可靠，有的还可人为地控制阀口的大小，从而控制执行元件的速度。但由于需要人力操纵，故只适用于间歇动作且要求人工控制的场合。使用中必须注意的是：定位装置或弹簧腔的泄漏油需单独用油管接入油箱，否则漏油积聚会产生阻力，以致不能换向，甚至会造成事故。

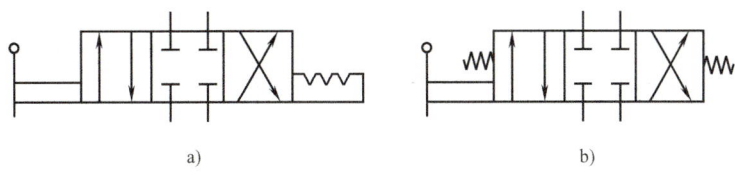

图 5-12 手动换向阀的符号
a）钢球定位式 b）弹簧复位式

6. 多路换向阀

多路换向阀是一种集中布置的组合式手动换向阀，常用于工程机械等要求集中操纵多个执行元件的设备中。多路阀的组合方式有并联式、串联式和顺序单动式三种，符号如图 5-13 所示。

当多路阀为并联式组合（图 5-13a）时，泵可以同时对三个或单独对其中任一个执行元

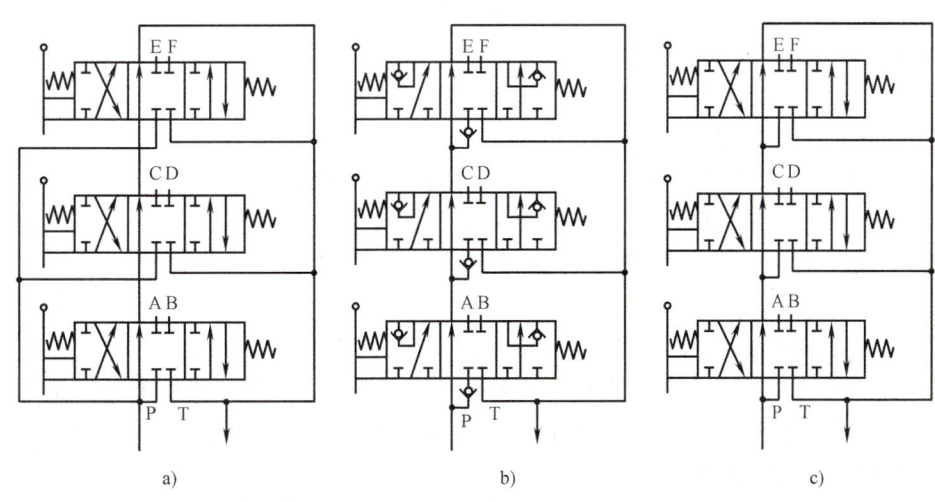

图 5-13 多路换向阀的组合形式
a）并联式 b）串联式 c）顺序单动式

件供油。在对三个执行元件同时供油的情况下，由于负载不同，三者将先后动作。当多路阀为串联式组合（图 5-13b）时，泵依次向各执行元件供油，第一个阀的回油口与第二个阀的压力油口相连。各执行元件可单独动作，也可以同时动作。在三个执行元件同时动作的情况下，三个负载压力之和不应超过泵压。当多路阀为顺序单动式组合（图 5-13c）时，泵按顺序向各执行元件供油。操作前一个阀时，就切断了后面阀的油路，从而可以防止各执行元件之间的动作干扰。

第三节　压力控制阀

控制油液压力高低或利用压力变化实现某种动作的阀通称为压力控制阀。常见的压力控制阀按功用分为溢流阀、减压阀、顺序阀、压力继电器等。

一、溢流阀

(一) 结构原理

溢流阀有多种用途，主要是在溢去系统多余油液的同时使泵的供油压力得到调整并保持基本恒定。溢流阀按其结构原理分为直动式和先导式两种。

1. 直动式溢流阀

图 5-14 所示为锥阀式（还有球阀式和滑阀式）直动式溢流阀。当进油口 P 从系统接入的油液压力不高时，锥阀芯 2 被弹簧 3 紧压在阀体 1 的孔口上，阀口关闭。当进口油压升高到能克服弹簧阻力时，便推开锥阀芯使阀口打开，油液就由进油口 P 流入，再从回油口 T 流回油箱（溢流），进油压力也就不会继续升高。当通过溢流阀的流量变化时，阀口开度即弹簧压缩量也随之改变。但在弹簧压缩量变化甚小的情况下，可以认为阀芯在液压力和弹簧力作用下保持平衡，溢流阀进口处的压力基本保持为定值。拧动调压螺钉 4 改变弹簧预压缩量，便可调整溢流阀的溢流压力。

这种溢流阀因压力油直接作用于阀芯，故称直动式溢流阀。直动式溢流阀一般只能用于低压小流量处，因控制较高压力或较大流量时，需要装刚度较大的硬弹簧，不但手动调节困难，而且阀口开度（弹簧压缩量）略有变化便引起较大的压力波动，不能稳定。系统压力较高时就需要采用先导式溢流阀。

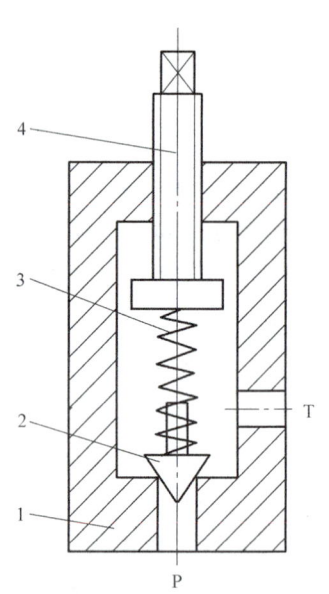

图 5-14　直动式溢流阀
1—阀体　2—锥阀芯
3—弹簧　4—调压螺钉

2. 先导式溢流阀

图 5-15 所示为一种板式连接的先导式溢流阀。由图可见，先导式溢流阀由先导阀和主阀两部分组成。先导阀就是一个小规格的直动式溢流阀，而主阀阀芯是一个具有锥形端部、上面开有阻尼小孔的圆柱筒。

如图 5-15 所示，油液从进油口 P 进入，经阻尼孔到达主阀弹簧腔，并作用在先导阀锥阀芯上（一般情况下，外控口 X 是堵塞的）。当进油压力不高时，液压力不能克服先导阀的弹簧阻力,先导阀口关闭,阀内无油液流动。这时,主阀芯因前后腔油压相同,故被主阀弹簧压在阀座上,主阀口也关闭。当进油压力升高到先导阀弹簧的预调压力时,先导阀口打开,主阀弹簧腔的油液流过先导阀口并经阀体上的通道和回油口 T 流回油箱。这时,油液流过阻尼小孔 R,产生压力损失,使主阀芯两端形成了压差。主阀芯在此压差作用下克服弹簧阻力向上移动,使进、回油口连通,达到溢流稳压的目的。调节先导阀的调压螺钉,便能调整溢流压力;更换不同刚度的调压弹簧,便能得到不同的调压范围。

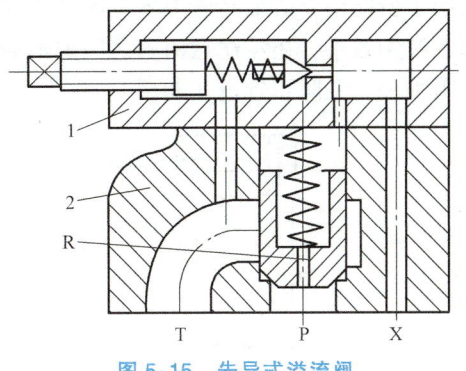

图 5-15　先导式溢流阀
1—先导阀　2—主阀　R—阻尼孔

根据液流连续性原理可知,流经阻尼孔的流量即为流出先导阀的流量。这一部分流量通常称为泄油量。阻尼孔很细,泄油量只占全溢流量(额定流量)的极小的一部分,绝大部分油液均经主阀口溢回油箱。在先导式溢流阀中,先导阀的作用是控制和调节溢流压力,主阀的功能则在于溢流。先导阀因为只通过泄油,其阀口直径较小,即使在较高压力的情况下,作用在锥阀芯上的液压推力也不很大,因此调压弹簧的刚度不必很大,压力调整也就比较轻便。主阀芯因两端均受油压作用,主阀弹簧只需很小的刚度,当溢流量变化引起弹簧压缩量变化时,进油口的压力变化不大,故先导式溢流阀的稳压性能优于直动式溢流阀。但先导式溢流阀是二级阀,其灵敏度低于直动式阀。

溢流阀的图形符号如图 5-16 所示。其中,图 5-16a 为溢流阀的一般符号或直动式溢流阀的符号;图 5-16b 为先导式溢流阀的符号。

(二) 溢流阀应用举例

1. 为定量泵系统溢流稳压

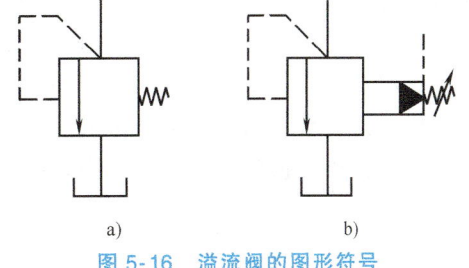

图 5-16　溢流阀的图形符号
a) 一般符号或直动式符号　b) 先导式符号

定量泵液压系统中,溢流阀通常接在泵的出口处,与去系统的油路并联,如图 5-17 所示。泵的供油一部分按速度要求由流量阀 2 调节流往系统的执行元件,多余油液通过被推开的溢流阀 1 流回油箱,因而在溢流的同时稳定了泵的供油压力。

2. 为变量泵系统提供过载保护

变量泵系统如图 5-18 所示,执行元件速度由变量泵自身调节,不需溢流;泵压可随负载变化,也不需稳压。但变量泵出口也常接一溢流阀,其调定压力约为系统最大工作压力的 1.1 倍。系统一旦过载,溢流阀立即打开,从而保障了系统的安全。故此系统中的溢流阀又称为安全阀。

3. 实现远程调压

机械设备液压系统中的泵、阀通常都组装在液压站上,为使操作人员就近调压方便,可按图 5-19 所示,在控制工作台上安装一远程调压阀 1(实际就是图 5-14 所示的直动式溢流阀),并将其进油口与安装在液压站上的先导式溢流阀 2 的外控口 X 相连。这相当于给阀 2 除自身先导阀外,又加接了一个先导阀。调节阀 1 便可对阀 2 实现远程调压。显然,远程调压阀1所能调节的最高压力不得超过溢流阀自身先导阀的调定压力。另外，为了获得较好的远程控制效果，还需注意两阀之间的油管不宜太长（最好在3m之内），要尽量减小管内的压力损失，并防止管道振动。

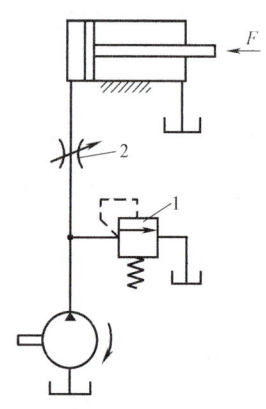
图5-17　溢流阀用于溢流稳压
1—远程调压阀　2—先导式溢流阀

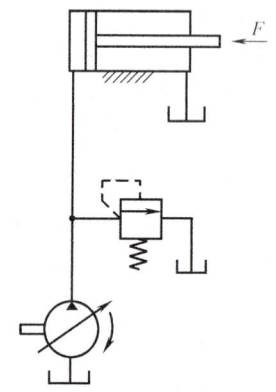
图5-18　溢流阀用于防止过载

4. 使泵卸荷

在图5-20中，先导式溢流阀对泵起溢流稳压作用。当二位二通阀的电磁铁通电后，溢流阀的外控口即接油箱（图5-15），此时，主阀芯后腔压力接近于零，主阀芯便移动到最大开口位置。由于主阀弹簧很软，进口压力很低，泵输出的油便在此低压下经溢流阀流回油箱，这时，泵接近于空载运转，功耗很小，即处于卸荷状态。这种卸荷方法所用的二位二通阀可以是通径很小的阀。由于在实用中经常采用这种卸荷方法，为此常将溢流阀和串接在该阀外控口的电磁换向阀组合成一个元件，称为电磁溢流阀，如图5-20中细实线框图所示。

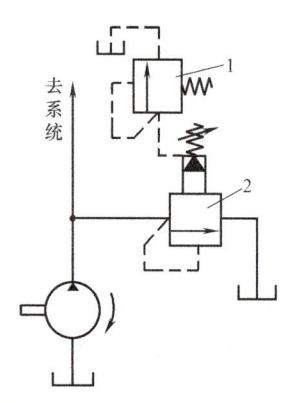
图5-19　溢流阀用于远程调压
1—远程调压阀　2—先导式溢流阀

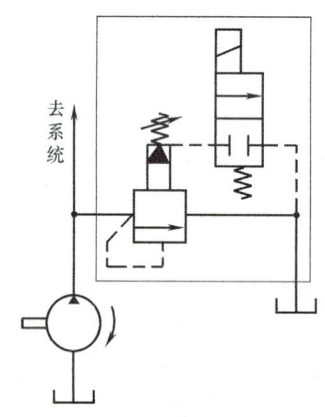
图5-20　溢流阀用于使泵卸荷

二、顺序阀

顺序阀的功用是利用液压系统中的压力变化来控制油路的通断，从而实现多个液压元件按一定的顺序动作。顺序阀按结构分为直动式和先导式；按控制油来源又有内控式和外控式之分。

(一) 结构原理

图 5-21 所示为一种直动式顺序阀的结构原理。压力油由进油口 A 经阀体 4 和下盖 7 的小孔流到控制活塞 6 的下方，使阀芯 5 受到一个向上的推力作用。当进口油压较低时，阀芯在弹簧 2 的作用下处于下部位置，这时进、出油口 A、B 不通。当进口油压增大到预调的数值以后，阀芯底部受到的推力大于弹簧力，阀芯上移，进出油口连通，压力油就从顺序阀流过。顺序阀的开启压力可以用调压螺钉 1 来调节。在此阀中，控制活塞的直径很小，因而阀芯受到的向上推力不大，所用的平衡弹簧就不需太硬，这样，可以使阀在较高的压力下工作（最大控制压力可达 7MPa）。

先导式顺序阀的结构原理与先导式溢流阀类似，区别在于：溢流阀出口通油箱，压力为零，其先导阀口的泄油可在内部连通回油口；顺序阀出口通向有压力的油路，故必须专设一泄油口，使先导阀的泄油流回油箱，否则将无法正常工作。

在顺序阀结构中，当控制压力油直接引自进油口时（如图 5-21 所示的通路情况），这种控制方式称为内控；若控制压力油不是来自进油口，而是从外部油路引入，这种控制方式则称为外控；当阀的泄油从泄油口流回油箱时，这种泄油方式称为外泄；当阀用于出口接油箱的场合，泄油可经内部通道并入阀的出油口，以简化管路连接，这种泄油方式则称为内泄。顺序阀及不同控泄方式的图形符号如图 5-22 所示。实际应用中，不同控泄方式可通过变换阀的下盖或上盖的安装方位来获得。例如，对于图 5-21 所示的顺序阀，将下盖旋转 90°安装，并打开外控口 X 的堵头，就可使内控变成外控；同样，若将上盖旋转安装，并堵塞外泄口 Y，就可使外泄变为内泄。

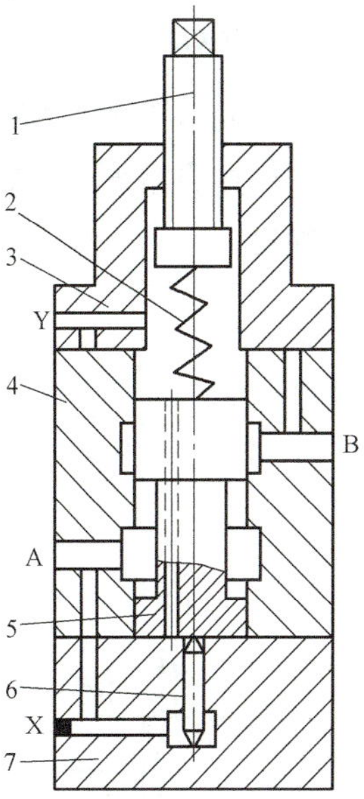

(二) 顺序阀应用举例

1. 控制多个执行元件的顺序动作

图 5-23a 中要求 A 缸先动，B 缸后动，通过顺序阀的控制可以实现。顺序阀在 A 缸进行动作①时处于关闭状态，当 A 缸到位后，油液压力升高，达到顺序阀的调定压力后，打开通向 B 缸的油路，从而实现 B 缸的动作②。

图 5-21 直动式顺序阀
1—调压螺钉 2—弹簧 3—上盖
4—阀体 5—阀芯 6—控制活塞 7—下盖

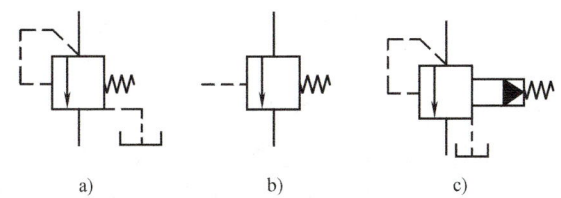

图 5-22 顺序阀的图形符号
a) 内控外泄型直动式顺序阀符号 b) 外控内泄型直动式顺序阀符号
c) 内控外泄型先导式顺序阀符号

2. 与单向阀组成平衡阀

为了保持垂直放置的液压缸不因自重而自行下落，可将单向阀与顺序阀并联构成的单向顺序阀接入油路，如图5-23b所示。此单向顺序阀又称为平衡阀。这里，顺序阀的开启压力要足以支承运动部件的自重。当换向阀处于中位时，液压缸即可悬停。

3. 控制双泵系统中的大流量泵卸荷

如图5-23c所示油路，泵1为大流量泵，泵2为小流量泵，两泵并联。在液压缸快速进退阶段，泵1输出的油经单向阀后与泵2输出的油汇合在一起流往液压缸，使缸获得快速；当液压缸转为慢速工进时，缸的进油路压力升高，外控顺序阀3被打开，泵1即卸荷，由泵2单独向系统供油以满足工进的流量要求。在本油路中，顺序阀3因能使泵卸荷，故又称卸荷阀。

三、减压阀

减压阀主要用于降低系统某一支路的油液压力，使同一系统能有两个或多个不同压力的回路。例如当系统中的夹紧支路或润滑支路需要稳定的低压时，只需在该支路上串联一个减压阀即可。

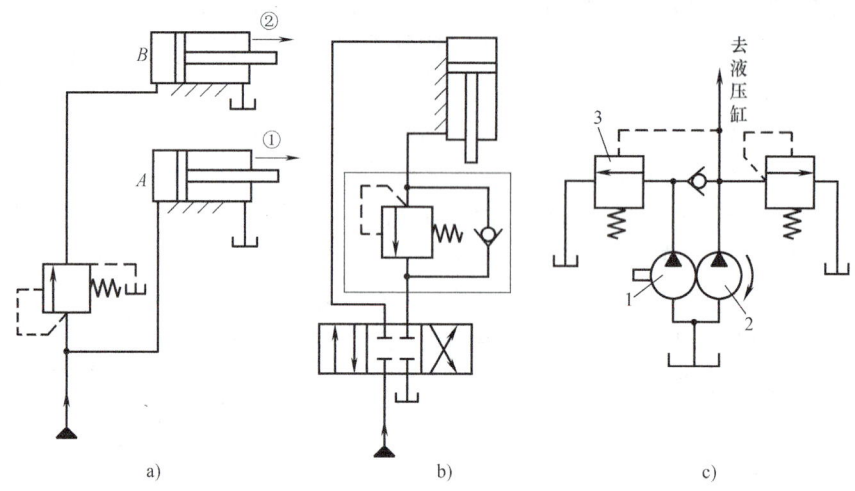

图5-23 顺序阀的应用

a) 用于控制顺序动作　b) 用于组成平衡阀　c) 用于使泵卸荷

1—大流量泵　2—小流量泵　3—卸荷阀

按工作原理，减压阀也有直动式和先导式之分。直动式减压阀在系统中较少单独使用。先导式减压阀则应用较多。图5-24所示为一种先导式减压阀的结构原理，它能使出口压力降低并保持恒定，故称定值输出减压阀，通常简称减压阀。

图5-24a中，压力为p_1的压力油由阀的进油口A流入，经减压口f减压后，压力降低为p_2，再由出油口B流出。同时，出口压力油经主阀芯内的径向孔和轴向孔引入到主阀芯的左腔和右腔，并以出口压力作用在先导阀锥上。当出口压力未达到先导阀的调定值时，先导阀关闭，主阀芯左、右两腔压力相等，主阀芯被弹簧压在最左端，减压口f开度x为最大值，压降最小，阀处于非工作状态。当出口压力升高并超过先导阀的调定值时，先导阀被打开，主阀弹簧腔的泄油便由泄油口Y流往油箱。由于主阀芯的轴向孔e是细小的阻尼孔，油在孔内流动，使主阀芯两端产生压差，主阀芯便在此压差作用下克服弹簧阻力右移，减压口

第五章 液压控制阀

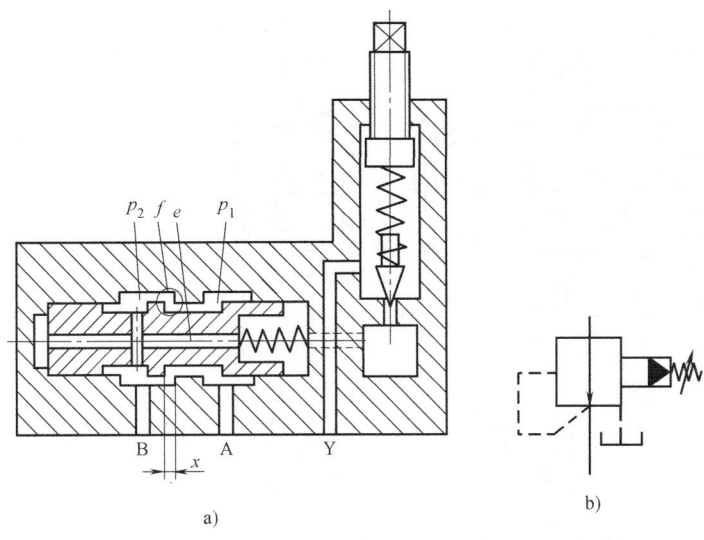

图 5-24 减压阀
a) 结构原理 b) 先导式减压阀符号
f—减压口 e—阻尼孔

开度 x 值减小，压差增大，引起出口压力降低，直到等于先导阀调定的数值为止。反之，如出口压力减小，主阀芯左移，减压口开大，压差减小，使出口压力回升到调定值上。可见，减压阀出口压力若由于外界干扰而变动时，它将会自动调整减压口开度来保持调定的出口压力数值基本不变。

在减压阀出口油路的油液不再流动的情况下（如所连的夹紧支路液压缸运动到底后），由于先导阀泄油仍未停止，减压口仍有油液流动，阀就仍然处于工作状态，出口压力也就保持调定数值不变。

可以看出，与溢流阀、顺序阀相比较，减压阀的主要特点是：阀口常开；从出口引压力油去控制阀口开度，使出口压力恒定；泄油单独接入油箱。这些特点在图 5-24b 所示的元件符号上都有所反映。

四、压力继电器

压力继电器是一种液-电信号转换元件。当控制油压达到调定值时，便触动电气开关发出电信号控制电器元件（如电动机、电磁铁、电磁离合器等）动作，实现泵的加载或卸载、执行元件顺序动作、系统安全保护和元件动作联锁等。任何压力继电器都由压力-位移转换装置和微动开关两部分组成。按前者的结构分，有柱塞式、弹簧管式、膜片式和波纹管式四种，其中以柱塞式最常用。

图 5-25a 所示为单柱塞式压力继电器的结构原理。压力油从油口 P 通入作用在柱塞 1 的底部，若其压力已达到弹簧的调定值时，便克服弹簧阻力和柱塞表面摩擦力推动柱塞上升，通过顶杆 2 触动微动开关 4 发出电信号。

图 5-25b 所示为压力继电器的一般符号。

压力继电器的性能主要有两项：

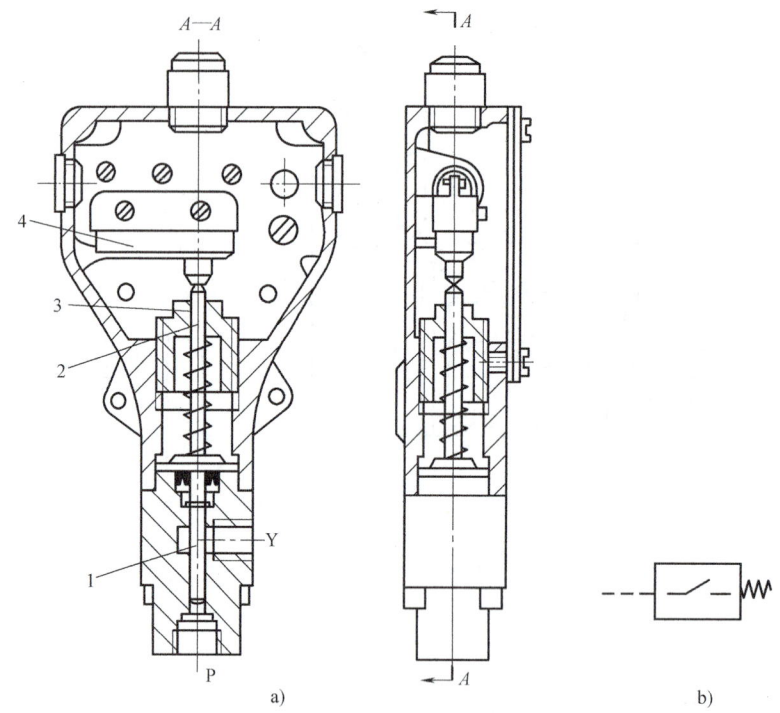

图 5-25 单柱塞式压力继电器
a) 结构原理　b) 一般符号
1—柱塞　2—顶杆　3—调节螺钉　4—微动开关

(1) 调压范围　即发出电信号的最低和最高工作压力间的范围。打开面盖，拧动调节螺钉 3，即可调整工作压力。

(2) 通断调节区间　压力继电器发出电信号时的压力称为开启压力，切断电信号时的压力称为闭合压力。开启时，柱塞、顶杆移动所受的摩擦力方向与压力方向相反，闭合时则相同，故开启压力比闭合压力大。两者之差称为通断调节区间。

通断调节区间要有足够的数值，否则，系统压力脉动时，压力继电器发出的电信号会时断时续。为此，有的产品在结构上可人为地调整摩擦力的大小，使通断调节区间的数值可调。

第四节　流量控制阀

流量控制阀通过改变阀口过流面积来调节输出流量，从而控制执行元件的运动速度。常用的流量阀有节流阀和调速阀两种。

一、节流阀

1. 节流阀的结构

如图 5-26 所示，压力油从进油口 A 流入，经节流口从出油口 B 流出。节流口所在阀芯 1 的锥部通常开有二或四个三角槽（节流口还有其他若干种结构形式）。调节手轮，借助推杆 3 使进、出油口之间通流面积变化，即可调节流量。弹簧用于顶紧阀芯保持阀口开度不变。这种阀口的调节范围大，流量与阀口前后的压力差成线性关系，有较小的稳定流量，但流道有一定长度，流量易受温度影响。进口油液通过弹簧腔径向小孔和阀体 4 的上部斜孔同时作用在阀芯的上下两端，使阀芯两端液压力平衡。所以，即使在高压下工作，也能轻便地用于调节阀口开度。

2. 节流阀的流量特性和影响稳定的因素

节流阀的输出流量与节流口的结构形式有关，实用的节流口都介于理想薄刃孔和细长孔之间，故其流量特性可用式（2-37），即小孔流量通用公式 $q_V = CA_T \Delta p^\varphi$ 来描述，特性曲线见图 5-27。

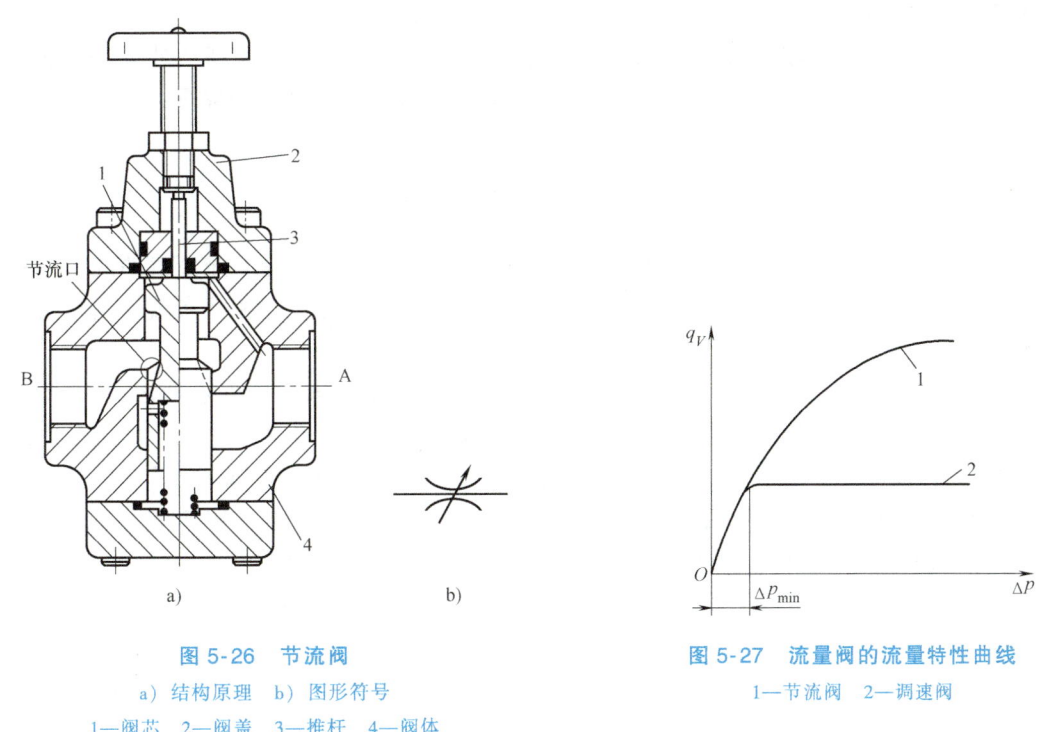

图 5-26　节流阀
a）结构原理　b）图形符号
1—阀芯　2—阀盖　3—推杆　4—阀体

图 5-27　流量阀的流量特性曲线
1—节流阀　2—调速阀

人们希望节流阀阀口面积 A_T 一经调定，通过流量 q_V 即不变化，以使执行元件速度稳定，但实际上做不到，其主要原因有二：

（1）负载变化的影响　液压系统负载常非定值，负载变化后，执行元件工作压力随之变化，与执行元件相连的节流阀前后压差 Δp 即发生变化，流量也就随之变化。薄刃孔 φ 值最小，故负载变化对薄刃孔流量的影响也最小。

（2）温度变化的影响　油温变化引起油的黏度变化，小孔流量通用公式中的系数 C 值就发生变化，从而使流量发生变化。显然，节流孔越长，则影响越大；薄刃孔长度短，对温度变化最不敏感。

3. 节流阀的阻塞和最小稳定流量

试验表明，在压差、油温和黏度等因素不变的情况下，当节流阀开度很小时，流量会出现不稳定，甚至断流，这种现象称为阻塞。产生阻塞的主要原因是：节流口处高速液流产生局部高温，致使油液氧化生成胶质沉淀，甚至引起油中碳的燃烧产生灰烬。这些生成物和油中原有杂质结合，在节流口表面逐步形成附着层，它不断堆积又不断被高速液流冲掉，流量就不断地发生波动，附着层堵死节流口时则出现断流。

阻塞造成系统执行元件速度不均，因此节流阀有一个能正常工作（指无断流且流量变化率不大于10%）的最小流量限制值，称为节流阀的最小稳定流量。轴向三角槽式节流口的最小稳定流量为 30~50mL/min，薄刃孔则可低达 10~15mL/min（因流道短和水力直径大，减少了污染物附着的可能性）。

在实际应用中，防止节流阀阻塞的措施是：

（1）油液要精密过滤　实践证明，精密过滤能显著改善阻塞现象。为除去铁质污染，采用带磁性的过滤器效果更好。

（2）节流阀两端压差要适当　压差大，节流口能量损失大，温度高；对同等流量，压差大对应的过流面积小，易引起阻塞。设计时一般取压差 $\Delta p = 0.2 \sim 0.3 \text{MPa}$。

二、调速阀

1. 工作原理

调速阀是由定差减压阀与节流阀串联而成的组合阀。节流阀用来调节通过的流量，定差减压阀则自动补偿负载变化的影响，使节流阀前后的压差为定值，消除了负载变化对流量的影响。

如图 5-28a 所示，定差减压阀 1 与节流阀 2 串联，定差减压阀左右两腔也分别与节流阀前后端沟通。设定差减压阀的进口压力为 p_1，油液经减压后出口压力为 p_2，通过节流阀又降至 p_3 进入液压缸。p_3 的大小由液压缸负载 F 决定。负载 F 变化，则 p_3 和调速阀两端压差 p_1-p_3 随之变化，但节流阀两端压差 p_2-p_3 却不变，例如 F 增大使 p_3 增大，减压阀芯弹簧腔液压作用力也增大，阀芯左移，减压口开度 x 加大，减压作用减小，使 p_2 有所增加，结果压差 p_2-p_3 保持不变。反之亦然。调速阀通过的流量因此就保持恒定了。

下面说明行程限位器 s 的作用。当调速阀用于机床等进给系统时，在工作进给以外的动作循环和停机阶段，调速阀内无油液通过，两端无压差，减压阀芯被弹簧压在最左端，减压口全开。调速阀重新起动时，油液大量通过，造成节流阀两端有很大的瞬时压差，以致瞬时流量过大使液压缸前冲，这种现象称为起动冲击。起动冲击会降低加工质量，甚至使机件损坏。因此，调速阀在减压阀阀体上装有可调的行程限位器，以限制未工作时的减压口开度。此外，还可以它在减压阀左腔中通入控制油，目的也是使减压口在未工作时不致打开。

调速阀的具体结构这里不再介绍，必要时可参阅有关图册。一般在调速阀阀体中，减压阀和节流阀相互垂直安置。节流阀部分有流量调节手轮，而减压阀部分通常附有行程限位器。

图 5-28b、c 分别表示调速阀的详细符号和简化符号。

2. 调速阀的流量温度补偿

调速阀消除了负载变化对流量的影响，但温度变化的影响依然存在。对速度稳定性要求高的系统，所用的调速阀应带有流量的温度补偿装置，即使用温度补偿调速阀。

温度补偿调速阀与普通调速阀的结构基本相似，主要区别在于前者的节流阀阀芯上连接着一根温度补偿杆，如图 5-29 所示。温度变化时，流量本会有变化，但由于温度补偿杆的材料为温度膨胀系数大的聚氯乙烯塑料，温度高时长度增加，使阀口减小，反之则开大，故能维持流量基本不变（在 20~60℃ 范围内流量变化不超过 10%）。图 5-29 所示阀芯的节流口采用薄刃孔型式，能减小温度变化对流量稳定性的影响。

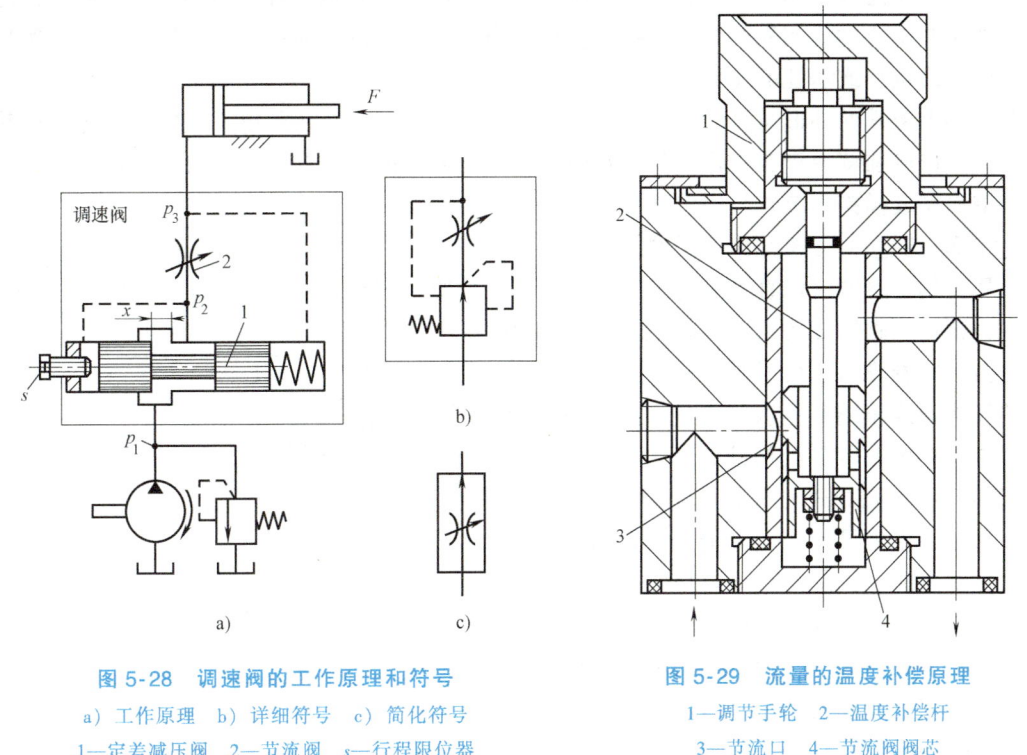

图 5-28　调速阀的工作原理和符号
a）工作原理　b）详细符号　c）简化符号
1—定差减压阀　2—节流阀　s—行程限位器

图 5-29　流量的温度补偿原理
1—调节手轮　2—温度补偿杆
3—节流口　4—节流阀阀芯

3. 调速阀的流量特性和最小压差

调速阀的流量特性曲线示于图 5-27 中。由图可见，调速阀当其前后两端的压差超过最小值 $\Delta p_{\min}$ 以后，流量是稳定的。而在 $\Delta p_{\min}$ 以内，流量随压差的变化而变化，其变化规律与节流阀相一致。调速阀的压差过低，将导致其内的定差减压阀阀口全部打开，即减压阀处于非工作状态，只剩下节流阀在起作用，故此段曲线和节流阀曲线一致。调速阀的最小压差 $\Delta p_{\min} \approx 1\text{MPa}$（中低压阀约 0.5MPa）。系统设计时，分配给调速阀的压差应略大于此值。

第五节　比例阀、二通插装阀和数字阀

一、比例阀

前述各种阀类的特点是手动调节和开关式控制。开关控制阀的输出参数在阀处于工作状态下是不可调节的。但随着技术的进步，许多液压系统要求流量和压力能连续地或按比例地随输入信号的变化而变化。已有的液压伺服系统虽能满足要求，而且精度很高，但系统复杂，成本高，对污染敏感，维修困难，因而不便普遍使用。后来出现的电液比例阀较好地解

决了这种需求。

现在的比例阀,一类是由电液伺服阀简化结构、降低精度发展起来的;另一类是以比例电磁铁取代普通液压阀的手调装置或普通电磁铁发展起来的。下面介绍的均指后者,它是当今比例阀的主流,与普通液压阀可以互换,它也可分为压力、流量与方向控制阀三大类。近期又出现了功能复合化的趋势,即比例阀之间或比例阀与其他元件之间的复合。例如,比例阀与变量泵组成的比例复合泵,能按比例地输出流量;比例方向阀与液压缸组成的比例复合缸,能实现位移或速度的比例控制。

比例电磁铁的外形与普通电磁铁相似,但功能却不相同,比例电磁铁的吸力与通过其线圈的直流电流强度成正比。输入信号在通入比例电磁铁前,要先经电放大器处理和放大。电放大器多制成插接式装置与比例阀配套供应。

下面扼要介绍三大类比例阀的工作原理。

用比例电磁铁取代直动式溢流阀的手调装置,便成直动式比例溢流阀,如图 5-30 所示。图中,比例电磁铁 2 的推杆 3 对调压弹簧 4 施加推力,随着输入电信号强度的变化,便可改变调压弹簧的压缩量,该阀便连续地或按比例地控制其外接油口 P 处油液的压力。把直动式比例溢流阀作先导式与普通压力阀的主阀相配合,便可组成先导式比例溢流阀、比例顺序阀和比例减压阀。

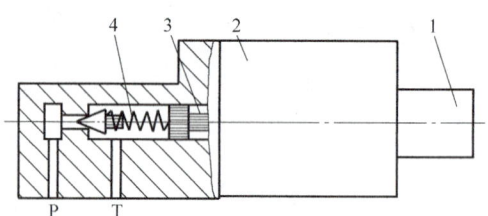

图 5-30 直动式比例溢流阀

1—位移传感器 2—比例电磁铁
3—推杆 4—调压弹簧

用比例电磁铁取代电磁换向阀中的普通电磁铁,便构成直动式比例换向阀(图 5-31)。由于使用了比例电磁铁,阀芯不仅可以换位,而且换位的行程可以连续地或按比例地变化,从而连通油口间的通流面积也可以连续地或按比例地变化。所以比例换向阀不仅能控制执行元件的运动方向,而且能控制其速度。同样,在大流量的情况下,应采用先导式比例换向阀。此外,多个比例换向阀也能组成比例多路阀。

用比例电磁铁取代节流阀或调速阀的手调装置,以输入电信号控制节流口开度,便可连

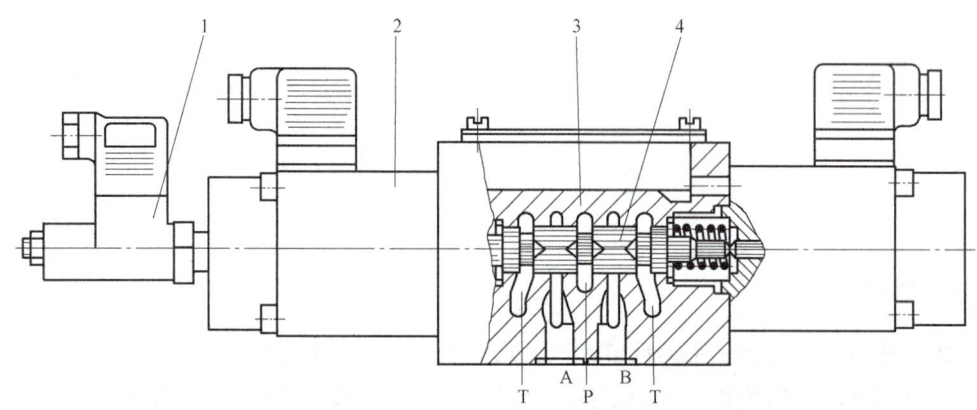

图 5-31 直动式比例换向阀

1—位移传感器 2—比例电磁铁 3—阀体 4—阀芯

续地或按比例地远程控制其输出流量。图 5-32 所示为比例调速阀的工作原理图。图中的节流阀芯 1 由比例电磁铁 3 的推杆 2 操纵，故节流口开度便由输入电信号的强度决定。由于定差减压阀已保证了节流口前后压差为定值，所以一定的输入电流就对应一定的输出流量。

在图 5-30 和图 5-31 中，比例电磁铁的后端都附有位移传感器（或称差动变压器），这种电磁铁称为行程控制比例电磁铁。位移传感器能准确地测定比例电磁铁的行程，并向电放

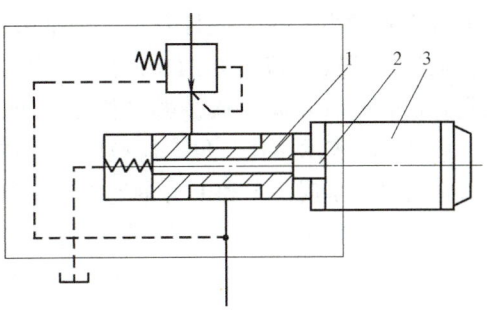

图 5-32 比例调速阀的工作原理
1—节流阀芯 2—推杆 3—比例电磁铁

大器发出电反馈信号。电放大器将输入信号和反馈信号加以比较后，再向电磁铁发出纠正信号以补偿误差。这样便能消除液动力等干扰因素，保持准确的阀芯位置或节流口面积。这是比例阀技术进入成熟阶段的标志。当今，由于采用各种更加完善的反馈装置和优化设计，比例阀的动态性能虽仍低于伺服阀，但静态性能已大致相同，而价格却低廉得多。

二、二通插装阀（又称插装式锥阀或逻辑阀）

普通液压阀在流量小于 300L/min 的系统中性能良好，但难以满足大流量系统的要求，特别是阀的集成更成为难题。20 世纪 70 年代，二通插装阀的出现解决了这一问题。

1. 组成、结构和工作原理

图 5-33 所示为二通插装阀的结构原理，它由控制盖板、插装主阀（由阀套、弹簧、阀芯及密封件组成）、插装块体和先导元件（置于控制盖板上、图中未画）组成。插装主阀采用插装式连接，阀芯为锥形。根据不同的需要，阀芯的锥端可开阻尼孔或节流三角槽，也可以是圆柱形阀芯。

盖板将插装主阀封装在插装块体内，并沟通先导阀和主阀。通过主阀阀芯的启闭，可对主油路的通断起控制作用。使用不同的先导阀可构成压力控制、方向控制或流量控制，并可组成复合控制。若干个不同控制功能的二通插装阀组装在一个或多个插装块体内便组成液压回路。

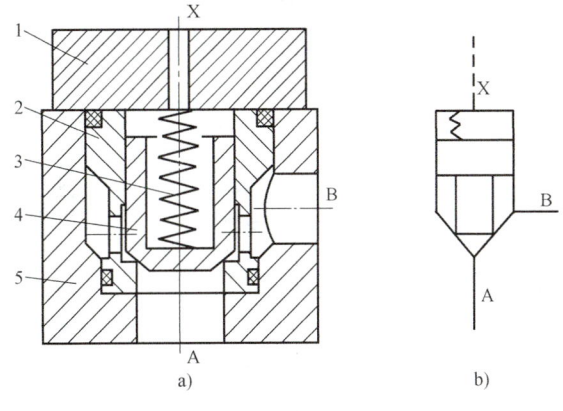

图 5-33 二通插装阀
a) 结构原理 b) 符号
1—控制盖板 2—阀套 3—弹簧 4—阀芯 5—插装块体

就工作原理而言，二通插装阀相当于一个液控单向阀。A 和 B 为主油路的两个仅有的工作油口（所以称为二通阀），X 为控制油口。通过控制油口的启闭和对压力大小的控制，即可控制主阀阀芯的启闭和油口 A、B 的流向与压力。

2. 二通插装方向控制阀

图 5-34 所示为几个二通插装方向控制阀的实例。图 5-34a 表示用作单向阀。设 A、B 两腔的压力分别为 p_A 和 p_B，当 $p_A > p_B$ 时，锥阀关闭，A 和 B 不通；当 $p_A < p_B$，且 p_B 达到一定

数值（开启压力）时，便打开锥阀使油液从 B 流向 A（若将图 5-34a 改为 B 和 X 腔沟通，便构成油液可从 A 流向 B 的单向阀）。图 5-34b 表示用作二位二通换向阀，在图示状态下，锥阀开启，A 和 B 腔连通；当二位三通电磁阀通电且 $p_A > p_B$ 时，锥阀关闭，A、B 油路切断。图 5-34c 表示用作二位三通换向阀，在图示状态下，A 和 T 连通，A 和 P 断开；当二位四通电磁阀通电时，A 和 P 连通，A 和 T 断开。图 5-34d 表示用作二位四通阀，在图示状态下，A 和 T、P 和 B 连通；当二位四通电磁阀通电时，A 和 P、B 和 T 连通。用多个先导阀（如上述各电磁阀）和多个主阀相配，可构成复杂位通组合的二通插装换向阀，这是普通换向阀做不到的。

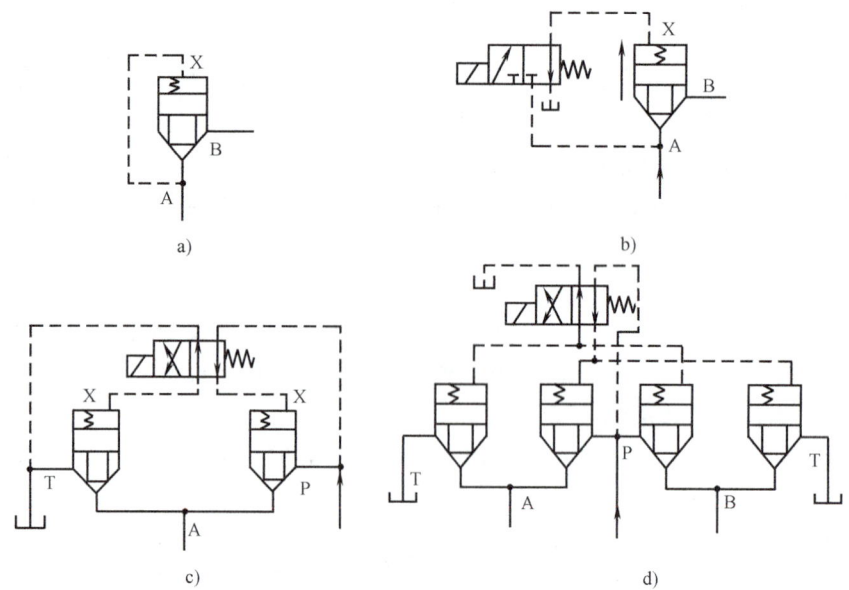

图 5-34 二通插装方向控制阀

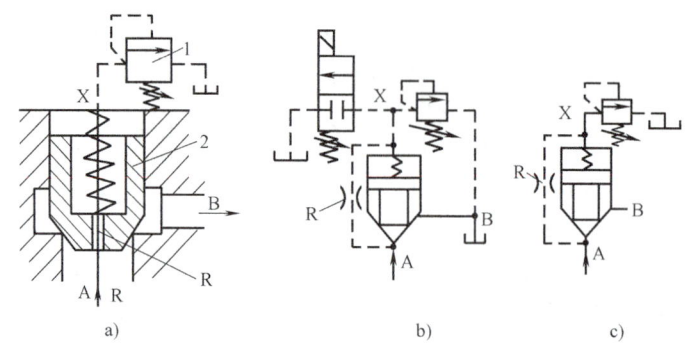

图 5-35 二通插装压力控制阀
a）结构原理　b）用作溢流阀或卸荷阀　c）用作顺序阀
1—先导阀　2—主阀　R—阻尼孔

3. 二通插装压力控制阀

对 X 腔采用压力控制可构成各种压力控制阀，其结构原理如图 5-35a 所示。用直动式溢流阀 1 作为先导阀来控制插装主阀 2，在不同的油路连接下便构成不同的压力阀。例如，

第五章 液压控制阀

图 5-35b 表示 B 腔通油箱,可用作溢流阀。当 A 腔油压升高到先导阀调定的压力时,先导阀打开,油液流过主阀芯阻尼孔 R 时造成两端压差,使主阀芯克服弹簧阻力开启,A 腔压力油便通过打开的阀口经 B 腔溢回油箱,实现溢流稳压。当二位二通阀通电时便可作为卸荷阀使用。

图 5-35c 表示 B 腔接一有载油路,则构成顺序阀。此外,若主阀采用油口常开的圆柱阀芯,则可构成二通插装减压阀;若以比例溢流阀作先导阀,代替图中直动式溢流阀,则可构成二通插装电液比例溢流阀。

4. 二通插装流量控制阀

在二通插装方向控制阀的盖板上增加阀芯行程调节器以调节阀芯的开度,这个方向阀就兼具了可调节流阀的功能,即构成二通插装节流阀,其符号如图 5-36 所示。若用比例电磁铁取代节流阀的手调装置,则可组成二通插装电液比例节流阀。若在二通插装节流阀前串联一个定差减压阀,就可组成二通插装调速阀。

5. 二通插装阀及其集成系统的特点

1) 插装主阀结构简单,通流能力大,故用通径很小的先导阀与之配合便可构成通径很大的各种二通插装阀,最大流量可达 10000L/min。

2) 不同的阀有相同的插装主阀,一阀多能,便于实现标准化。

3) 泄漏量小,便于无管连接,先导阀功率又小,具有明显的节能效果。

二通插装阀目前广泛用于冶金、船舶、塑料机械等大流量系统中。

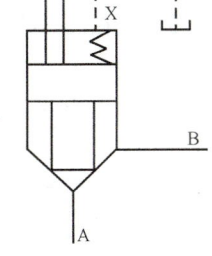

图 5-36 二通插装节流阀的符号

三、数字阀

用计算机对电液系统进行控制是液压技术发展的必然趋向。但电液比例阀或伺服阀能接受的信号是连续变化的电压或电流,而计算机的指令是"开"或"关"的数字信息,要用计算机控制必须进行"数-模"转换,结果使设备复杂,成本提高,可靠性降低。数字阀的出现解决了上述问题。

接受计算机数字控制的方法有多种,当今技术较成熟的是增量式数字阀,即用步进电动机驱动的液压阀,已有数字流量阀、数字压力阀和数字方向流量阀等系列产品。步进电动机能接受计算机发出的经驱动电源放大的脉冲信号,每接受一个脉冲便转动一定的角度。步进电动机的转动又通过凸轮或丝杠等机构转换成直线位移量,从而推动阀芯或压缩弹簧,实现液压阀对方向、流量或压力的控制。

图 5-37 所示为增量式数字流量阀。计算机发出信号后,步进电动机 1 转动,通过滚珠

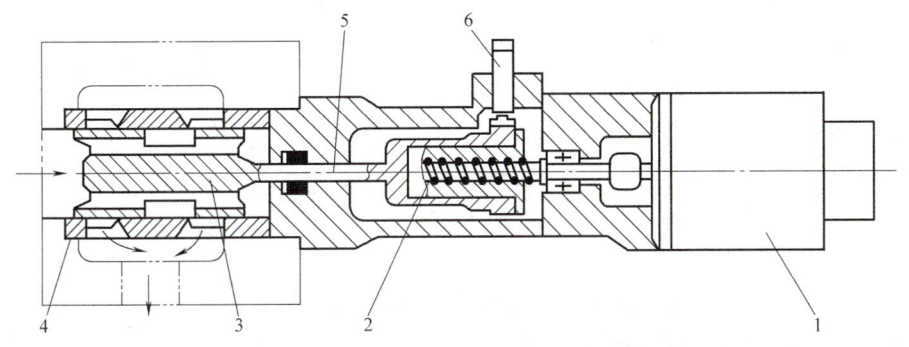

图 5-37 增量式数字流量阀
1—步进电动机 2—滚珠丝杠 3—阀芯 4—阀套 5—阀杆 6—传感器

丝杠 2 转化为轴向位移，带动节流阀阀芯 3 移动。该阀有两个节流口，阀芯移动时首先打开右边的非全周节流口、流量较小；继续移动则打开左边的第二个全周节流口，流量较大，可达 3600L/min。该阀的流量由阀芯 3、阀套 4 及阀杆 5 的相对热膨胀取得温度补偿，维持流量恒定。

该阀无反馈功能，但装有零位移传感器 6，在每个控制周期终了时，阀芯都可在它控制下回到零位。这样就保证每个工作周期都在相同的位置开始，使阀有较高的重复精度。

习　题

5-1　什么是换向阀的常态位？

5-2　在图 5-10 中，电液换向阀的先导阀为什么采用 Y 型中位机能？还可采用何种中位机能？

5-3　先导式溢流阀的阻尼孔被堵塞后，会出现什么现象？

5-4　溢流量的大小对溢流阀的控制压力有何影响？

5-5　顺序阀的调定压力和进出口压力之间有何关系？

5-6　减压阀的出油口被堵住后，减压阀处于何种工作状态？

5-7　当节流阀中的弹簧失效后，对调节输出流量有何影响？

5-8　调速阀在使用过程中，若流量仍然有一定程度的不稳定，试分析出于何种原因？

5-9　试说明图 5-38 所示回路中液压缸往复移动的工作原理。为什么无论是进还是退，只要负载 G 一过中线，液压缸就会发生断续停顿的现象？为什么换向阀一到中位，液压缸便左右推不动？

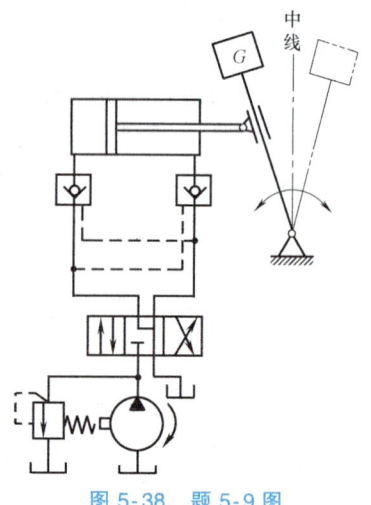

图 5-38　题 5-9 图

5-10　两腔面积相差很大的单杆缸用二位四通阀换向。有杆腔进油时，无杆腔回油流量很大，为避免使用大通径二位四通电磁阀，可用一个液控单向阀分流，请画回路图。

5-11　图 5-39 所示溢流阀的调定压力为 5MPa，减压阀的调定压力为 2.5MPa，设缸的无杆腔面积 $A=50\text{cm}^2$，液流通过单向阀和非工作状态下的减压阀时，压力损失分别为 0.2MPa 和 0.3MPa。试问：当负载 F 分别为 0、7.5kN 和 30kN 时，(1) 缸能否移动？(2) A、B 和 C 三点的压力数值各为多少？

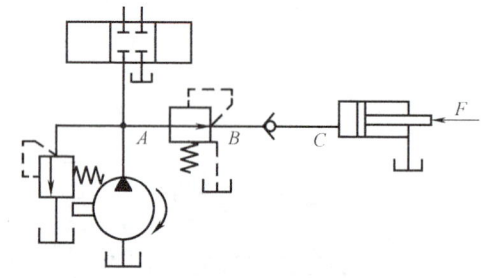

图 5-39　题 5-11 图

5-12　图 5-40 所示两阀组的出口压力取决于哪个减压阀？为什么？设两减压阀调定压力一大一小，并且所在支路有足够的负载。

5-13　双缸回路如图 5-41 所示，A 缸速度可用节流阀调节。试回答：

(1) 在 A 缸运动到底后，B 缸能否自动顺序动作而向右移？说明理由。
(2) 在不增加也不改换元件的条件下，如何修改回路以实现上述动作？请作图表示。

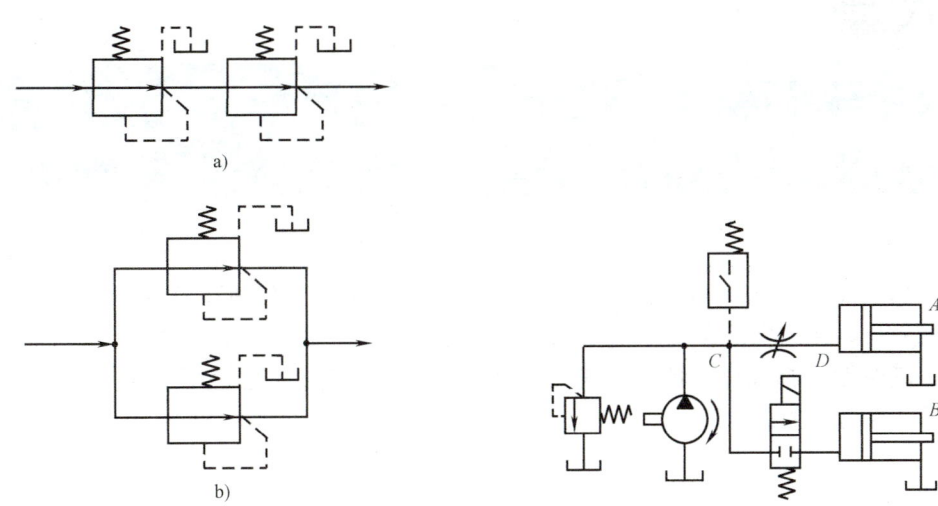

图 5-40 题 5-12 图   图 5-41 题 5-13 图

5-14 在图 5-42 所示阀组中，各阀调定压力示于符号上方。若系统负载为无穷大，试按电磁铁不同的通断情况将压力表读数填在表中。

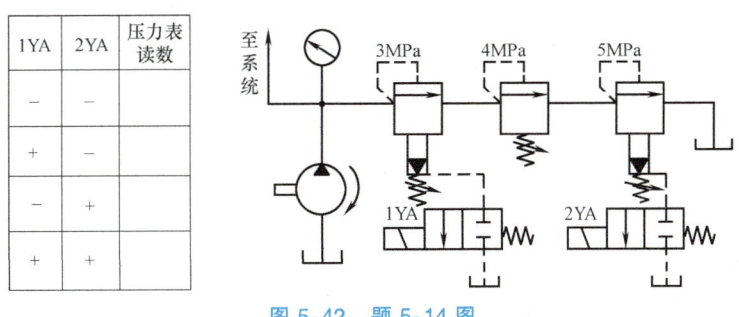

1YA	2YA	压力表读数
−	−	
+	−	
−	+	
+	+	

图 5-42 题 5-14 图

5-15 已知顺序阀的调整压力为 4MPa，溢流阀的调整压力为 6MPa，当系统负载无穷大时，分别计算图 5-43a 和图 5-43b 中 A 点处的压力值。

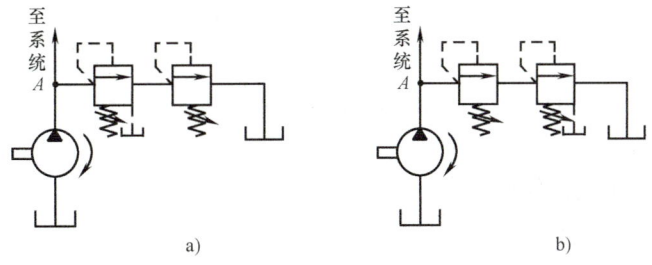

图 5-43 题 5-15 图

第六章 液压辅助元件

液压辅助元件是组成液压传动系统必不可少的一部分,它包括蓄能器、过滤器、油箱、管件、密封件(第四章已介绍)、压力计、压力计开关、热交换器等。除油箱通常需要自行设计外,其余皆为标准件。轻视"辅"件是错误的,事实上,它们对系统的性能、效率、温升、噪声和寿命的影响极大。

第一节 蓄 能 器

一、蓄能器的结构与性能

蓄能器是液压系统中的储能(液压能)元件,它储存多余的压力油,并在需要时释放出来供给系统。目前常用的是利用气体膨胀和压缩进行工作的充气式蓄能器,根据结构它又可分为活塞式、囊式、隔膜式三种。下面主要介绍前两种蓄能器。

1. 活塞式蓄能器

活塞式蓄能器的结构如图 6-1 所示。活塞 1 的上部为压缩气体(一般为氮气),下部为压力油,气体由气门 3 充入,压力油经油孔 a 通液压系统,活塞上装有 O 形密封圈,活塞的凹部面向气体,以增加气体室的容积。活塞随下部压力油的储存和释放而在缸筒 2 内滑动。这种蓄能器结构简单,寿命长,但因活塞运动时有一定的惯性和密封摩擦力,反应不够灵敏,不宜用于吸收脉动和液压冲击以及低压系统。此外,活塞的密封问题不能完全解决,密封件磨损后,会使气液混合,影响系统的工作稳定性。

2. 囊式蓄能器

囊式蓄能器结构如图 6-2 所示。气囊 3 用耐油橡胶制成,固定在耐高压的均质无缝壳体 2 的上部。囊内通过充气阀 1 充进一定压力的惰性气体(一般为氮气)。壳体下端的提升阀 4 是一个受弹簧作用的菌形阀,压力油从此通入。当气囊充分膨胀时,即油液全部排出时,迫使菌形阀关闭,防止气囊被挤出油口。该结构能使油气完全隔离,气液密封可靠,气囊惯性小,反应灵敏,但工艺性较差。

二、蓄能器的功用

(1) 作辅助动力源 总的工作时间较短的间歇工作系统或在一个工作循环内速度差别很大的系统,使用蓄能器作辅助动力源可降低泵的功率,提高效率,降低温升,节省能源。图 6-3 所示为一液压机的液压系统。当液压缸带动模具接触工件慢进和保压时,泵的部分流

第六章　液压辅助元件

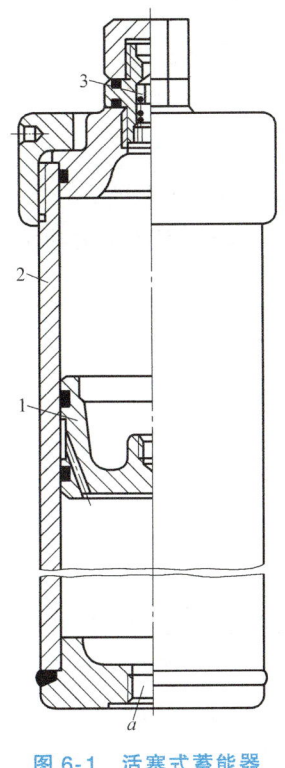

图 6-1　活塞式蓄能器
1—活塞　2—缸筒　3—气门

图 6-2　囊式蓄能器
1—充气阀　2—壳体　3—气囊
4—提升阀

量进入蓄能器 1 被储存起来，达到设定压力后，卸荷阀 2 打开，泵卸荷。此时，单向阀 3 使压力油路密封保压。当液压缸快进快退时，蓄能器与泵一起向缸供油，使液压缸得到快速运动。故系统设计时，只需按平均流量选用泵，使泵的选用和功率利用比较合理。

（2）保压补漏　若液压缸需要在相当长的一段时间内保压而无动作，例如图 6-3 所示液压机系统处于压制工件阶段（或机床液压夹具夹紧工件阶段），这时可令泵卸荷，用蓄能器保压并补充系统泄漏。

（3）作应急动力源　有的系统（如静压轴承供油系统），当泵损坏或停电不能正常供油时，可能会发生事故；或有的系

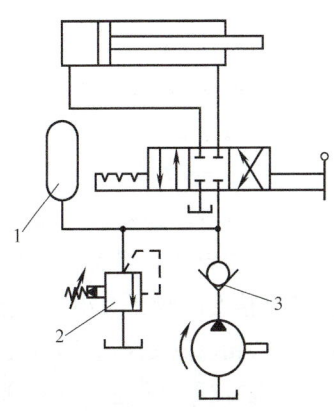

图 6-3　蓄能器应用举例
1—蓄能器　2—卸荷阀　3—单向阀

统要求在供油突然中断时,执行元件应继续完成必要的动作(如为了安全起见,液压缸活塞杆应缩回缸内)。因此,应该在系统中增设蓄能器作应急动力源,以便在短时间内维持一定压力。

(4) 吸收系统脉动,缓和液压冲击 齿轮泵、柱塞泵和溢流阀等均会产生流量和压力脉动,若在脉动源处设置蓄能器,则可使脉动降低到很小的程度。系统在启、停或换向时也易引起液压冲击,产生振动,还会造成系统的损坏,若在冲击源处设置蓄能器,可吸收和缓冲液压冲击。作这方面应用的蓄能器要求惯性小,灵敏度高。

三、蓄能器的安装

安装蓄能器时应考虑以下几点:
1) 气囊式蓄能器应垂直安装,油口向下。
2) 用作降低噪声、吸收脉动和液压冲击的蓄能器应尽可能靠近脉动源处。
3) 蓄能器和泵之间应安装单向阀,以免泵停止工作时,蓄能器储存的压力油倒流而使泵反转。
4) 必须将蓄能器牢固地固定在托架或基础上。
5) 蓄能器必须安装于便于检查、维修的位置,并远离热源。

第二节 过 滤 器

一、过滤器的功用

统计资料表明,液压系统的故障中有75%以上是由于油液污染造成的。油液中不可避免地存在着颗粒状的固体杂质,它会划伤液压元件运动副的结合面,严重磨损或卡死运动件,堵塞阀口,使系统工作可靠性大为降低。在适当的部位上安装过滤器可以清除油液中的固体杂质,使油液保持清洁,延长液压元件使用寿命,保证液压系统工作的可靠性。因此,过滤器作为液压系统必不可少的辅助元件,具有十分重要的地位。

二、过滤器的主要类型

按滤芯材料和结构形式的不同,过滤器可分为网式、线隙式、纸芯式、烧结式过滤器及磁性过滤器等。

1. 网式过滤器

图 6-4 所示为网式过滤器,它的结构是在周围开有很多窗孔的塑料或金属筒形骨架 1 上包着一层或两层铜丝网 2。过滤精度由网孔大小和层数决定,网孔越小或层数越多,过滤精度就越高。网式过滤器结构简单,通流能力大,清洗方便,压差小(一般为 0.025MPa),但过滤精度低,常用于液压系统的吸油管路,用来滤除混入油液中较大颗粒的杂质,保护液压泵免遭损坏。因为需要经常清洗,安装时要注意便于拆装。

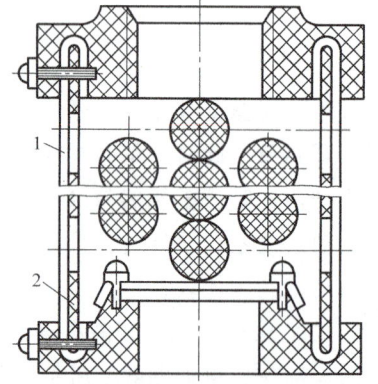

图 6-4 网式过滤器
1—筒形骨架 2—铜丝网

2. 线隙式过滤器

图 6-5 所示为线隙式过滤器。它用铜线或铝线密绕在筒形芯架 1 的外部组成滤芯，并装在壳体 3 内（用于吸油管路上的过滤器则无壳体）。线隙式过滤器依靠铜（铝）丝间的微小间隙来滤除固体颗粒，油液经线间缝隙和芯架槽孔流入过滤器内，再从上部孔道流出。线隙式过滤器结构简单，通流能力大，过滤精度比网式过滤器高，但不易清洗，一般用于低压回路（$p<2.5$MPa）或辅助回路。

3. 纸芯式过滤器

纸芯式过滤器又称为纸质过滤器，其结构类同于线隙式，只是滤芯为滤纸。图 6-6 所示为纸芯式过滤器的结构。油液经过滤芯时，通过滤纸的微孔滤去固体颗粒。为了增大滤芯的强度，一般滤芯由三层组成：外层为粗眼钢板网，中间层为折叠成 W 形的滤纸，里层由金属丝网与滤纸一并折叠而成。滤芯中央还装有支承弹簧。纸芯式过滤器的过滤精度高，可在高压（38MPa）下工作，结构紧凑，重量轻，通流能力大，但易堵塞，无法清洗，滤芯需经常更换。一般用于要求过滤质量高的液压系统。

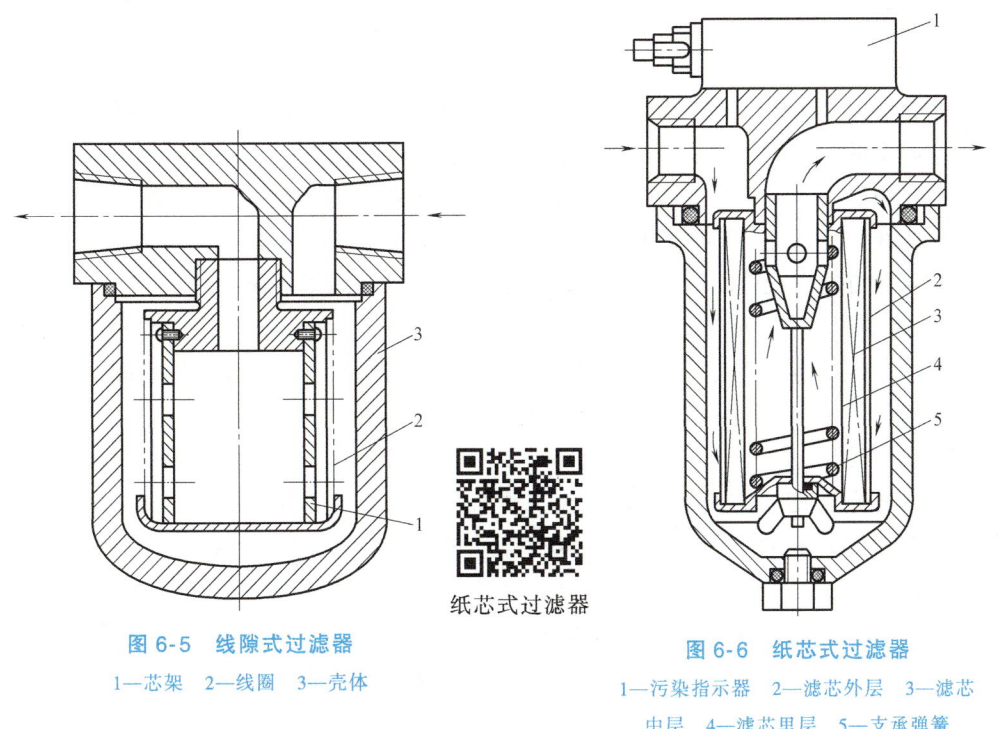

图 6-5 线隙式过滤器
1—芯架 2—线圈 3—壳体

图 6-6 纸芯式过滤器
1—污染指示器 2—滤芯外层 3—滤芯中层 4—滤芯里层 5—支承弹簧

纸芯式过滤器的滤芯能承受的压力差较小（0.35MPa），为了保证过滤器能正常工作，不致因污染物逐渐聚积在滤芯上引起压差增大而压破纸芯，过滤器顶部通常装有污染指示器（图 6-6 中件 1）。图 6-7 所示为电信号污染指示器的结构原理，污染指示器与过滤器 f 并联，滤芯上下游的压差 p_1-p_2 作用在活塞 2 上，并且与弹簧 5 的弹簧力相比较，当滤芯逐渐堵塞时，流经过滤器所产生的压差增大，当压力差超过限定值时，则液压力克服弹簧力，推动活塞 2 和永久磁铁 4 右移，感簧管 6 受磁铁作用吸合，便接通电路，报警器 7 发出堵塞信号——发亮或发声，提醒操作人员更换滤芯。若在电路上增设一延时继电器，还可在堵塞信号发出一定时间后实现自动停机保护。

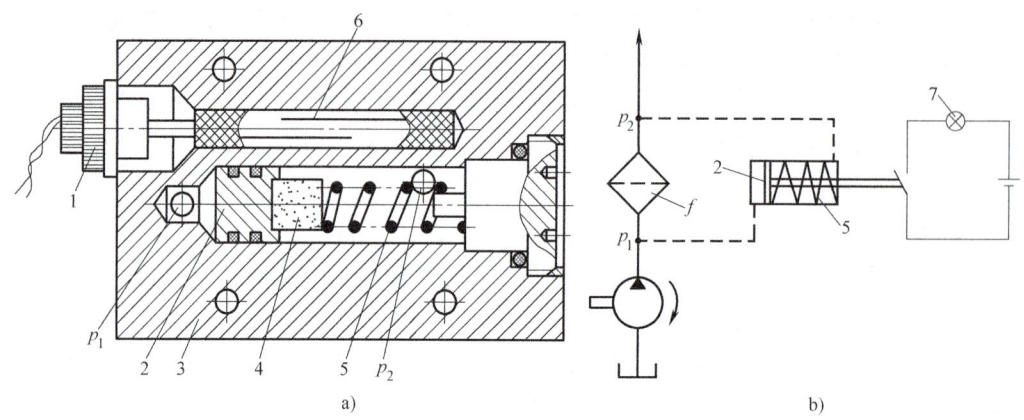

图 6-7 电信号污染指示器
a) 结构图 b) 原理图
1—接线柱 2—活塞 3—阀体 4—永久磁铁 5—弹簧 6—感簧管 7—报警器 f—过滤器

4. 烧结式过滤器

图 6-8 所示为金属烧结式过滤器。滤芯可按需要制成不同的形状。选择不同粒度的粉末烧结成不同厚度的滤芯，可以获得不同的过滤精度。油液从侧孔进入，依靠滤芯颗粒之间的微孔滤去油液中的杂质，再从中孔流出。烧结式过滤器的过滤精度高，滤芯的强度高，抗冲击性能好，能在较高温度下工作，有良好的耐蚀性，且制造简单。缺点是易堵塞，难清洗，使用中烧结颗粒可能会脱落。一般用于要求过滤质量较高的液压系统中。

5. 磁性过滤器

磁性过滤器的工作原理是利用磁铁吸附油液中的铁质微粒。但一般结构的磁性过滤器对其他污染物不起作用，所以常把它用作复式过滤器的一部分。

6. 复式过滤器

复式过滤器是上述几类过滤器的组合。例如在图 6-8 所示的滤芯中间再套入一组磁环，即成为磁性烧结式过滤器。复合式过滤器性能更为完善，一般皆设有某种结构原理的污染指示器，有的还设有安全阀。当过滤杂质逐渐将滤芯堵塞时，滤芯上下游的压差增大，若超过所调定的发信压力，污染指示器便会发出堵塞信号。如不及时清洗或更换滤芯，当压差达到所调定的安全压力时，类似于直动式溢流阀的安全阀便会打开，以保护滤芯免遭损坏。

图 6-9 所示为适用于回油路上的纸质磁性过滤器。中央拉杆 8 上装有许多磁环 6 和尼龙隔套 7 组成的磁性滤芯。内、外筒 5 和 3 以及粘接于其间的 W 形滤纸 4 组成纸质滤芯。内、外筒由薄钢板卷成，板上冲有许多通油圆孔。需过滤的液压油首先经磁性滤芯滤除铁质微粒，然后由里向外经滤纸滤除其他污染物。如果污染指示器 1 发信后未及时更换滤芯，过滤器滤芯上下游的压差进一步升高，于是压缩弹簧 9，滤芯下移，滤芯和滤芯座之间的通路打开，油液即经此通路及壳体 10 的下端油口流往油箱，起安全保护作用。这种过滤器用于要求对铁质微粒去除干净的液压传动系统。

第六章 液压辅助元件

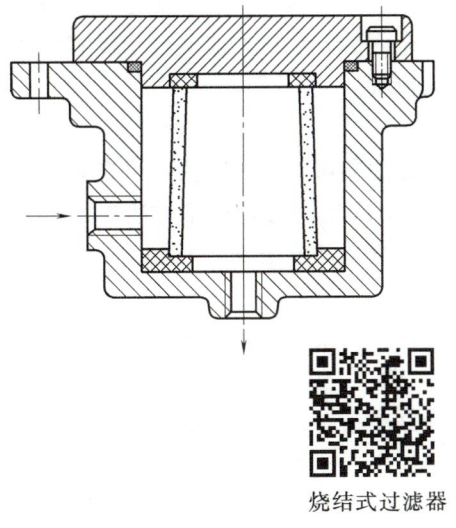

烧结式过滤器

图 6-8 烧结式过滤器

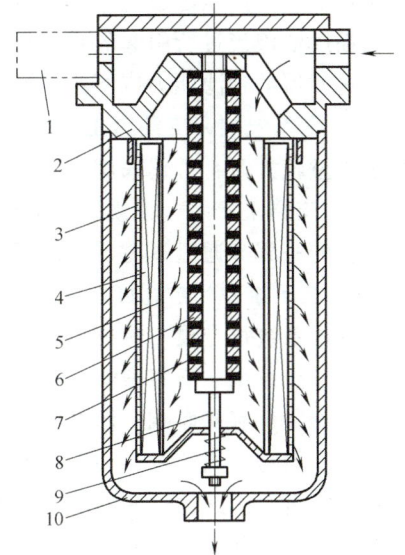

图 6-9 纸质磁性过滤器

1—污染指示器 2—滤芯座 3—外筒 4—滤纸
5—内筒 6—磁环 7—尼龙隔套 8—拉杆
9—弹簧 10—壳体

以上所介绍的过滤器的图形符号如图 6-10 所示。

三、过滤器的安装位置

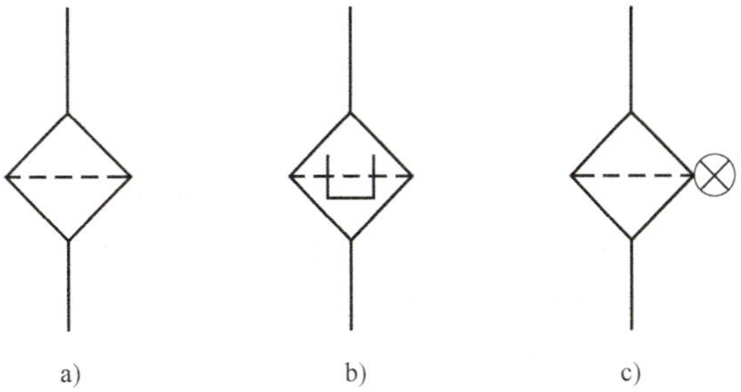

1. 安装在泵的吸油口

这种安装主要用来保护泵不致吸入较大颗粒的杂质。视泵的要求可用粗的或普通精度的过滤器。为了不影响泵的吸油性能,防止发生气穴现象,过滤器的过滤能力应为泵流量的两倍以上,压力损失不得超过 0.02MPa。故一般在吸油口处安装精度低的网式过滤器。

图 6-10 过滤器的图形符号
a) 过滤器（一般符号） b) 磁性过滤器
c) 污染指示过滤器

2. 安装在泵的出口油路上

这种安装主要用来保护液压系统中除液压泵和溢流阀以外的所有元件。一般采用 10~15μm 过滤精度的精密过滤器。由于过滤器在高压下工作,它应能承受油路上的工作压力和液压冲击,因此要有一定的强度,其过滤阻力应小于 0.35MPa,过滤能力应不小于压油管路的最大流量。为了避免因滤芯堵塞而使滤芯击穿,应在过滤器旁并联一安全阀或污染指示器,安全阀的压力应略低于过滤器的最大允许压差。为了保护液压泵不致过载,过滤器应安装在泵出口油路与溢流阀连接点之后。

3. 安装在系统的回油路上

这种安装可滤去油液流入油箱前的污染物,为泵提供清洁的油液,但不能直接防止杂质进入系统中去。因回油路压力较低,可采用滤芯强度不高的精过滤器。为了防止滤芯因堵塞导致过滤器前后的压差超过允许值,常并联一单向阀作为安全阀,并可以防止因堵塞或低温起动时高黏度油液流过所引起的系统压力的升高。安全阀的开启压力应略低于滤芯允许的最大压差。过滤器的过滤能力应不小于回油管路的最大流量。

4. 安装在系统的分支油路上

当泵流量较大时,若仍采用上述各种油路过滤,过滤器可能过大。为此可在只有泵流量20%~30%的支路上安装一小规格过滤器,对油液起滤清作用。这种过滤方法在工作时,只有系统流量的一部分通过过滤器,因而其缺点是不能完全保证液压元件的安全。

5. 安装在系统外的过滤回路上

大型液压系统可专设一液压泵和过滤器来滤除油液中的杂质,以保护主系统,滤油车即是这种单独过滤系统。研究表明:在压力和流量波动下,一般过滤器的功能会大幅度降低。显然,前述安装都有此影响,而系统外的单独过滤回路却没有,故过滤效果较好。

安装过滤器时应当注意,一般过滤器都只能单向使用,即进、出油口不可反接,以利于滤芯清洗和安全。因此,过滤器不要安装在液流方向可能变换的油路上。必要时可增设单向阀和过滤器,以保证双向过滤。作为过滤器的新进展,目前双向过滤器也已问世。

第三节 压力计和压力计开关

一、压力计

压力是液压系统中重要的参数之一。压力计可观测液压系统中各工作点的压力,以便控制和调整系统压力。因此,压力参数的测量极为重要。

压力计的品种规格甚多,液压系统中最常用的压力计是弹簧弯管式压力计(常称压力表),其结构原理如图 6-11 所示。弹簧弯管 1 是一根弯成 C 字形、其横截面呈扁圆形的空心金属管,它的封闭端通过传动机构与指针 2 相连,另一端与进油管接头相连。测量压力时,压力油进入弹簧管的内腔,使管内胀产生弹性变形,导致它的封闭端向外扩张偏移,拉动杠杆4,使扇形齿轮 5 摆动,与其啮合的小齿轮 6 便带动指针偏转,即可从刻度盘 3 上读出压力值。

压力计的精度等级以其误差占量程的百分数表示。选用压力计时,系统最高压力约为其量程的 3/4。

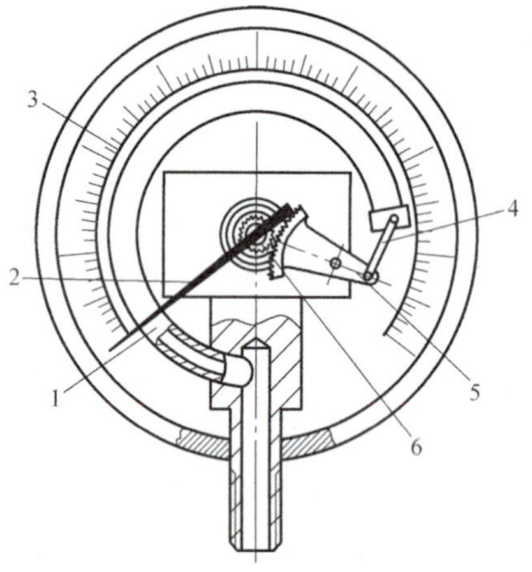

图 6-11 弹簧弯管式压力计
1—弹簧弯管 2—指针 3—刻度盘 4—杠杆
5—扇形齿轮 6—小齿轮

二、压力计开关

压力计开关是用于切断或接通压力计和油路的通道。压力计开关的通道很小,有阻尼作用,测压时可减轻压力计的急剧跳动,防止压力计损坏。在无需测压时,用它切断油路,也保护了压力计。压力计开关按其所能测量的测点数目分为一点和多点的若干种。多点压力计开关,可使一个压力计分别和几个被测油路相接通,以测量几部分油路的压力。

图 6-12 所示为板式连接的压力计开关结构原理图。图示位置是非测量位置,此时压力计与油箱接通。若将手柄推进去,使阀芯的沟槽 s 将测量点与压力计接通,并将压力计连接油箱的通道隔断,便可测出一个点的压力。若将手柄转到另一位置,便可测出另一点的压力。

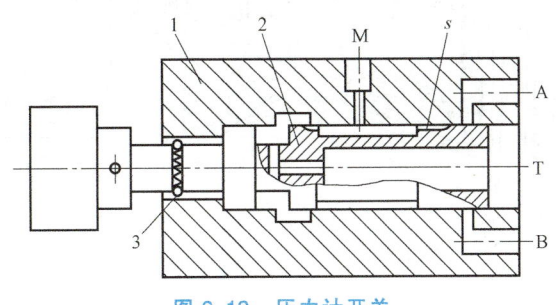

图 6-12 压力计开关
1—阀体 2—阀芯 3—定位钢球 M—压力计接口 s—沟槽

第四节 油 箱

一、油箱的功用与分类

油箱的主要功用是:①储存液压系统工作所需的足够油液;②散发系统工作中产生的热量;③沉淀污物并逸出油中气体。

按油箱液面是否与大气相通,可分为开式油箱和闭式油箱。开式油箱广泛用于一般的液压系统;闭式油箱则用于水下和高空无稳定气压或对工作稳定性与噪声有严格要求处。本节仅介绍开式油箱。

二、油箱的设计要点

初步设计时,油箱的有效容积(液面高度占油箱高度 80% 时的油箱容积)可按下述经验公式确定,即

$$V = mq_{VP} \tag{6-1}$$

式中 V——油箱的有效容积,单位为 L;
q_{VP}——液压泵的流量,单位为 L/min;
m——系数,单位为 min。m 值的选取:低压系统为 2~4min,中压系统为 5~7min,中高压或高压大功率系统为 6~12min。

对功率较大且连续工作的液压系统,必要时还应进行热平衡计算,以最后确定油箱容积。

下面结合图 6-13a 所示油箱结构示意图,分述设计要点如下:

(1)基本结构 为了在相同的容量下得到最大的散热面积,油箱外形以立方体或长六面体为宜。如油箱的顶盖上要安放泵和电动机(也有的置于箱旁或箱下)以及阀的集成装置等,这基本决定了箱盖的尺寸;最高油面只允许达到箱高的 80%。据此两点可决定油箱

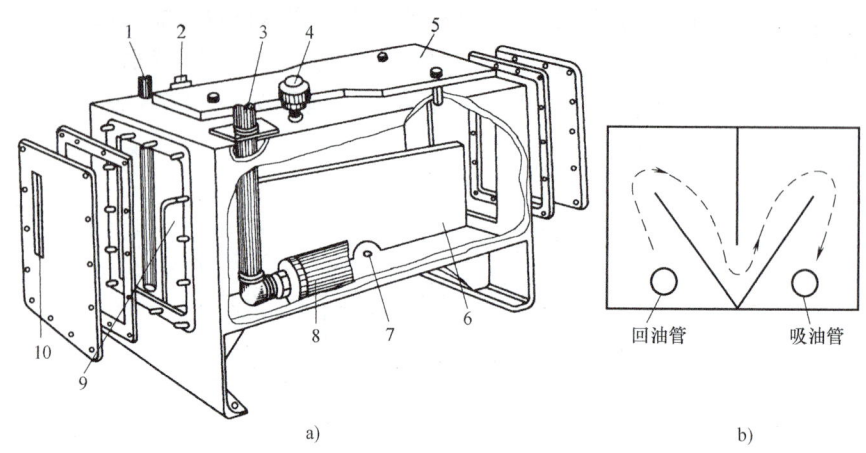

图 6-13 油箱结构示意
a) 结构示意图 b) 三隔板布置图
1—回油管 2—泄油管 3—吸油管 4—空气过滤器 5—安装板
6—隔板 7—放油口 8—过滤器 9—清洗窗 10—液位计

的三向尺寸。当油箱容量较小时，可采用 2.5~4mm 的钢板直接焊接而成；当油箱容量较大且较高时，一般采用角钢焊成骨架后再焊上钢板。为使油箱能够承受安装其上的物体重量、机器运转时的转矩及冲击等，油箱应有足够的刚度，顶盖要适当加厚并用螺钉通过焊在箱体上的角钢加以固定。顶盖可以是整体式的，也可分为几块。泵、电动机和阀的集成装置可直接固定在顶盖上，也可固定在图示安装板 5 上。安装板与顶盖之间应设置减振装置，如垫上橡胶板以缓和振动。油箱底脚高度应在 150mm 以上，以便散热、搬移和放油。油箱四周要有吊耳，以便起吊装运。

（2）吸、回、泄油管的设置 泵的吸油管 3 与系统回油管 1 应尽量远离，为了防止吸油时吸入空气和回油时油液冲入油箱搅动液面，管口都应插入油箱最低油面以下，但离箱底的距离要大于管径的 2~3 倍。回油管口应截成 45°斜角，以增大通流面积，并面向与回油管相距最近的箱壁以利于散热和沉淀杂质。为防止箱底的沉淀物吸入液压泵，吸油管端部应装有足够过滤能力的过滤器 8，过滤器离箱壁至少要有 3 倍管径的距离，距箱底不应小于 20mm，以便四面进油。在系统泄油管 2 单独接入油箱的情况下，其中阀的泄油管口应在液面之上，以免产生背压；液压马达和泵的泄油管则应引入液面之下，以免吸入空气。为防止油箱表面泄漏油流入地面，必要时在油箱下面或顶盖四周设置盛油盘。

（3）隔板的设置 设置隔板 6 的目的是将油箱内吸油区与回油区分开，以增大油液循环的路程，减缓油液循环的速度，便于分离回油带来的空气和污物，提高散热效果。一般设置一个隔板，高度最好为箱内液面高度的 3/4。但现在有一种看法，认为隔板如按图 6-13b 所示设置可以获得最长的流程。如图 6-13b 所示，三块隔板垂直焊在箱底上。

（4）加油口与空气过滤器的设置 加油口一般设置在油箱顶部容易接近处，加油口应带有滤网，平时加盖封闭。空气过滤器 4 的作用是使油箱始终与大气相通，保证泵的自吸能力，滤除空气中的灰尘杂物。目前生产的空气过滤器同时兼有加油和通气的作用，是标准件，可按需选用。

第六章 液压辅助元件

(5) 液位计的设置　液位计 10 用于监测油面高度，故其窗口尺寸应能满足对最高与最低液位的观察，并应安装在易于观察的地方。液位计也是标准件，可按需选用。

(6) 放油口与清洗窗的设置　图中油箱底面做成双斜面，也可做成向回油侧倾斜的单斜面，在最低处设放油口 7，平时用螺塞或放油阀堵住，换油时将其打开放走污油。换油时为便于清洗油箱，大容量的油箱一般均在侧壁设清洗窗 9，其位置安排应便于吸油过滤器 8 的装拆。清洗窗口平时用侧板密封，清洗时再取下。

(7) 防污密封　油箱盖板和窗口连接处均需加密封垫，各进、出油管通过的孔均需装密封圈，以防止外部污染物的入侵。

(8) 油温控制　油箱正常工作温度应在 15~65℃ 之间，必要时应设温度计和热交换器。

(9) 油箱内壁加工　新油箱经喷丸、酸洗和表面清洗后，四壁可涂一层与工作液相容的塑料薄膜或耐油清漆。

第五节　管　件

管件包括管道和管接头。液压系统用管道来传送工作液体，用管接头把油管与油管或元件连接起来。管件的选用原则是：要保证管中油液做层流流动，管路尽量短以减小压力损失；要根据工作压力、安装位置来确定管材与连接结构，以保证管道和管接头有足够的强度，良好的密封性；与泵、阀等连接的管件应由其接口尺寸决定管径；装拆方便。

一、管道

(1) 特点和适用场合　见表 6-1。

表 6-1　管道的种类、特点和适用场合

种类		特点和适用场合
硬管	钢管	价廉，耐油，耐蚀，刚性好，装配时不便弯曲，但装配后长久保持原形，常在装拆方便处用作压力管道。油液不易氧化。中压以上用冷拔无缝钢管，低压用焊接钢管
	纯铜管	价高，抗振能力差，耐压力低，易使油液氧化，但易弯曲成形，且管壁光滑，流动阻力小，只用于仪表和装配不便处
软管	尼龙管	乳白色半透明，可观察流动情况。加热后可任意弯曲成形和扩口，冷却后即定形。承压能力因材料而异(2.5~8MPa)。有发展前途
	塑料管	耐油，价低，装配方便，长期使用会老化，只用作压力低于 0.5MPa 的回油管与泄油管
	橡胶管	用于有相对运动的部件的连接，分高压和低压两种。橡胶管装配方便，有可挠性，吸振性和消声性，但价贵，寿命短。高压橡胶管由耐油橡胶夹以 1~3 层钢丝网(层数越多耐压越高)制成，用于压力管路。低压橡胶管由耐油橡胶夹帆布制成，用于回油管路

(2) 尺寸的计算　根据液压系统的流量和压力，计算管道的内径 d 和壁厚 δ。一般用下列两式计算，即

$$d = 2\sqrt{\frac{q_V}{\pi v}} \qquad (6\text{-}2)$$

$$\delta = \frac{pd}{2[R_m]} \tag{6-3}$$

式中 p、q_V——分别为管内的工作压力和最大流量；

v——允许流速。推荐值为：吸油管取 0.5~1.5m/s，回油管取 1.5~2m/s，压力油管取 2.5~5m/s（压力高、流量大、管道短时取大值），控制油管取 2~3m/s，橡胶软管取值应小于 4m/s；

$[R_m]$——管材的许用应力。对钢管：$[R_m] = \dfrac{R_m}{n}$，R_m 为管材的抗拉强度，可由材料手册查出；n 为安全系数；当 $p \leqslant 7\text{MPa}$ 时取 $n=8$，当 $7\text{MPa} < p \leqslant 17.5\text{MPa}$ 时取 $n=6$，当 $p > 17.5\text{MPa}$ 时取 $n=4$。对铜管：$[R_m] \leqslant 25\text{MPa}$。

计算出的管道内径 d 和壁厚 δ，应圆整成标准系列值（可查液压手册）。

（3）安装要求　通常应注意以下几个方面：

1）管道应尽量短，横平竖直，转弯少。为避免管道皱折，以减少压力损失，硬管装配时的弯曲半径要足够大（见表6-2）。管道悬伸较长时要适当设置管夹（标准件）。

2）管道尽量避免交叉，平行或交叉的油管间应有适当的间隔，以防干扰、振动并便于安装管接头。

3）软管直线安装时要有3%~4%的余量，以适应油温变化、受拉和振动的需要。弯曲半径要大于9倍软管外径，弯曲处到管接头的距离至少是外径的6倍。软管不能靠近热源。

表6-2　硬管装配时允许的弯曲半径

管子外径 D/mm	10	14	18	22	28	34	42	50	63
弯曲半径 R/mm	50	70	75	80	90	100	130	150	190

二、管接头

管接头的形式和质量，直接影响系统的安装质量、油路阻力和连接强度，其密封性能是影响系统外泄漏的重要原因。所以管接头的重要性不能忽视。管接头与其他元件之间可采用普通细牙螺纹连接（与O形橡胶密封圈等合用可用于高压系统）或锥螺纹连接（多用于中低压），如图6-14所示。

1. 硬管接头

按管接头和管道的连接形式分，有扩口式管接头、卡套式管接头和焊接式管接头三种。

图6-14a所示为扩口式管接头。装配时先将管6扩成喇叭口，角度为74°，再用螺母2将管套3连同管6一起压紧在接头体1的锥面上形成密封。管套3的作用是拧紧螺母时使管子不跟着转动。这种接头结构简单，连接强度可靠，装配维护方便，适用于铜管、薄钢管、尼龙管和塑料管等低压薄壁管道的连接。

图6-14b所示为卡套式管接头。卡套4是带有尖锐内刃的金属环，拧紧螺母2时，卡套与接头体1内锥面接触形成密封，刃口嵌入管6的表面形成密封。这种接头结构性能良好，装拆方便，广泛用于高压系统。但管道径向尺寸和卡套尺寸精度要求高，需采用冷拔无缝钢管。

图6-14c、d所示为焊接式管接头。管接头的接管5与管6焊接在一起，用螺母2将接

管5和接头体1连接在一起。接管与接头体之间的密封方式有球面与锥面接触密封或平面加O形密封圈端面密封两种。前者有自位性，安装时不很严格，但密封可靠性较差，适用于工作压力在8MPa以下的系统；而后者工作压力可达32MPa。这种接头结构简单，易于制造，对管道尺寸精度要求不高，但要求焊接质量高。

图6-14所示皆为直通管接头。此外尚有二通、三通、四通、铰接等形式，供不同情况管道连接选用，具体可查阅有关手册。

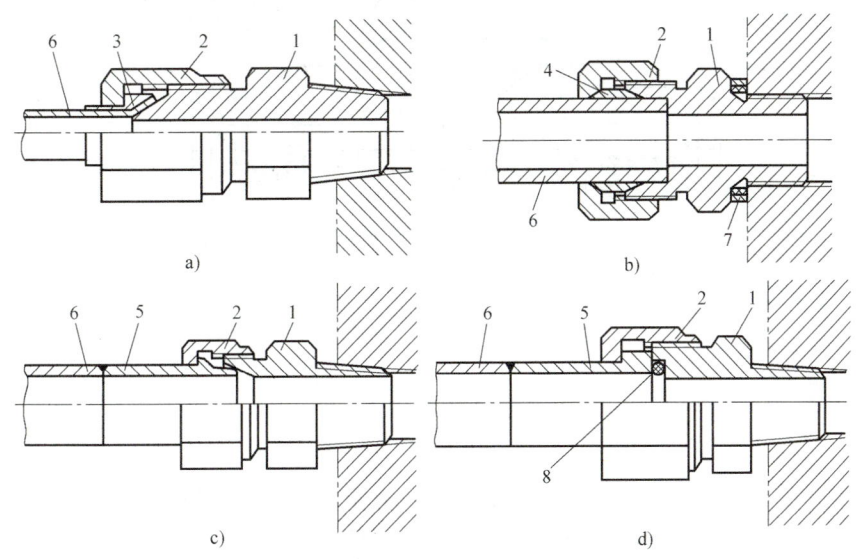

图6-14 硬管接头
a) 扩口式管接头　b) 卡套式管接头　c)、d) 焊接式管接头
1—接头体　2—接头螺母　3—管套　4—卡套　5—接管　6—管子　7—组合密封垫圈　8—O形密封圈

2. 胶管接头

胶管接头有可拆式和扣压式两种，各有A、B、C三种形式。随管径不同可用于工作压力在6~40MPa的系统中。图6-15所示为扣压式胶管接头，由接头外套1和接头芯2组成。装配时须剥离胶管3的外胶层，然后在专门设备上扣压而成。这种接头结构紧凑，外径尺寸小，密封可靠。

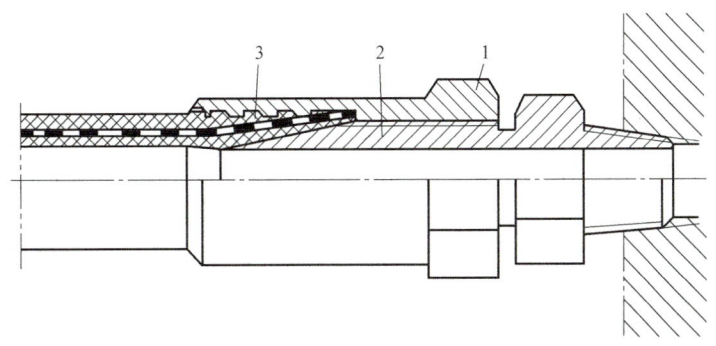

图6-15 扣压式胶管接头
1—接头外套　2—接头芯　3—胶管

3. 快换接头

快换接头的装拆无需工具，适用于需经常装拆处。图 6-16 所示为两个接头体连接时的工作位置，两单向阀芯 3、10 的前端顶杆相互挤顶，迫使阀芯后退并压缩弹簧，使油路接通。需要断开油路时，可用力将外套 7 向左推，钢球 6（有 6~12 颗）即从接头体 9 的槽中退出，再拉出接头体 9，两单向阀芯分别在弹簧 2 和 11 的作用下将两个阀口关闭，油路即断开。同时外套 7 在弹簧 5 作用下复位。

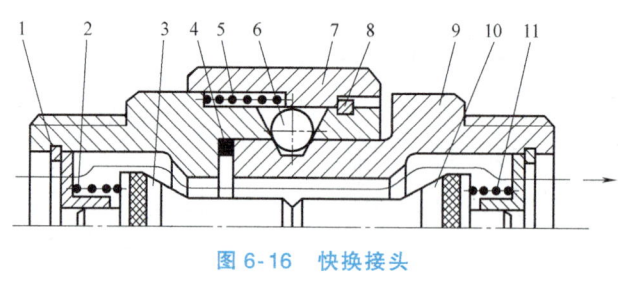

图 6-16 快换接头

1—卡环　2、5、11—弹簧　3、10—单向阀芯　4—密封圈
6—钢球　7—外套　8—卡环　9—接头体

习　题

6-1　蓄能器有什么功用？试说明图 6-3 中的蓄能器是如何工作的。

6-2　常用的过滤器有哪些类型？它们各适用于什么场合？

6-3　一单杆缸，活塞直径 $D=100\text{mm}$，活塞杆直径 $d=56\text{mm}$，行程 $L=500\text{mm}$。现从有杆腔进油，无杆腔回油。问由于活塞的移动使有效底面积为 0.02m^2 的油箱液面高度发生多大变化？

6-4　有一液压泵向系统供油，工作压力为 6.3MPa，流量为 40L/min，试选定供油管尺寸（管材为无缝钢管，其 $R_\text{m}=300\text{MPa}$）。

第七章 液压回路

全局是所有局部的总和。液压系统不论如何复杂，都可以分解成为一个个的基本液压回路。所谓基本液压回路是指由若干液压元件组成的且能完成某一特定功能的简单油路结构。掌握典型基本液压回路的组成、工作原理和性能，便为设计新的液压系统和分析已有的液压系统打下基础。

为了确切地说明某种基本液压回路的功能，常常有必要让它和另一些有关回路或切换元件一起出现，这样的回路实际上已是一种"回路组合"或系统的一部分，不是严格意义上的基本回路了。但是要真正确切地了解一个回路的功用，就必须从该回路所在的总体中去对它进行考察，就像要真正确切地了解一个元件的作用，必须在它所在的回路中对它进行考察一样。

基本液压回路按功用可分为方向控制、压力控制、速度控制和多缸工作四类回路。下面介绍液压系统中的一些常见的基本液压回路。

第一节 方向控制回路

在液压系统中，工作机构的起动、停止或变换运动方向等都是利用控制进入元件液流的通、断及改变流动方向来实现的。实现这些功能的回路称为方向控制回路。

一、换向回路

各种操纵方式的换向阀都可以组成换向回路，只是性能和适用场合不同。这些回路遍及本书第七~九章有关回路图或系统图中，此处不再列举图例。手动阀换向精度和平稳性不高，常用于换向不频繁且无需自动化的场合，如一般机床夹具、工程机械等。对速度和惯性较大的液压系统，采用机动阀较为合理，只需使运动部件上的挡块有合适的迎角或轮廓曲线，即可减小液压冲击，并有较高的换向位置精度。电磁阀使用方便，易于实现自动化，但换向时间短，故换向冲击大，尤以交流电磁阀更甚，只适用于小流量、平稳性要求不高处。流量超过 63L/min、对换向精度与平稳性有一定要求的液压系统，常采用液动阀或电液动阀。换向有特殊要求处，如磨床液压系统，则需采用特别设计的组合阀—操纵箱。

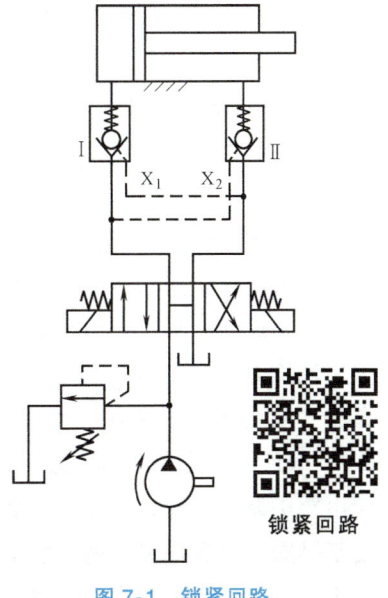

图 7-1 锁紧回路

双向变量泵本身便可用来使执行元件换向。

二、锁紧回路

锁紧回路是使液压缸能在任意位置上停留，且停留后不会在外力作用下移动位置的回路。如图 7-1 所示，当换向阀处于左位或右位工作时，液控单向阀控制口 X_2 或 X_1 通入压力油，缸的回油便可反向流过单向阀口，故此时活塞可向右或向左移动。到了该停留的位置时，只要令换向阀处于中位，因阀的中位机能为 H 型，控制油直通油箱，故控制压力立即消失（Y 型中位机能亦可），液控单向阀不再双向导通，液压缸因两腔油液被封死便被锁紧。由于液控单向阀中的单向阀采用座阀式结构，密封性好，极少泄漏，故有液压锁之称。锁紧精度只受缸本身的泄漏影响。

当换向阀的中位机能为 O 或 M 等型时，似乎无需液控单向阀也能使液压缸锁紧。其实由于换向阀存在较大的泄漏，锁紧功能较差，只能用于锁紧时间短且要求不高处。

第二节　压力控制回路

压力控制回路是对系统整体或系统某一部分的压力进行控制的回路。这类回路包括调压、卸荷、释压、保压、增压、减压、平衡等多种回路。

一、调压回路

为使系统的压力与负载相适应并保持稳定，或为了安全而限定系统的最高压力，都要用到调压回路，这已在第五章溢流阀的溢流稳压、远程调压与安全保护等应用实例中作过介绍。下面再介绍两种调压回路。

1. 双向调压回路

执行元件正反行程需不同的供油压力时，可采用双向调压回路，如图 7-2 所示。图 7-2a 中，当换向阀在左位工作时，活塞为工作行程，泵出口由溢流阀 1 调定为较高压力，缸右腔油液通过换向阀回油箱，溢流阀 2 此时不起作用。当换向阀如图示在右位工作时，缸做空行程返回，泵出口由溢流阀 2 调定为较低压力，阀 1 不起作用。缸退抵终点后，泵在低压下回油，功率损耗小。

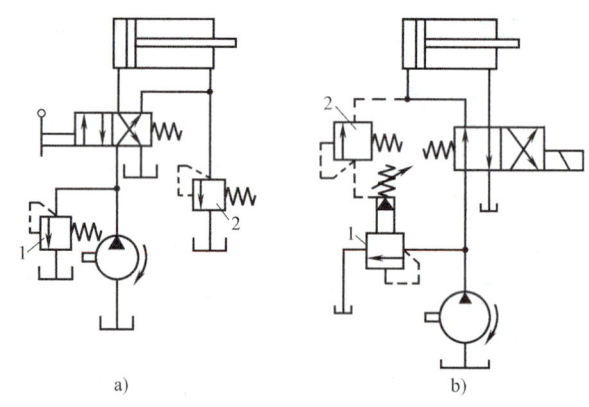

图 7-2　双向调压回路
1—调压值较高的溢流阀　2—调压值较低的溢流阀

图 7-2b 所示回路在图示位置时，阀 2 的出口为高压油封闭，即阀 1 的远控口被堵塞，故泵压由阀 1 调定为较高压力。当换向阀在右位工作时，液压缸左腔通油箱，压力为零，阀 2 相当于是阀 1 的远程调压阀，泵压被调定为较低压力。图 7-2b 所示回路的优点是：阀 2 工作中仅通过少量泄油，故可选用小规格的远程调压阀。

2. 多级调压回路

注塑机、液压机在不同的工作阶段，液压系统需要不同的压力。图7-3a所示为二级调压回路。在图示状态，泵出口由溢流阀调定为较高压力；电磁阀通电后，则由远程调压阀2调定为较低压力。图7-3b所示为三级调压回路。图示状态时，泵出口由阀1调定为最高压力（若阀4采用H型中位机能的电磁阀，则此时泵卸荷，即为最低压力）；当换向阀4的左、右电磁铁分别通电时，泵压由远程调压阀2或3调定。

需要强调：在图7-3a或b中，为了获得多级压力，阀2或阀3的调定压力必须小于本回路中阀1的调定压力值。

二、卸荷回路（卸载回路）

在液压设备短时间停止工作期间，一般不宜关闭电动机，因频繁启闭对电动机和泵的寿命有严重影响。但若让泵在溢流阀调定压力下回油，又造成很大的能量浪费，使油温升高，系统性能下降。为此应设置卸荷回路解决上述矛盾。

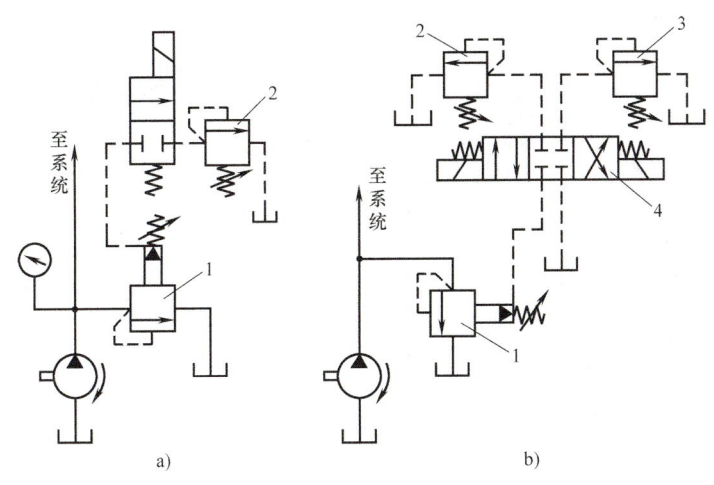

图7-3 多级调压回路
1—先导溢流阀 2、3—远程调压阀 4—换向阀

所谓卸荷，即泵的功率损耗接近于零的运动状态。功率为流量与压力之积，两者任一近似为零，功率损耗即近似为零，故卸荷有流量卸荷和压力卸荷两种方法。流量卸荷法用于变量泵，一般变量泵当工作压力高到某数值（例如限压式变量叶片泵在截止压力下运转）时，输出流量为零，所以O型机能三位换向阀处于中位时，变量泵便处于卸荷状态。此法简单，但泵处于高压状态，磨损比较严重；压力卸荷法是使泵在接近零压下工作。常见的压力卸荷回路有下述几种：

1. 换向阀卸荷回路

M、H和K型中位机能的三位换向

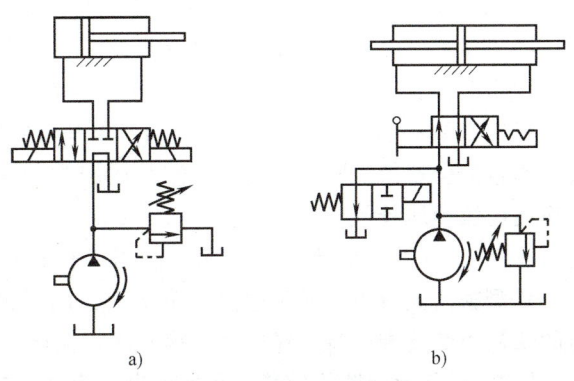

图7-4 换向阀卸荷回路

阀处于中位时，泵即卸荷，如图 7-4a 所示。图 7-4b 所示为利用二位二通阀旁路卸荷。两法均较简单，但换向阀切换时会产生液压冲击，仅适用于低压、流量小于 40L/min 处，且配管应尽量短。若将图 7-4a 所示的换向阀改为装有换向时间调节器的电液换向阀，则可用于流量较大的系统，卸荷效果将是很好的（注意，此时泵的出口或换向阀回油口应设置背压阀，以便系统能重新起动）。

2. 电磁溢流阀卸荷回路

流量较大时采用先导型溢流阀实现卸荷的方法性能较好，其原理已在第五章中述及。此回路若采用电磁溢流阀（图 7-5），管路连接可更简便。电磁溢流阀中的电磁换向阀可以是二位二通阀或二位四通阀。根据二位阀常态位的通断情况，常态时泵可卸荷或不卸荷；通过二位阀的泄油可作外部泄油（泄油单独通油箱）或内部泄油（泄油由阀内接通溢流阀的回油腔）。图 7-5 只示出了其中的两种情况。

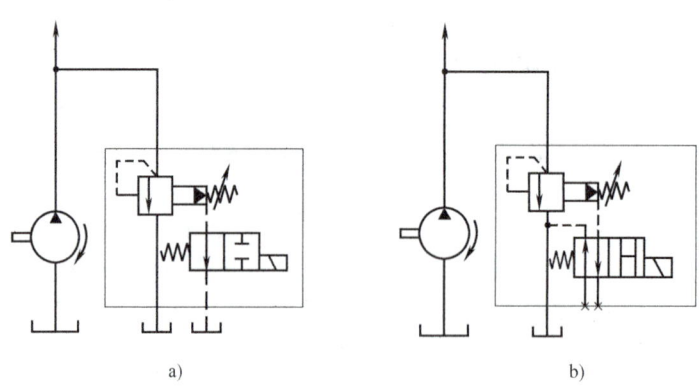

图 7-5 电磁溢流阀卸荷回路

3. 二通插装阀卸荷回路

二通插装阀通流能力大，由它组成的卸荷回路适用于大流量系统。如图 7-6 所示的回路，正常工作时，泵压由先导阀 B 调定。当先导阀 C 通电后，主阀上腔接通油箱，主阀口完全打开，泵即卸荷。

三、释压回路（卸压回路）

液压系统在工作过程中（例如机床工进或液压机保压压制）储存了一定的能量，使油液压缩，机械部分产生弹性变形，若迅速改变运动状态则会产生液压冲击。对于液压缸直径大于 25cm、压力大于 7MPa 的液压系统，通常需设置释压回路，使液压缸高压腔中的压力能在换向前缓慢地释放。

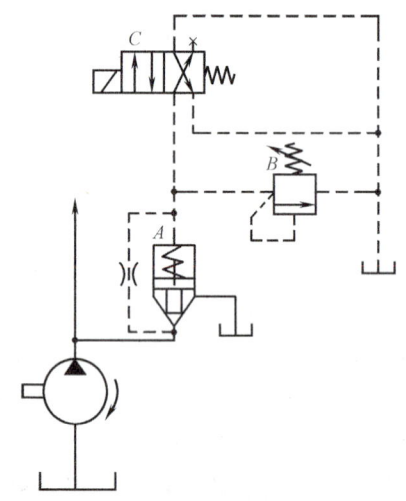

图 7-6 二通插装阀卸荷回路

图 7-7a 所示为节流阀释压回路。当工作行程结束后，M 型换向阀首先切换至中位使泵卸荷；同时液压缸上腔的高压油通过节流阀释压，释压的快慢由节流阀调节。释压后，换向阀切换至左位，活塞上升。

图 7-7b 所示回路能使释压和换向自动完成。工作行程结束后，换向阀先切换至中位使

泵卸荷，同时缸上腔通过节流阀释压。当压力降至压力继电器调定的压力时，微动开关复位发出信号，使换向阀切换至右位，压力油打开液控单向阀，液压缸上腔回油，活塞上升。

图7-7c所示为溢流阀释压回路。工作行程结束后，换向阀先切换至中位使泵卸荷；同时，溢流阀的外控口通过节流阀和单向阀通油箱，因而溢流阀开启使缸上腔释压。调节节流阀即可调节溢流阀的开启速度，也就调节了缸的释压速度。溢流阀的调定压力应大于系统的最高工作压力，因此溢流阀也起安全阀的作用。

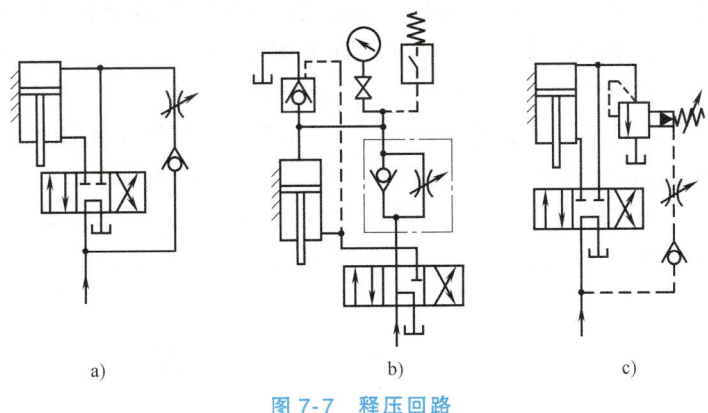

图7-7 释压回路

四、保压回路

液压缸在工作循环的某一阶段，若需要保持一定的工作压力，就应采用保压回路。在保压阶段，液压缸没有运动，最简单的办法是用一个密封性能好的单向阀来保压。但是这种办法保压时间短，压力稳定性不高。由于此时液压泵常处于卸荷状态（为了节能）或给其他液压缸供应一定压力的工作油液，为补偿保压缸的泄漏和保持其工作压力，可在回路中设置蓄能器。下面列举几个典型的蓄能器保压回路。

1. 泵卸荷的保压回路

如图7-8所示的回路，当主换向阀在左位工作时，液压缸前进压紧工件，进油路压力升高，压力继电器发出信号使二通阀通电，泵即卸荷，单向阀自动关闭，液压缸则由蓄能器保压。缸压不足时，压力继电器复位使泵重新工作。保压时间取决于蓄能器容量，调节压力继电器的通断调节区间即可调节缸压力的最大值和最小值。

2. 多缸系统一缸保压的回路

多缸系统中负载的变化不应影响保压缸内压力的稳定。如图7-9所示的回路中，进给缸快进时，泵压下降，但单向阀3关闭，把夹紧油路和进给油路隔开。蓄能器4用来给夹紧缸保压并补偿泄漏。压力继电器5的作用是在夹紧缸压力达到预定值时发出电信号，使进给缸动作。

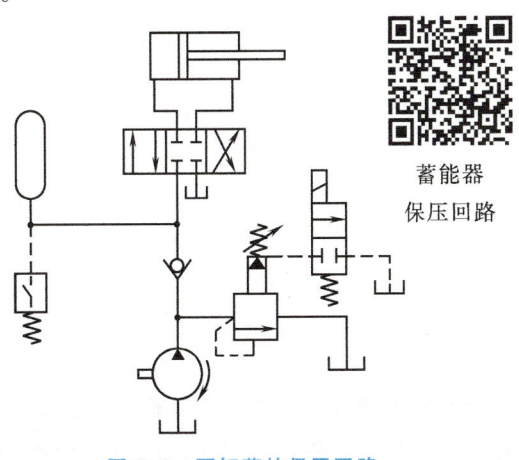

图7-8 泵卸荷的保压回路

五、增压回路

增压回路可以提高系统中某一支路的工作压力，以满足局部工作机构的需要。采用了增压回路，系统的整体工作压力仍然较低，这样就可以节省能源消耗。

1. 单作用增压器的增压回路

增压器实际上是由活塞缸和柱塞缸（或小活塞缸）组成的复合缸（见图 7-10 中件 4），它利用活塞和柱塞（或小活塞）有效面积的不同使液压系统中的局部区域获得高压。显然，在不考虑摩擦损失与泄漏的情况下，单作用增压器的增压倍数（增压比）等于增压器大小两腔有效面积之比。在图 7-10 所示的回路中，当阀 1 在左位工作时，压力油经阀 1、6 进入工作缸 7 的上腔，下腔经顺序阀 8 和阀 1 回油，活塞下行。当负载增加使油压升高到顺序阀 2 的调定值时，阀 2 的阀口打开，压力油即经阀 2、阀 3 进入增压器 4 的左腔，推动增压活塞右行，增压器右腔便输出高压油进入工作缸 7。调节顺序阀 2，可以调节工作缸上腔在非增压状态下的最大工作压力。调节减压阀 3，可以调节增压器的最大输出压力。

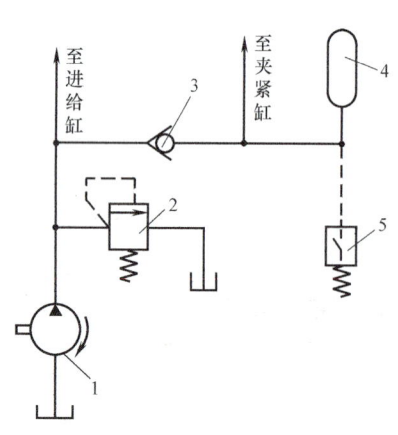

图 7-9 多缸系统一缸保压的回路

1—泵 2—溢流阀 3—单向阀 4—蓄能器 5—压力继电器

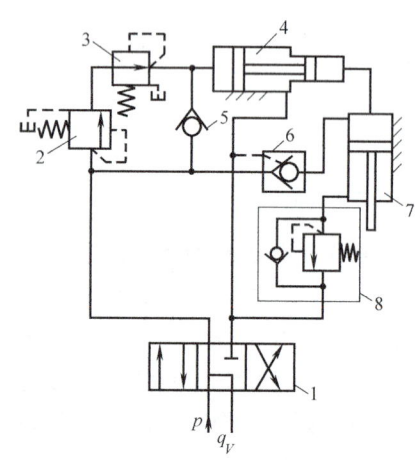

图 7-10 单作用增压器的增压回路

1—换向阀 2—顺序阀 3—减压阀 4—增压器 5—单向阀 6—液控单向阀 7—工作缸 8—单向顺序阀

2. 双作用增压器的增压回路

单作用增压器只能断续供油，若需获得连续输出的高压油，可采用图 7-11 所示的双作用增压器连续供油的增压回路。图示位置，液压泵压力油进入增压器左端大、小油腔，右端大油腔的回油通油箱，右端小油腔增压后的高压油经单向阀 4 输出，此时单向阀 1、3 被封闭。当活塞移到右端时，二位四通换向阀的电磁铁通电，油路换向后，活塞反向左移。同理，左端小油腔输出的高压油通过单向阀 3 输出。这样，增压器的活塞不断往复运动，两端便交替输出高压油，从而实现了连续增压。

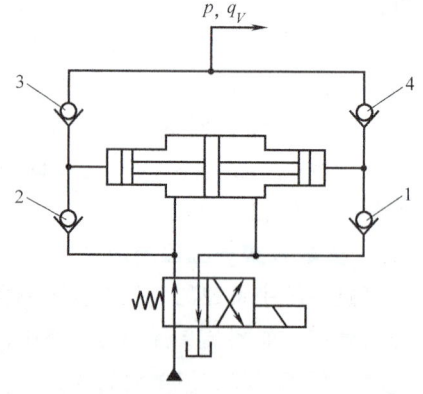

图 7-11 双作用增压器的增压回路

1、2、3、4—单向阀

六、减压回路

定位、夹紧、分度、控制油路等支路往往需要稳定的低压,为此,该支路只需串接一个减压阀即可。图 7-12 所示为用于工件夹紧的减压回路。通常减压阀后要设单向阀,以防系统压力降低时(例如另一缸空载快进)油液倒流,并可短时保压。图示状态,夹紧压力由阀 1 调定;当二通阀通电后,夹紧压力则由远程调压阀 2 决定,故此回路为二级减压回路。若系统只需一级减压,可取消二通阀与阀 2,并堵塞阀 1 的外控口。若取消二通阀,阀 2 用直动式比例溢流阀取代,根据输入信号的变化,便可获得无级或多级的稳定低压。有时反向无需减压,可用单向减压阀取代,但此时,则要将单向减压阀置于换向阀与夹紧缸之间,否则不起作用。

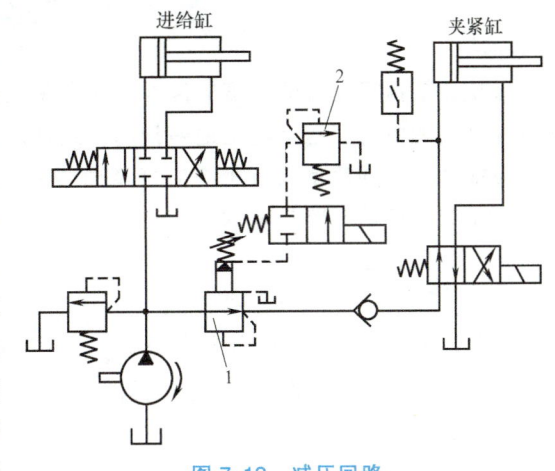

图 7-12 减压回路
1—减压阀 2—远程调压阀

为使减压回路可靠地工作,其最高调整压力应比系统压力低出一定的数值,例如中高压系列减压阀约为 1MPa(中低压系列约为 0.5MPa),否则减压阀不能正常工作。当减压支路的执行元件速度需要调节时,节流元件应装在减压阀的出口。因为减压阀起作用时,有少量泄油从先导阀流回油箱,节流元件装在出口,可避免泄油对节流元件调定的流量产生影响。减压阀出口压力若比系统压力低得很多,会增加功率损失和导致系统升温,必要时可用高低压双泵分别供油。

七、平衡回路

为了防止立式液压缸及其工作部件在悬空停止期间因自重而自行下滑,或在下行运动中由于自重而造成失控超速的不稳定运动,可设置平衡回路。

在垂直放置的液压缸的下腔串接一单向顺序阀可防止液压缸因自重而自行下滑(见第五章顺序阀应用举例)。由于活塞下行时有较大的功率损失,为此可采用外控单向顺序阀,如图 7-13a 所示。活塞下行时,来自进油路、并经节流阀的控制压力油打开顺序阀,背压较小,提高了回路效率。但由于顺序阀的泄漏,运动部件在悬停过程中总要缓慢下降。对要求停止位置准确或停留时间较长的液压系统,可采用图 7-13b 所示的液控单向阀平衡回路。在图 7-13b 中,节流阀的设置是必要的。若无此阀,则运动部件下行时会因自

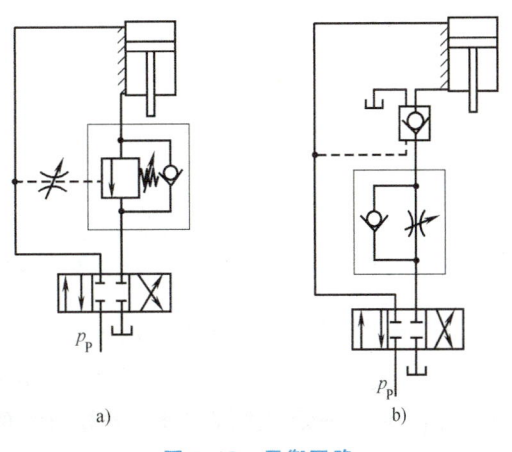

图 7-13 平衡回路

重而超速运动，缸上腔出现真空，致使液控单向阀关闭，待压力重建后才能再打开，这会造成下行运动时断时续和强烈振动的现象。

第三节　速度控制回路

液压系统执行元件的速度应能在一定范围内加以调节（调速回路）；由空载进入加工状态时速度要能由快速运动稳定地转换为工进速度（速度换接回路）；为提高效率，空载快进速度应能超越泵的流量而有所增加（增速回路）。机械设备，特别是机床，对调速性能有较高的要求，故调速回路是本章的重点。

一、调速回路

对公式 $v=q_V/A$ 和 $n=q_V/V$ 进行分析，工作中面积 A 改变较难，故合理的调速途径是改变流量 q_V（用流量阀或用变量泵）和使用排量 V 可变的变量马达。据此调速回路有节流调速、容积调速和容积节流调速三种。对调速的要求是调速范围大、调好后的速度稳定性好和效率高。

（一）节流调速回路

它用定量泵供油，用节流阀或调速阀改变进入执行元件的流量使之变速。根据流量阀在回路中的位置不同，分为进油节流调速、回油节流调速和旁路节流调速三种回路。

1. 进油节流调速回路

在执行元件的进油路上串接一个流量阀即构成进油节流调速回路。图 7-14a 所示为采用节流阀的液压缸进油节流调速回路。泵的供油压力由溢流阀调定，调节节流阀的开口，改变进入液压缸的流量，即可调节缸的速度。泵多余的流量经溢流阀回油箱，故无溢流阀则不能调速。

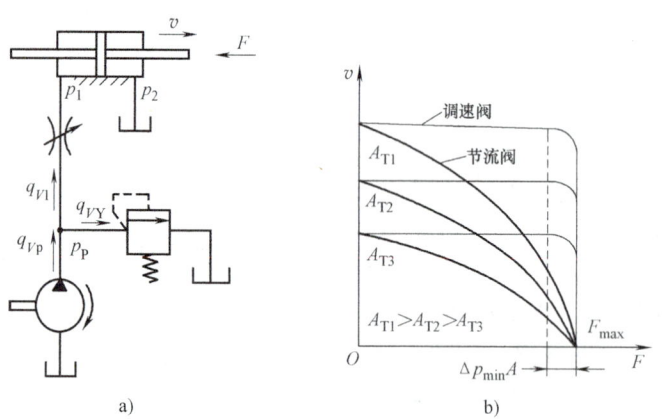

图 7-14　进油节流调速回路
a) 回路图　b) 速度负载特性曲线

（1）速度负载特性　缸在稳定工作时，其受力平衡方程式是

$$p_1 A = F + p_2 A$$

式中　p_1、p_2——分别为缸的进油腔和回油腔压力，由于回油腔通油箱，故 p_2 可视为零；

　　　F、A——分别为缸的负载和有效工作面积。

第七章 液压回路

所以
$$p_1 = \frac{F}{A}$$

泵的供油压力 p_p 由溢流阀调定为恒值，故节流阀两端的压差为
$$\Delta p = p_p - p_1 = p_p - \frac{F}{A}$$

由式（2-37）知，经节流阀进入液压缸的流量为
$$q_{V1} = CA_T \Delta p^\varphi = CA_T \left(p_p - \frac{F}{A}\right)^\varphi$$

故液压缸的速度为
$$v = \frac{q_{V1}}{A} = \frac{CA_T}{A}\left(p_p - \frac{F}{A}\right)^\varphi \tag{7-1}$$

式（7-1）即为本回路的速度负载特性方程。由该式可见，液压缸速度 v 与节流阀通流面积 A_T 成正比。调节 A_T 可实现无级调速，这种回路的调速范围较大。当 A_T 调定后，速度随负载的增大而减小，故这种调速回路的速度负载特性较"软"。

若按式（7-1）选用不同的 A_T 值作 v-F 坐标曲线图，可得一组曲线，即为本回路的速度负载特性曲线，如图 7-14b 所示。速度负载特性曲线表明速度随负载变化的规律，曲线越陡，说明负载变化对速度的影响越大，即速度刚度低。由速度负载特性曲线可知，当节流阀通流面积 A_T 不变时，轻载区域比重载区域的速度刚度高；在相同负载下工作时，节流阀通流面积小的比大的速度刚度高，即速度低时速度刚度高。

（2）最大承载能力 由图 7-14b 还可见到，三条（多条也一样）特性曲线汇交于横坐标轴上的一点，该点对应的 F 值即为最大负载。这说明最大承载能力 F_{max} 与速度调节无关。因最大负载时缸停止运动，令式（7-1）为零，得 F_{max} 值为
$$F_{max} = p_p A \tag{7-2}$$

（3）功率和效率 液压泵的输出功率值为
$$P_p = p_p q_{Vp} = 常量$$

液压缸的输出功率为
$$P_1 = Fv = F\frac{q_{V1}}{A} = p_1 q_{V1}$$

回路的功率损失为
$$\Delta P = P_p - P_1 = p_p q_{Vp} - p_1 q_{V1} = p_p(q_{V1} + q_{VY}) - (p_p - \Delta p)q_{V1} = p_p q_{VY} + \Delta p q_{V1}$$

式中 q_{VY}——通过溢流阀的溢流量，$q_{VY} = q_{Vp} - q_{V1}$；

Δp——节流阀两端的压差。

由上式可知，这种调速回路的功率损失由两部分组成，即溢流损失 $\Delta P_Y = p_p q_{VY}$ 和节流损失 $\Delta P_T = \Delta p q_{V1}$。

回路的效率为
$$\eta = \frac{P_1}{P_p} = \frac{Fv}{p_p q_{Vp}} = \frac{p_1 q_1}{p_p q_{Vp}} \tag{7-3}$$

由于存在两部分功率损失，故这种调速回路的效率较低。有资料表明，当负载恒定或变化很小时，$\eta = 0.2 \sim 0.6$；当负载变化较大时，回路的最高效率 $\eta_{max} = 0.385$。机械加工设备

常有快进—工进—快退的工作循环，工进时泵的大部分流量溢流，回路效率极低，而低效率导致温升和泄漏增加，进一步影响了速度稳定性和效率。回路功率越大，问题越严重。

可见，进油节流调速回路适用于轻载、低速、负载变化不大和对速度稳定性要求不高的小功率液压系统。

2. 回油节流调速回路

在执行元件的回油路上串接一个流量阀，即构成回油节流调速回路。图 7-15 所示为采用节流阀的液压缸回油节流调速回路。用节流阀调节缸的回油流量，也就控制了进入液压缸的流量，实现了调速。

重复式（7-1）的推求步骤，可以得出本回路的速度负载特性方程。只是此时背压 $p_2 \neq 0$，且节流阀两端压差 $\Delta p = p_2$，而缸的工作压力 p_1 等于泵压 p_p。所得结果与式（7-1）相同。可见进、回油节流调速回路有相同的速度负载特性，进油节流调速回路的前述一切结论都适用于本回路。

以上两回路的不同点是：

1）回油节流调速回路的节流阀使液压缸回油腔形成一定的背压，因而能承受一定的负值负载，并提高了缸的速度平稳性。

2）进油节流调速回路较易实现压力控制。因为当工作部件在行程终点碰到固定挡块（或压紧工件）以

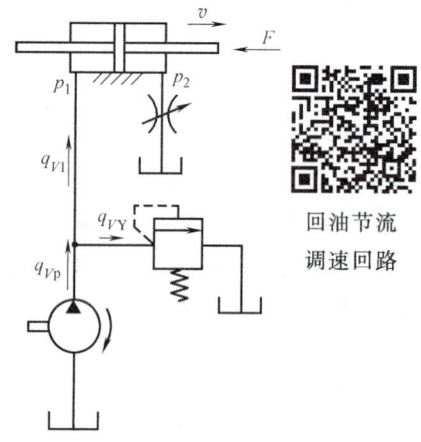

图 7-15　回油节流调速回路

后，缸的进油腔油压会立即上升到某一数值，利用这个压力变化，可使并接于此处的压力继电器发出电气信号，对系统的下一步动作（例如另一液压缸的运动）实现控制。而在回油节流调速时，进油腔压力没有变化，不易实现压力控制。虽然在工作部件碰固定挡块后，缸的回油腔压力下降为零，可以利用这个变化值使压力继电器实现降压发信，但电气控制线路比较复杂，且可靠性也不高。

3）若回路使用单杆缸，无杆腔进油流量大于有杆腔回油流量，故在缸径、缸速相同的情况下，进油节流调速回路的流量阀开口较大，低速时不易阻塞。因此，进油节流调速回路能获得更低的稳定速度。

为了提高回路的综合性能，实践中常采用进油节流调速回路，并在回油路加背压阀（用溢流阀、顺序阀或装有硬弹簧的单向阀串接于回油路上），因而兼具了两回路的优点。

3. 旁路节流调速回路

将流量阀安放在与执行元件并联的旁油路上，即构成旁路节流调速回路。图 7-16a 所示为采用节流阀的旁路节流调速回路。节流阀调节了泵溢回油箱的流量，从而控制了进入缸的流量。调节节流阀开口，即实现了调速。由于溢流已由节流阀承担，故溢流阀用作安全阀，常态时关闭，过载时打开，其调定压力为回路最大工作压力的 1.1~1.2 倍，故泵压 p_p 不再恒定，它与缸的工作压力相等，直接随负载变化，且等于节流阀两端压差，即 $p_p = p_1 = \Delta p = \dfrac{F}{A}$。

（1）速度负载特性　重复式（7-1）的推导步骤，可得本回路的速度负载方程。特殊点主要是进入缸的流量 q_{V1} 为泵的流量 q_{Vp} 与节流阀溢走的流量 q_{VT} 之差，而且泵流量中应计

入泵的泄漏流量 $\Delta q_{V\mathrm{p}}$（缸、阀的泄漏相对于泵可以忽略）。这是因为本回路中泵压随负载变化，泄漏正比于压力也是变量（前两回路皆为常量），对速度产生了附加影响，故

$$q_{V1} = q_{V\mathrm{p}} - q_{V\mathrm{T}} = (q_{V\mathrm{tp}} - \Delta q_{V\mathrm{p}}) - q_{V\mathrm{T}} = (q_{V\mathrm{tp}} - k_l p_\mathrm{p}) - CA_\mathrm{T} \Delta p^\varphi = q_{V\mathrm{tp}} - k_l \left(\frac{F}{A}\right) - CA_\mathrm{T} \left(\frac{F}{A}\right)^\varphi$$

式中　$q_{V\mathrm{tp}}$——泵的理论流量；

　　　k_l——泵的泄漏系数。

故液压缸的工作速度为

$$v = \frac{q_{V1}}{A} = \frac{q_{V\mathrm{tp}} - k_l \left(\dfrac{F}{A}\right) - CA_\mathrm{T} \left(\dfrac{F}{A}\right)^\varphi}{A} \tag{7-4}$$

根据式（7-4）选取不同的 A_T 值作图，可得一组速度负载特性曲线，如图 7-16b 所示。由曲线可见，负载变化时速度变化较上两回路更为严重，即特性很软，速度稳定性很差。同时，由曲线还可看出，本回路在重载高速时的速度刚度较高，这与上两回路恰好相反。

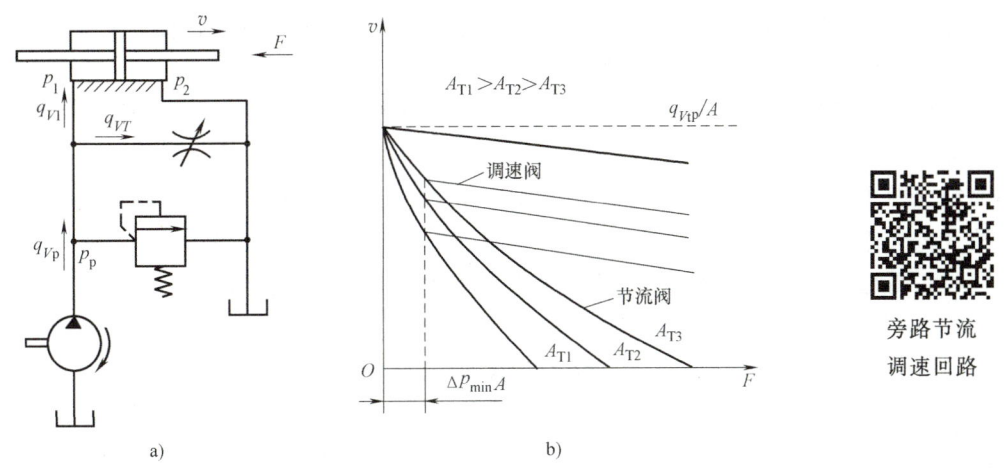

图 7-16　旁路节流调速回路

a）回路图　b）速度负载特性曲线

（2）最大承载能力　图 7-16b 中的三条曲线在横坐标轴上并不汇交，最大承载能力随节流口 A_T 的增加而减小，即旁路节流调速回路的低速承载能力很差，调速范围也小。

（3）功率与效率　旁路节流调速回路只有节流损失而无溢流损失；泵压直接随负载变化，即节流损失和输入功率随负载而增减，不像上两回路泵压为恒定值，因此，本回路的效率较高。

本回路的速度负载特性很软，低速承载能力又差，故其应用比前两种回路少，只用于高速、重载、对速度平稳性要求很低的较大功率的系统，如牛头刨床主运动系统、输送机械液压系统等。

4. 采用调速阀的节流调速回路

采用节流阀的节流调速回路在负载变化时，缸速随节流阀两端压差变化，故速度平稳性差。若用调速阀代替节流阀，则速度平稳性便大为改善。因为只要调速阀两端的压差超过它的最小压差 Δp_min 值，通过调速阀的流量便不随压差而变化。资料表明，进油和回油节流调

速回路采用调速阀后,速度波动量不超过±4%。旁路调速回路则因泵的泄漏,性能虽差一些,但速度随负载增加而下降的现象已大为减轻,承载能力低和调速范围小的问题也随之得到解决。采用调速阀和节流阀的速度负载特性对比见图 7-14b 和图 7-16b。

在采用调速阀的调速回路中,虽然解决了速度稳定性问题,但由于调速阀中包含了减压阀和节流阀的损失,并且同样存在着溢流阀损失,故此回路的功率损失比节流阀调速回路还要大些。

(二) 容积调速回路

节流调速回路效率低、发热量大,只适用于小功率系统。而采用变量泵或变量马达的容积调速回路,因无节流损失或溢流损失,故效率高,发热量小。容积调速回路适用于工程机械、矿山机械、农业机械和大型机床等大功率液压系统。

容积调速的油路按油液循环方式的不同,分为开式油路和闭式油路两种。开式油路即通过油箱进行油液循环的油路(前述回路皆开式油路),即泵从油箱吸油,执行元件的回油仍返回油箱。开式油路的优点是油液在油箱中便于沉淀杂质和析出气体,并得到良好的冷却;主要缺点是空气易侵入油液,致使运动不平稳,并产生噪声,闭式油路无油箱这一中间环节,泵吸油口和执行元件回油口直接连接,油液在系统内封闭循环。这样,油气隔绝,结构紧凑,运行平稳,噪声小;缺点是散热条件差。

容积调速回路无溢流,这是构成闭式油路的必要条件。为了补偿泄漏以及由于执行元件进、回油腔面积不等所引起的流量之差,闭式油路需设辅助泵,与之配套还设一溢流阀和一小油箱(图 7-18)。辅助泵低压补油还起到防止空气侵入、改善主泵吸油条件、强迫系统内热油(因元件有压力损失)与小油箱中冷油进行一定程度热交换的作用。

容积调速回路按所用执行元件的不同分为泵-缸式和泵-马达式两类。

1. 泵-缸式容积调速回路

回路组成如图 7-17a 所示。该回路为开式油路,但也可采用闭式油路。改变变量泵 1 的排量即可调节活塞速度。2 为安全阀,回路最大压力由它限定。6 为背压阀。单向阀 3 用来防止系统停机时油液经泵倒流入油箱和空气进入系统。活塞速度为

$$v = \frac{q_{Vtp} - k_l \left(\dfrac{F}{A}\right)}{A} \tag{7-5}$$

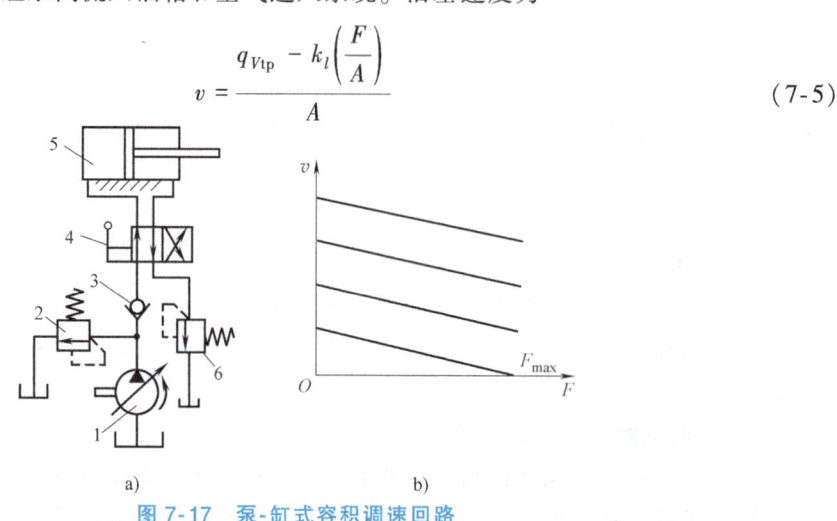

图 7-17 泵-缸式容积调速回路
a) 回路图 b) $v\text{-}F$ 特性曲线
1—变量泵 2—安全阀 3—单向阀 4—换向阀 5—液压缸 6—背压阀

式中各物理量代号的意义同前。据式（7-5）选取不同的 q_{Vtp} 值作图，可得一组平行曲线如图 7-17b 所示。可见，由于变量泵泄漏较大，且随压力直线上升，仍存在速度负载特性较软和低速承载能力较差的问题。若令式（7-5）为零，则可得其 q_{Vtp} 下的最大负载 $F_{max}=q_{Vtp}A/k_l$，此时泵的流量已全部泄漏。本回路受此限制，致使调速范围不大。

本回路在推土机、升降机、插床、拉床等大功率的系统中得到应用。

2. 泵-马达式容积调速回路

泵-马达式容积调速回路有三种形式，即变量泵-定量马达式、定量泵-变量马达式和变量泵-变量马达式，下面分别作简要介绍。

(1) 变量泵-定量马达式容积调速回路 如图 7-18 所示，此回路采用了闭式油路。5 为安全阀，1 为补油辅助泵，其输出低压补油由溢流阀 2 调定。变量泵 4 输出的流量全部进入定量马达 6。

若不计损失，马达的转速 $n_M=q_{Vp}/V_M$。因马达的排量 V_M 为定值，故调节变量泵的流量 q_{Vp} 即可对马达的转速 n_M 进行调节。

同样，在不计损失的条件下，马达的输出转矩 $T=p_pV_M/2\pi$，功率 $P=p_pV_Mn_M$。

(2) 定量泵-变量马达式容积调速回路 图 7-19 所示为回路的组成。根据式 $n_M=q_{Vp}/V_M$，因泵 4 的供油流量 q_{Vp} 为定值，故调节变量马达 6 的排量 V_M，便可对自身的转速 n_M 进行调节。

本回路的调速范围甚小。因过小地调节 V_M 值，则输出转矩 T 将降至很小值，以致带不动负载，造成马达"自锁"现象，故这种调速回路很少单独使用。

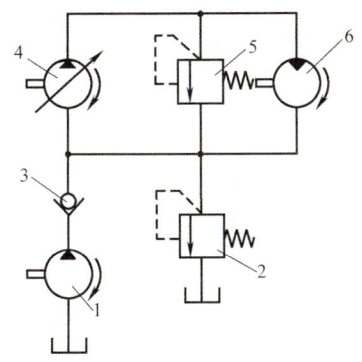

图 7-18 变量泵-定量马达式容积调速回路
1—辅助泵 2—溢流阀 3—单向阀
4—变量泵 5—安全阀 6—定量马达

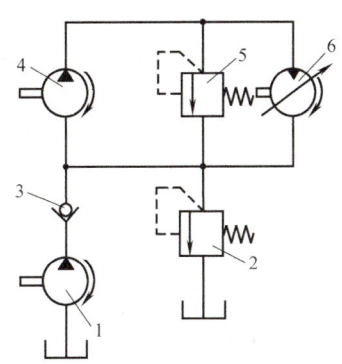

图 7-19 定量泵-变量马达式容积调速回路
1—辅助泵 2—溢流阀 3—单向阀
4—定量泵 5—安全阀 6—变量马达

(3) 变量泵-变量马达式容积调速回路 图 7-20 所示为采用双向变量泵和双向变量马达的容积调速回路。变量泵 4 正向或反向供油，马达 7 即正向或反向旋转。单向阀 3 和 5 用于使辅助泵 1 能双向补油；单向阀 6 和 8 使安全阀 9 在两个方向都能起过载保护作用。

调节泵或马达的排量均可调节马达转速，故扩大了调速范围，也扩大了对马达转矩和功率输出特性的选择，即工作部件对转矩和功率上的要求可通过对二者排量的适当调节来达到。例如，一般机械设备低速时要求有大转矩以顺利起动；高速时则要求有恒功率输出，以不同的转矩和转速组合进行工作。这时应分两步调节转速：第一步，把马达排量 V_M 固定在最大值上（相当于定量马达），自小到大调节泵的排量 V_p，提高马达转速。第二步，把泵的排量 V_p 固定在最大值上（相当于定量泵），自大到小调节马达的排量 V_M，进一步提高马达转速。

（三）容积节流调速（联合调速）回路

容积调速虽然效率高，发热量小，但仍存在速度负载特性软的问题。尤其在低速时，泄漏在总流量中所占的比例增加，问题就更突出。在低速稳定性要求高的场合（如机床进给系统中），常采用容积节流调速回路，即采用变量泵和流量控制阀联合调节执行元件的速度。

容积节流调速回路的特点是：变量泵的供油量能自动接受流量阀的调节并与之吻合，故无溢流损失，效率较高；进入执行元件的流量与负载变化无关，且能自动补偿泵的泄漏，故速度稳定性高；但回路有节流损失，故效率较容积调速回路要低一些。此外，回路与其他元件配合容易实现快进—工进—快退的动作循环。

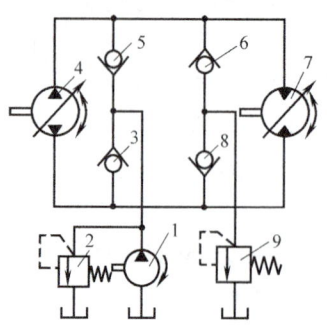

图 7-20　变量泵-变量马达式
容积调速回路
1—辅助泵　2—溢流阀
3、5、6、8—单向阀　4—变量泵
7—变量马达　9—安全阀

1. 定压式容积节流调速回路

图 7-21a 所示为定压式容积节流调速回路，其中 1 为限压式变量叶片泵，6 为背压阀。调速阀 2 亦可放在回油路上，但对单杆缸，为获得更低的稳定速度，应放在进油路上。空载时，泵以最大流量进入液压缸使其快进。进入工进时，电磁阀 3 应通电使其所在油路断开，使压力油经过调速阀流往液压缸。工进结束后，压力继电器 5 发信，使阀 3 和主换向阀 4 换向，调速阀再被短接，缸快退。现对工进时的联合调速原理加以说明。

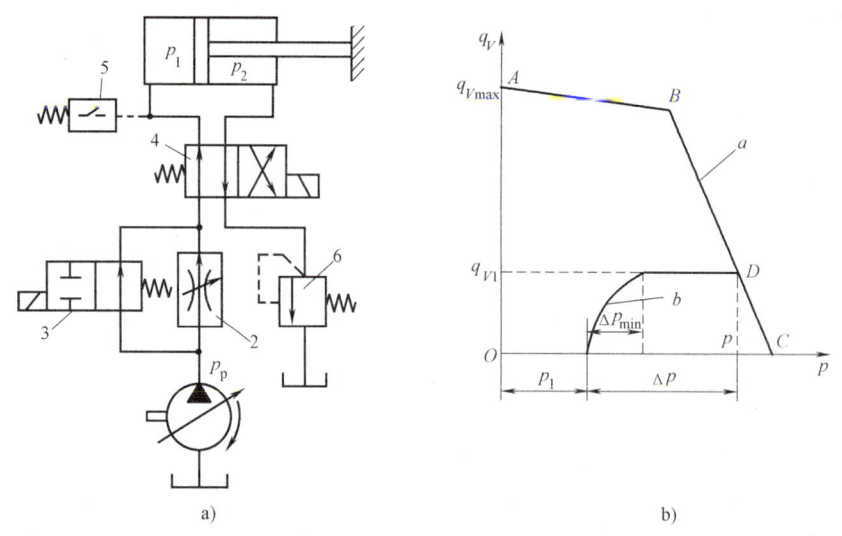

图 7-21　定压式容积节流调速回路
a）回路图　b）调速特性曲线
1—限压式变量叶片泵　2—调速阀　3、4—电磁阀　5—压力继电器　6—背压阀

当回路处于工进阶段时，液压缸的运动速度由调速阀中节流阀的通流面积 A_T 来控制。变量泵的输出流量 q_{Vp} 和进入缸的流量 q_{V1} 能够自相适应，即当 $q_{Vp} > q_{V1}$ 时，泵的出口压力便

上升，通过压力反馈作用，使泵的流量自动减小到 $q_{Vp} \approx q_{V1}$；反之，当 $q_{Vp} < q_{V1}$ 时，泵出口压力下降，又会使其流量自动增大到 $q_{Vp} \approx q_{V1}$。可见调速阀在这里的作用不仅是使进入液压缸的流量保持恒定，而且还使泵的输出流量保持相应的恒定值，从而使泵和缸的流量匹配。

图 7-21b 示出了这种回路的调速特性。图中曲线 a 是限压式变量叶片泵的流量-压力特性曲线，曲线 b 是回路工作中调速阀在某一开口 A_T（对应流量为 q_{V1}）下通过流量与两端压差的关系曲线，二曲线的交点 D 即为回路的工作点。调节调速阀的开口量 A_T，D 点的位置随即变换。但当 A_T 与泵的工作曲线调定后，D 点即为一固定点，泵压 p_p 和进入缸的流量 q_{V1} 即为定值，它不受负载变化的影响，故此回路的速度负载特性很硬，速度稳定性很高。因本回路的泵压 p_p 为一定值，故称定压式容积节流调速回路。

若负载变化且较多时间在轻载下工作时，缸压 p_1 因负载减小而下降为较小值，图 7-21b 中的曲线 b 便左移，调速阀两端压降 Δp 增大，造成较大的节流损失；再加变量泵本身泄漏较大，特别是在低速情况下，此时泵的供油流量 $q_{Vp} = q_{V1}$ 很小，而对应的压力 p_p 很大，泄漏增加，泄漏量在 q_{Vp} 中的比重增大，使系统的效率严重下降。故当本回路用于低速、变载，且轻载时间较长的场合，其效率是很低的。

本回路多用于机床进给系统。在实际使用中，须合理调整限压式变量叶片泵的特性曲线，除使定量段曲线（线段 AB）的位置能满足液压缸快进的流量需要外，还应使变量段曲线（线段 BC）的位置能保证 Δp 值大于调速阀两端的最小压差 $\Delta p_{\min}$。否则，工进时曲线 b 将工作在非直线段，当负载变化引起曲线 b 左右移动时，D 点就不再固定不变，缸的速度也就不能保持稳定。显然，当负载为最大值时，使 $\Delta p = \Delta p_{\min}$，是泵特性曲线调整得最为合适的情况。

2. 变压式容积节流调速回路

回路组成如图 7-22 所示。回路中采用叶片式（或柱塞式）稳流量泵，其定子左右各有一控制缸，左缸柱塞与右缸活塞杆的直径相等。泵的出口连一节流阀，并由泵体内的孔道连通左缸和右缸有杆腔。右缸的无杆腔则通过管道与节流阀后端相连。在图示状态下，泵的输出流量经二通阀进入液压缸。因节流阀两端压差为零，A、B 和 C 各点等压，泵的定子在弹簧 R 的作用下，移到最左端，使其与转子间的偏心距 e 达到最大值，故泵输出最大流量，缸做快速运动。

二通阀断开后，回路即转入工作进给阶段，泵的供油经节流阀进入液压缸。此时节流阀控制着进入液压缸的流量 q_{V1}，并使泵的流量 q_{Vp} 自动与之相匹配。例如，一开始 $q_{Vp} > q_{V1}$，泵压 p_p 即升高，控

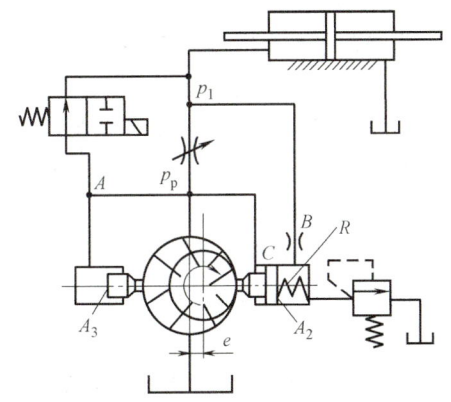

图 7-22 变压式容积节流调速回路

制缸向右的推力增大，便克服弹簧 R 的阻力推动定子右移，定子与转子间的偏心距 e 减小，q_{Vp} 下降，直到 $q_{Vp} = q_{V1}$ 为止。如因泄漏等原因使 $q_{Vp} < q_{V1}$，则定子左移使 q_{Vp} 增大。

此回路使用的是节流阀，但具有调速阀一样的性能，A_T 一经调定，其流量 q_{V1} 便基本稳定不变，不受负载变化的影响。这是因为回路的组成使节流阀两端压差 Δp 基本不变。这可由定子水平方向的受力平衡方程式予以证明

$$p_p A_1 + p_p (A_2 - A_1) = p_1 A_2 + F_s$$

$$\Delta p = p_p - p_1 = \frac{F_s}{A_2}$$

因为弹簧刚性小，工作中的伸缩量也很小，其力 F_s 基本恒定，故 Δp 近似为常数。

可见，当节流阀一经调定，回路进入缸的流量 q_{V1} 为定值，不受负载变化的影响，且有补偿泄漏的功能，故速度负载特性极好。当负载变化时，泵压 p_p 也随负载发生相应的变化，故称变压式容积节流调速回路。此回路克服了定压式回路的缺点，效率较高。适用于负载变化大、速度较低的中小功率系统。

二、增速回路

增速回路又称快速运动回路，其功用在于使执行元件获得必要的高速，以提高系统的工作效率或充分利用功率。增速回路因实现增速方法的不同而有多种结构方案，例如本书在前面实际上已经介绍过双泵供油增速回路（图 5-23c）、蓄能器供油增速回路（图 6-3）、变量泵供油增速回路（图 7-21a）等。下面仅介绍液压缸差动连接增速回路。

如图 7-23 所示回路，换向阀 1 和 3 在左位工作时，单杆液压缸差动连接作快进运动。当阀 3 通电时，差动连接即被切除，液压缸回油经过调速阀 2，实现工进。阀 1 切换至右位后，缸快退。

差动快进简单易行，得到普遍应用。但要注意此时阀和管道应按差动时的较大流量选用，否则压力损失过大，使溢流阀在快进时也开启，则无法实现差动。

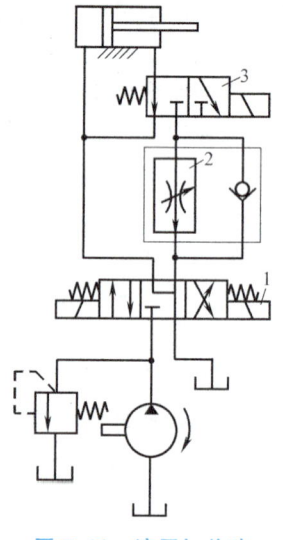

图 7-23 液压缸差动连接增速回路

1、3—换向阀 2—调速阀

三、速度换接回路

设备的工作部件在自动循环工作过程中，需要进行速度换接。例如，机床的二次进给工作循环为快进→第一次工进→第二次工进→快退，就存在着实现快速与慢速转换、由第一种慢速转换为第二种慢速的速度换接等要求。实现这些功能的回路应该具有较高的速度换接平稳性。

1. 快速与慢速的换接回路

能够实现快速与慢速换接的方法很多，前面提到的各种增速回路都可以使液压缸的运动实现快速与慢速换接。下面再介绍一种用行程阀的快慢速换接回路。

图 7-24 所示的回路在图示状态下，液压缸快进，当活塞所连接的工作部件挡块压下行程阀 4 时，行程阀关闭，液压缸右腔的油液必须通过节流阀 6 才能流回油箱，液压缸就由快进转换为慢速工进。当换向阀 2 的左位接入回路时，压力油经单向阀 5 进入液压缸右腔，活塞快速向左返回。这种回路的快慢速换接比较平稳，换接点的位置比较准确，缺点是行程阀的安装位置不能任意布置，管路连接较为复杂。若将行程阀改为电磁阀，则安装连接就比较方便了，但速度换接的平稳性和可靠性以及换接精度都不如前者。

2. 两种慢速的换接回路

图 7-25 所示为两调速阀串联的两工进速度换接回路。当阀 1 在左位工作且阀 3 断开时，控制阀 2 的通或断，使油液经调速阀 A 或既经 A 又经 B 才能进入液压缸左腔，从而实现第

一次工进或第二次工进。但阀 B 的开口需调得比 A 小，即二工进速度必须比一工进速度低；此外，二工进时油液经过两个调速阀，能量损失较大。

图 7-26a 所示为两调速阀并联的两工进速度换接回路。主换向阀 1 在左位或右位工作时，缸做快进或快退运动。当主换向阀 1 在左位工作时，并使阀 2 通电，根据阀 3 不同的工作位置，进油需经调速阀 A 或 B 才能进入缸内，便可实现第一次工进和第二次工进速度的换接。两个调速阀可单独调节，两速度互无限制。但一阀工作时另一阀无油液通过，后者的减压阀部分处于非工作状态，若该阀内无行程限位装置，此时减压阀口将完全打开，一旦换接，油液大量流过此阀，缸会出现前冲现象。若将两调速阀如图 7-26b 所示方式并联，则不会发生液压缸前冲的现象。

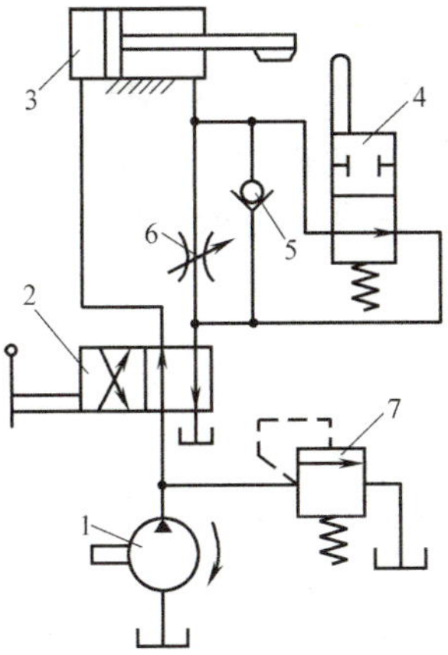

图 7-24 用行程阀的速度换接回路
1—泵 2—换向阀 3—液压缸 4—行程阀
5—单向阀 6—节流阀 7—溢流阀

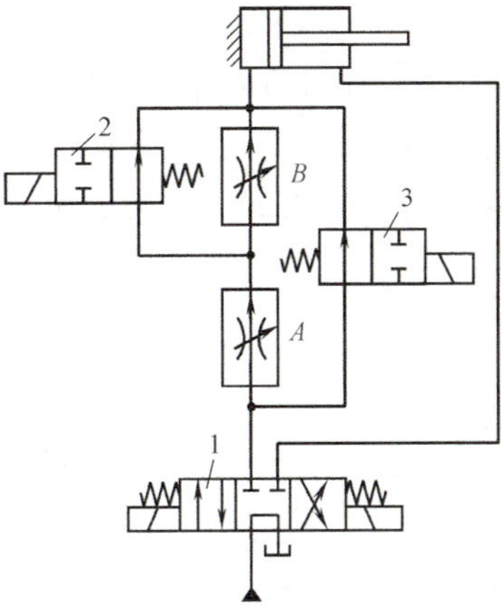

图 7-25 二调速阀串联的两工进速度换接回路
1—主换向阀 2、3—二通换向阀

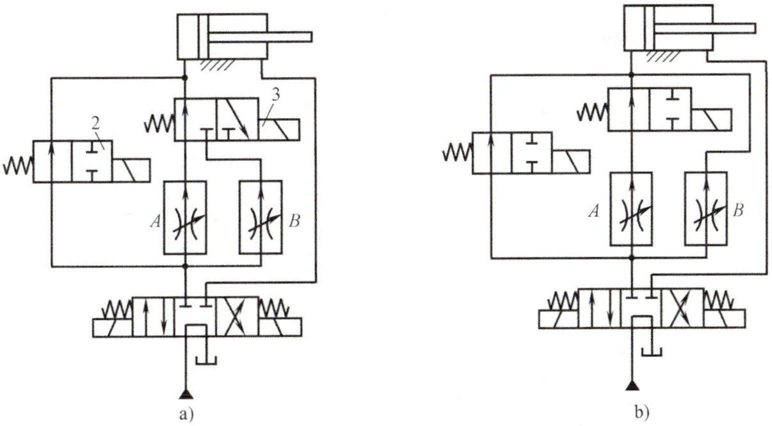

a)   b)

图 7-26 二调速阀并联的两工进速度换接回路
1—主换向阀 2—二通电磁阀 3—三通电磁阀

第四节　多缸工作控制回路

液压系统中，一个油源往往要驱动多个液压缸。按照系统的要求，这些缸或顺序动作，或同步动作，多缸之间要求能避免在压力和流量上的相互干扰。

一、顺序动作回路

此回路用于使各缸按预定的顺序动作,如工件应先定位、后夹紧、再加工等。按照控制方式的不同,有行程控制和压力控制两大类。

(一) 行程控制的顺序动作回路

1. 用行程阀控制的顺序动作回路

在图 7-27 所示状态下,A、B 两缸的活塞皆在左位。使阀 C 右位工作,缸 A 右行,实现动作①。挡块压下行程阀 D 后,缸 B 右行,实现动作②。手动换向阀 C 复位后,缸 A 先复位,实现动作③。随着挡块后移,阀 D 复位,缸 B 退回,实现动作④。至此,顺序动作全部完成。

2. 用行程开关控制的顺序动作回路

在图 7-28 所示的回路中,1YA 通电,缸 A 右行完成动作①后,触动行程开关 1ST 使 2YA 通电,缸 B 右行,在实现动作②后,又触动 2ST 使 1YA 断电,缸 A 返回,在实现动作③后,又触动 3ST 使 2YA 断电,缸 B 返回,实现动作④,最后触动 4ST 发出信号,表明完成一个工作循环。

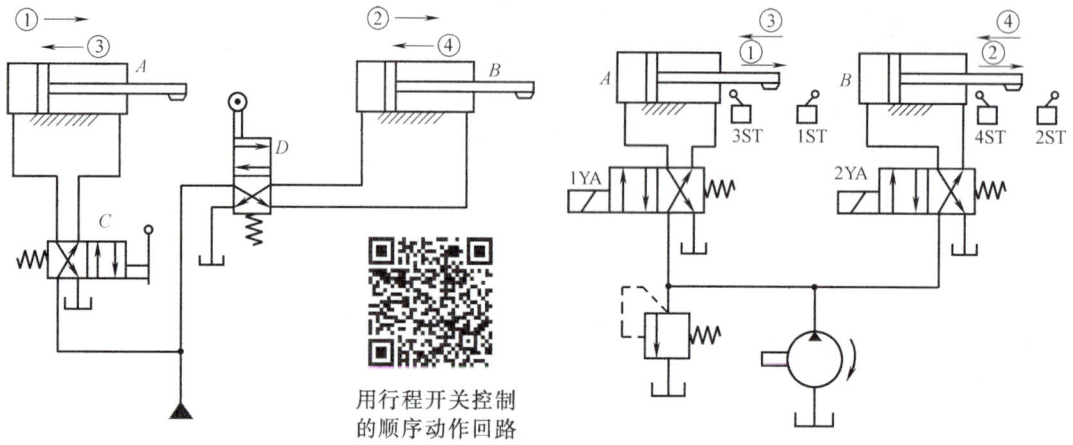

图 7-27 用行程阀控制的顺序动作回路 图 7-28 用行程开关控制的顺序动作回路

行程控制的顺序动作回路,换接位置准确,动作可靠,特别是行程阀控制回路换接平稳,常用于对位置精度要求较高场合。但行程阀需布置在缸附近,改变动作顺序较困难。而行程开关控制的回路只需改变电气线路即可改变顺序,故应用较广泛。

(二) 压力控制的顺序动作回路

压力控制的顺序动作回路常采用顺序阀或压力继电器进行控制。用顺序阀控制的回路在第五章中顺序阀应用举例时已作过介绍(图 5-23a),此处不再重复。下面介绍用压力继电器控制的顺序动作回路。

回路如图 7-29 所示。当电磁铁 1YA 通电后,压力油进入 A 缸的左腔,推动活塞按①方向右移。碰上固定挡块后,系统压力升高,安装在 A 缸进油腔附近的压力继电器发信,使电磁铁 2YA 通电,于是压力油又进入 B 缸的左腔,推动活塞按②方向右移。回路中的节流阀以及和它并联的二通电磁阀是用来改变 B 缸运动速度的。为了防止压力继电器乱发信号,其压力调整数值一方面应比 A 缸动作时的最大压力高 0.3~0.5MPa,另一方面又要比溢流阀的调整压力低 0.3~0.5MPa。

二、同步回路

使两个或多个液压缸在运动中保持相对位置不变或保持速度相同的回路称为同步回路。在多缸液压系统中，影响同步精度的因素是很多的，例如，液压缸外负载、泄漏、摩擦阻力、制造精度、结构弹性变形以及油液中含气量，都会使运动不同步。同步回路要尽量克服或减少这些因素的影响。

1. 并联调速阀的同步回路

如图 7-30 所示，用两个调速阀分别串

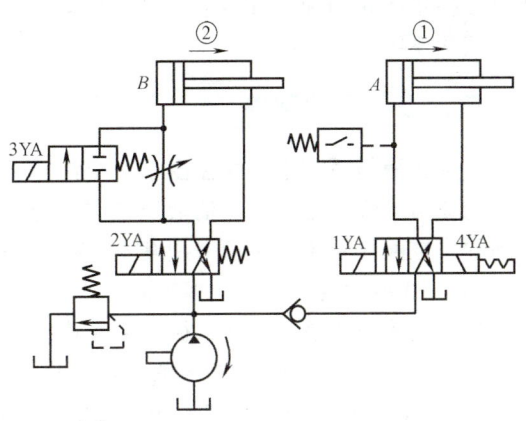

图 7-29 用压力继电器控制的顺序动作回路

接在两个液压缸的回油路（或进油路）上，再并联起来，用以调节两缸运动速度，即可实现同步。这也是一种常用的比较简单的同步方法，但因为两个调速阀的性能不可能完全一致，同时还受到载荷变化和泄漏的影响，同步精度受到限制。

2. 用比例调速阀的同步回路

该回路如图 7-31 所示，它的同步精度较高，绝对精度达 0.5mm，已足够一般设备的要求。回路使用一个普通调速阀 C 和一个比例调速阀 D，各装在一个由单向阀组成的桥式整流油路中，分别控制缸 A 和缸 B 的正反向运动。当两缸出现位置误差时，检测装置发出信号，调整比例调速阀的开口，修正误差，即可保证同步。

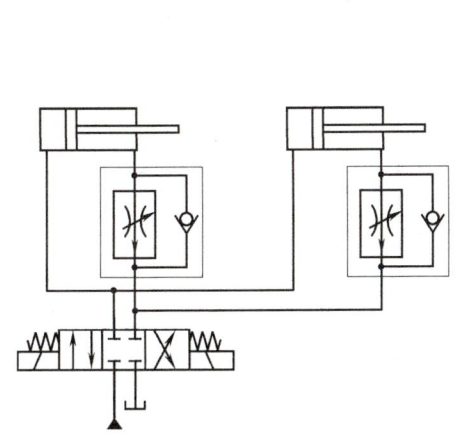

图 7-30 并联调速阀的同步回路

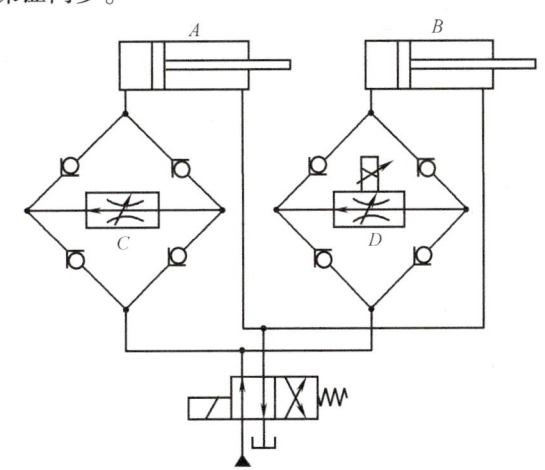

图 7-31 用比例调速阀的同步回路

3. 带补偿措施的串联液压缸同步回路

如图 7-32 所示，两缸串联，A 和 B 腔面积相等，则使进、出流量相等，两缸的升降便得到同步。而补偿措施使同步误差在每一次下行运动中都可消除。例如阀 5 在右位工作时，缸下降，若缸 1 的活塞先运动到底，它就触动电气行程开关 1ST，使阀 4 通电，压力油便通过阀 4 和单向阀向缸 2 的 B 腔补入，推动活塞继续运动到底，误差即被消除。若缸 2 先到底，则触动行程开关 2ST，阀 3 通电，控制压力油使液控单向阀反向通道打开，缸 1 的 A 腔

通过液控单向阀回油，其活塞即可继续运动到底。这种串联液压缸同步回路只适用于负载较小的液压系统。

三、互不干扰回路

在多缸液压系统中，往往由于一个液压缸的快速运动，占用了大量油液供给，造成整个系统的压力下降，干扰了其他液压缸的慢速工作进给运动。因此，对于工作进给稳定性要求较高的多缸液压系统，必须采用互不干扰回路。

图 7-33 所示为双泵供油多缸互不干扰回路。各缸快速进退皆由大泵 2 供油，任一缸进入工进，则改由小泵 1 供油，彼此无牵连，也就无干扰。图示状态各缸原位停止。当电磁铁 3YA、4YA 通电时，阀 7、阀 8 的左位工作，两缸都由大泵 2 供油做差动快进，小泵 1 供油在阀 5、阀 6 处被堵截。设缸 A 先完成快进，由行程开关使电磁铁 1YA 通电，3YA 断电，此时大泵 2 对缸 A 的进油路被切断，而小泵 1 的进油路打开，缸 A 由调速阀 3 调速做工进，缸 B 仍做快进，互不影响。当各缸都转为工进后，它们全由小泵供油。此后，若缸 A 又率先完成工进，则行程开关应使阀 5 和阀 7 的电磁铁都通电，缸 A 即由大泵 2 供油快退。当各电磁铁皆断电时，各缸皆停止运动，并被锁于所在位置上。

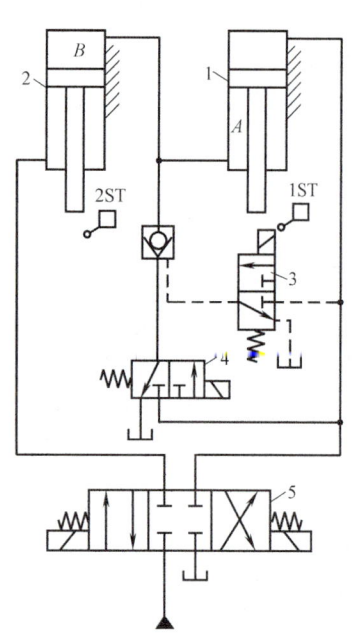

图 7-32 带补偿措施的串联液压缸同步回路

1、2—单杆缸 3、4—三通电磁阀 5—主换向阀

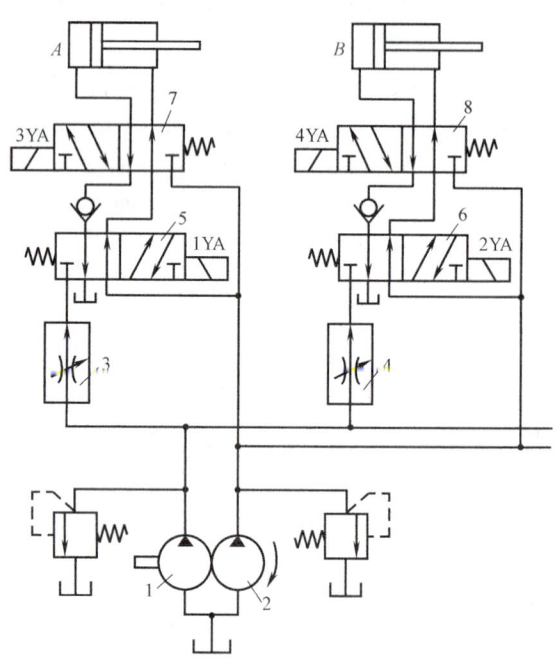

图 7-33 多缸互不干扰回路

1—小泵 2—大泵 3、4—调速阀

5、6、7、8—三位五通换向阀

习 题

7-1 不同操纵方式的换向阀组成的换向回路各适用于什么场合？

7-2 在图 7-1 的锁紧回路中，三位换向阀的中位机能是否可以任意选择？为什么？

7-3 若将图 7-3b 回路中的阀 1 的外控油路（包含阀 2、阀 3 和阀 4）改接到泵的出口，是否可以同样实现三级调压？

7-4 在液压系统中，当工作部件停止运动以后，使泵卸荷有什么好处？你能提出哪些卸荷方法？

7-5 在图 7-7 所示的释压回路中，节流阀的作用是什么？

7-6 为什么说，单作用增压器的增压倍数等于增压器大小两腔有效面积之比？

7-7 对图 7-12 所示的回路，试说明：

（1）所接的压力继电器起什么作用？

（2）夹紧油路中的二位四通电磁换向阀若由失电夹紧改接为带电夹紧，是否可以？

7-8 图 7-13a、b 两回路皆接有节流阀，它们各起什么作用？

7-9 能否用标准的减压阀后面串联节流阀来代替调速阀用于三种节流调速回路中？使用的效果如何？

7-10 泵-马达式容积调速回路能否做成开式油路？试与闭式油路作比较。

7-11 容积节流调速回路的流量阀和变量泵之间是如何实现流量匹配的？

7-12 如图 7-34 所示的回路，用三个溢流阀调定压力。试问泵的供油压力有几级？数值各多大？

7-13 如图 7-35 所示为用调速阀的进油节流加背压阀的调速回路。负载 $F=9000\text{N}$，缸的两腔面积 $A_1=50\text{cm}^2$，$A_2=20\text{cm}^2$。背压阀的调定压力 $p_b=0.5\text{MPa}$。泵的供油流量 $q_V=30\text{L/min}$。不计管道和换向阀压力损失，试问：

（1）欲使缸速恒定，不计调压偏差，溢流阀最小调定压力 p_Y 多大？

（2）卸荷时能量损失多大？

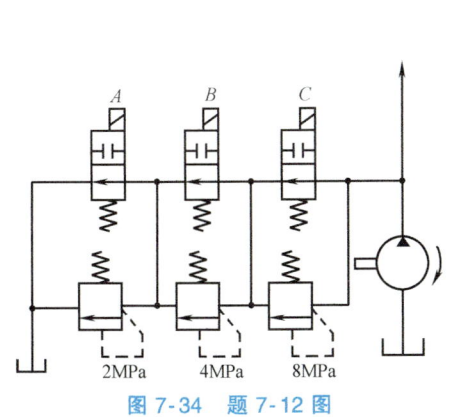

图 7-34 题 7-12 图

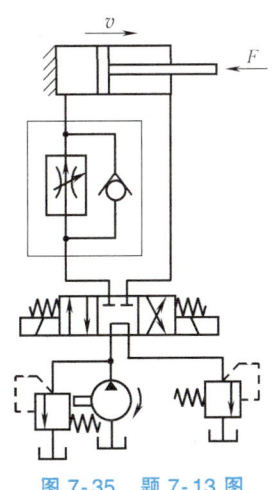

图 7-35 题 7-13 图

7-14 在图 7-36 所示的液压回路中，限压式变量叶片泵调定后的流量压力特性曲线如图示，调速阀调定的流量为 2.5L/min，液压缸两腔的有效面积 $A_1=2A_2=50\text{cm}^2$，不计管路损失，求：

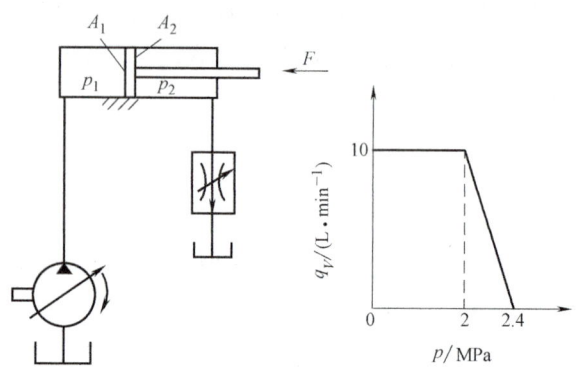

图 7-36 题 7-14 图

(1) 缸的大腔压力 p_1。

(2) 当负载 $F=0$ 和 $F=9000\text{N}$ 时的小腔压力 p_2。

(3) 设泵的总效率为 0.75，求系统在前述两种负载下的总效率。

7-15 回路如图 7-37 所示，它可实现快进→第一次工进→第二次工进→快退→停止的工作循环。试编制并填写出回路的电磁铁动作顺序表。

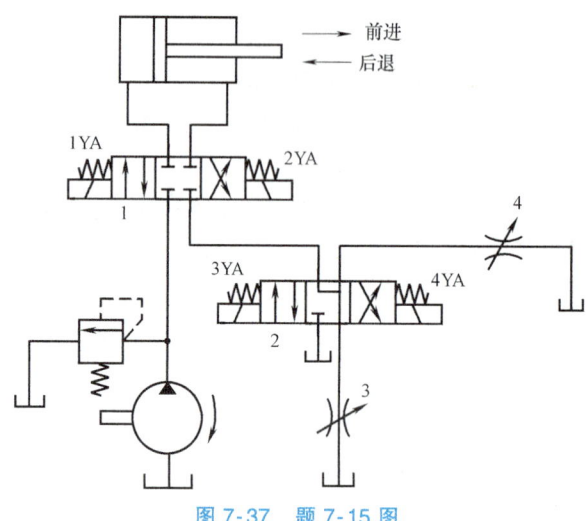

图 7-37 题 7-15 图

第八章

典型液压传动系统

液压系统是根据液压设备的工作要求选用适当的基本回路构成的,其原理一般用液压系统图来表示。在液压系统图中,各个液压元件及它们之间的连接与控制方式,均按标准图形符号(或半结构式符号)画出。

分析液压系统,主要是阅读液压系统图,其方法和步骤是:

1) 了解液压系统的任务、工作循环、应具备的性能和需要满足的要求。

2) 查阅系统图中所有的液压元件及其连接关系,分析它们的作用及其所组成的回路功能。

3) 分析油路,了解系统的工作原理及特点。

本章选列了五个典型液压系统实例,通过学习和分析,加深理解液压元件的功用和基本回路的合理组合,熟悉阅读液压系统图的基本方法,为分析和设计液压传动系统奠定必要的基础。

第一节 组合机床动力滑台液压系统

一、概述

动力滑台是组合机床用来实现进给运动的通用部件,配置动力头和主轴箱后可以对工件完成各种孔加工、端面加工等工序。液压动力滑台用液压缸驱动,可实现多种进给工作循环。对液压动力滑台液压系统性能的主要要求是速度换接平稳,进给速度稳定,功率利用合理,系统效率高,发热少。

现以 YT4543 型动力滑台为例分析其液压系统的工作原理和特点。YT4543 型动力滑台进给速度范围为 6.6~600mm/min,最大进给力为 4.5×10^4N。图 8-1 所示为 YT4543 型动力滑台的液压系统,该系统采用限压式变量叶片泵及单杆活塞液压缸。通常实现的工作循环是:快进→第一次工作进给→第二次工作进给→固定挡块停留→快退→原位停止。

二、YT4543 型动力滑台液压系统的工作原理

1. 快进

按下起动按钮,电磁铁 1YA 通电,电液换向阀 4 左位接入系统,顺序阀 13 因系统压力低而处于关闭状态,变量泵 2 则输出较大流量,这时液压缸 5 两腔连通,实现差动快进,其

油路如下。

进油路：过滤器 1→泵 2→单向阀 3→换向阀 4→行程阀 6→液压缸 5 左腔。

回油路：液压缸 5 右腔→换向阀 4→单向阀 12→行程阀 6→液压缸 5 左腔。

2. 第一次工作进给

当滑台快进终了时，挡块压下行程阀 6，切断快速运动进油路，电磁铁 1YA 继续通电，阀 4 仍以左位接入系统。这时液压油只能经调速阀 11 和二位二通换向阀 9 进入液压缸 5 左腔。由于工进时系统压力升高，变量泵 2 便自动减小其输出流量，顺序阀 13 此时打开，单向阀 12 关闭，液压缸 5 右腔的回油最终经背压阀 14 流回油箱，这样就使滑台转为第一次工作进给运动。进给量的大小由阀 11 调节，其油路为

进油路：过滤器 1→泵 2→阀 3→阀 4→阀 11→阀 9→液压缸 5 左腔。

回油路：液压缸 5 右腔→阀 4→阀 13→阀 14→油箱。

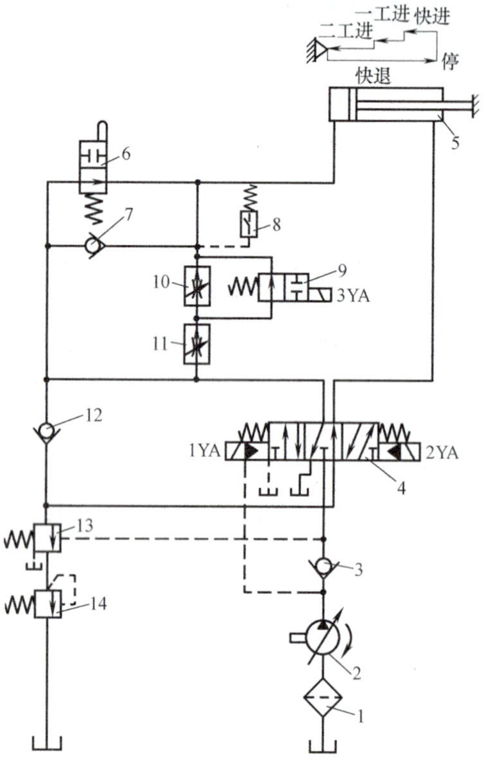

3. 第二次工作进给

第二次工作进给油路和第一次工作进给油路基本上是相同的，所不同之处是当第一次工进终了时，滑台上挡块压下行程开关，发出电信号使阀 9 电磁铁 3YA 通电，使其油路关闭，这时液压油必须通过阀 11 和阀 10 进入液压缸左腔。回油路和第一次工作进给完全相同。因调速阀 10 的通流面积比调速阀 11 通流面积小，故第二次工作进给的进给量由调速阀 10 来决定。

4. 固定挡块停留

滑台完成第二次工作进给后，碰上固定挡块即停留下来。这时液压缸 5 左腔的压力升高，使压力继电器 8 动作，发出电信号给时间继电器，停留时间由时间继电器调定。设置固定挡块可以提高滑台加工进给的位置精度。

5. 快速退回

滑台停留时间结束后，时间继电器发出信号，使电磁铁 1YA、3YA 断电，2YA 通电，这时阀 4 右位接入系统。因滑台返回时负载小，系统压力低，变量泵 2 输出流量又自动恢复到最大，滑台快速退回，其油路为

进油路：过滤器 1→泵 2→阀 3→阀 4→液压缸 5 右腔。

回油路：液压缸 5 左腔→阀 7→阀 4→油箱。

6. 原位停止

滑台快速退回到原位，挡块压下原位行程开关，发出信号，使电磁铁 2YA 断电，至此

图 8-1 YT4543 型动力滑台的液压系统
1—过滤器 2—变量泵 3、7、12—单向阀
4、9—换向阀 5—液压缸 6—行程阀 8—压力继电器
10、11—调速阀 13—顺序阀 14—背压阀

全部电磁铁皆断电，阀4处于中位，液压缸两腔油路均被切断，滑台原位停止。这时变量泵2出口压力升高，输出流量减到最小，其输出功率接近于零。

系统图中各电磁铁及行程阀的动作顺序见表8-1（电磁铁通电、行程阀压下时，表中记"+"号；反之，记"-"号）。

表8-1 电磁铁和行程阀动作顺序表

电磁铁、行程阀 动作	电磁铁			行程阀
	1YA	2YA	3YA	
快进	+	-	-	-
一次工进	+	-	-	+
二次工进	+	-	+	+
固定挡块停留	+	-	+	+
快退	-	+	-	±
原位停止	-	-	-	-

三、YT4543型动力滑台液压系统的特点

由上述可知，该系统主要由下列基本回路组合而成：限压式变量泵和调速阀的联合调速回路，差动连接增速回路，电液换向阀的换向回路，行程阀和电磁阀的速度换接回路，串联调速阀的二次进给调速回路。这些回路的应用就决定了系统的主要性能，其特点如下：

1）由于采用限压式变量泵，快进转换为工作进给后，无溢流功率损失，系统效率较高。又因采用差动连接增速回路，在泵的选择和能量利用方面更为经济合理。

2）采用限压式变量泵、调速阀和行程阀进行速度换接，使速度换接平稳；且采用机械控制的行程阀，位置控制准确可靠。

3）采用限压式变量泵和调速阀联合调速回路，且在回油路上设置背压阀，提高了滑台运动的平稳性，并获得较好的速度负载特性。

4）采用进油路串联调速阀二次进给调速回路，可使起动冲击和速度转换冲击较小，并便于利用压力继电器发出电信号进行自动控制。

5）在滑台的工作循环中，采用固定挡块停留，不仅提高了进给位置精度，还扩大了滑台工艺使用范围，更适用于镗阶梯孔、锪孔和锪端面等工序。

第二节 外圆磨床液压系统

一、概述

外圆磨床是工业生产中应用极为广泛的一种精加工机床。主要用途是磨削各种圆柱面、圆锥面及阶梯轴等零件，采用内圆磨头附件还可以磨削内圆及内锥孔等。为了完成上述零件的加工，磨床必须具有砂轮旋转、工件旋转、工作台带动工件的往复直线运动和砂轮架的周期切入运动等。此外，还要求有砂轮架快速进退和尾架顶尖的伸缩等辅助运动。在这些运动中，除砂轮旋转、工件旋转运动由电动机驱动外，其余则采用液压传动方式。根据磨削工艺

的特点,机床对工作台的往复运动性能要求最高。

对外圆磨床工作台往复运动的要求是:

1) 工作台运动速度能在 0.05~4m/min 范围内实现无级调速,若在高精度磨床上进行镜面磨削,其修砂轮的速度最低为 10~30mm/min,并要求运动平稳、无爬行现象。

2) 在上述的速度变化范围内能够自动换向,换向过程要平稳,冲击要小,起动、停止要迅速。

3) 换向精度要高。同一速度下,换向点变动量(同速换向精度)应小于 0.02mm;不同速度下,换向点变动量(异速换向精度)应小于 0.2mm。

4) 换向前工作台在两端能够停留。因为磨削时砂轮在工件两端一般不越出工件,为了避免工件两端因磨削时间短而引起尺寸偏大,故在换向时要求两端有停留,停留时间能在 0~5s 内调节。

5) 工作台可做微量抖动。切入磨削或磨削工件长度略大于砂轮宽度时,为了提高生产率和改善表面粗糙度,工作台需做短距离(1~3mm)频繁的往复运动,其往复频率为 1~3 次/s。

二、外圆磨床工作台换向回路

为了使外圆磨床工作台的运动获得良好的换向性能,提高换向精度,其液压系统需选用合适的换向回路。

磨床工作台的换向回路一般分为两类:一类是时间控制制动式换向回路;另一类是行程控制制动式换向回路。在时间控制制动式换向回路中,主换向阀切换油口使工作台制动的时间为一调定数值,因此工作台速度大时,其制动行程的冲出量就大,换向点的位置精度较低。时间控制制动式换向回路一般只适用于对换向精度要求不高的机床,如平面磨床等。对于外圆磨床和内圆磨床,为了使工作台运动获得较高的换向精度,通常采用行程控制制动式换向回路,如图 8-2 所示。

在图 8-2 中,换向回路主要由起先导作用的机动阀 1 和主液动阀 2 所组成(二阀组合成机液动阀),其特点是先导阀不仅对操纵主阀的控制压力油起控制作用,还直接参与工作台换向制动过程的控制。当图示工作台向右移动的行程即将结束时,挡块拨动先导阀拨杆,使先导阀芯左移,其右边的制动锥 T 便将液压缸右腔回油路的通流面积逐渐关小,对工作台起制动作用,使其速度逐渐减小。当液压缸回油通路接近于封闭(只留下很小一点开口量)、工作台速度已变得很小时,主阀的控制油

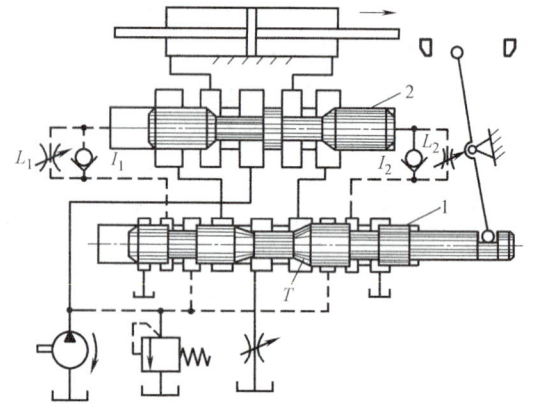

图 8-2 行程控制制动式换向回路
1—机动阀(先导阀) 2—主液动阀

路开始切换,使主阀芯左移,导致工作台停止运动并换向。在此情况下,不论工作台原来的速度快慢如何,总是在先导阀芯移动一定距离,即工作台移动某一确定行程之后,主阀才开始换向,所以称这种换向回路为行程控制制动式换向回路。

第八章 典型液压传动系统

行程控制制动式换向的整个过程可分为制动、端点停留和反向起动三个阶段。工作台制动过程又分为预制动和终制动两步：第一步是先导阀 1 用制动锥关小液压缸回油通路，使工作台急剧减速，实现预制动；第二步是主换向阀 2 在控制压力油作用下移到中间位置，这时液压缸两腔同时通以压力油，工作台停止运动，实现终制动。工作台的制动分两步进行，可避免发生大的换向冲击，实现平稳换向。工作台制动完成之后，在一段时间内，主换向阀使液压缸两腔互通压力油，工作台处于停止不动的状态，直至主阀芯移动到使液压缸两腔油路隔开，工作台开始反向起动为止，这一阶段称为工作台端点停留阶段。停留时间可以用阀 2 两端的节流阀 L_1 或 L_2 调节。

由上述可知，行程控制制动式换向回路能使液压缸获得很高的换向精度，适于外圆磨床加工阶梯轴的需要。

三、M1432B 型万能外圆磨床液压系统的工作原理

M1432B 型万能外圆磨床主要用来磨削圆柱形（包括阶梯形）或圆锥形外圆柱面，在使用附加内圆磨具时还可磨削圆柱孔和圆锥孔。该机床的液压系统能够完成的主要任务是：工作台的往复运动，砂轮架的横向快速进退运动和周期进给运动，尾座顶尖的退回运动，工作台手动与液动的互锁，砂轮架丝杠螺母间隙的消除及机床的润滑等。

（一）工作台的往复运动

M1432B 型磨床工作台的往复运动用 HYY21/3P-25T 型专用液压操纵箱进行控制。该操纵箱主要由开停阀 A、节流阀 B、先导阀 C、换向阀 D 和抖动缸等元件所组成，如图 8-3 所示。在此操纵箱中，机动先导阀和液动主换向阀构成行程控制制动式换向回路，它可以提高工作台的换向精度；开停阀的作用是操纵工作台的运动或停止；抖动缸的主要作用是使先导阀快跳，从而消除工作台慢速时的换向迟缓现象，提高换向精度，并使机床具备短距离频繁往复运动（抖动）的性能，以提高切入式磨削的表面加工质量和生产效率。

工作台往复运动的油路工作原理如下：

1. 往复运动时的油流路线

本机床的工作液压缸为活塞杆固定、缸体移动的双杆活塞式液压缸。在图 8-3 所示状态下，开停阀 A 处于右位，先导阀 C 和换向阀 D 都处于右端位置，工作台向右运动，主油路的油流路线为：

进油路：液压泵→阀 D→工作台液压缸右腔。

回油路：工作台液压缸左腔→阀 D→阀 C→阀 A→阀 B→油箱。

当工作台右移到预定位置时，工作台上的左挡块拨动先导阀芯，并使它最终处于左端位置上。这时控制油路 a_2 点接通压力油，a_1 点接通油箱，使换向阀 D 也处于左端位置，于是主油路的油流路线变为：

进油路：液压泵→阀 D→工作台液压缸左腔。

回油路：工作台液压缸右腔→阀 D→阀 C→阀 A→阀 B→油箱。

这时，工作台向左运动，并在其右挡块碰上拨杆后发生与上述情况相反的变换，使工作台又改变方向向右运动。如此不停地反复进行下去，直到开停阀 A 拨到左位时才使运动停止下来。

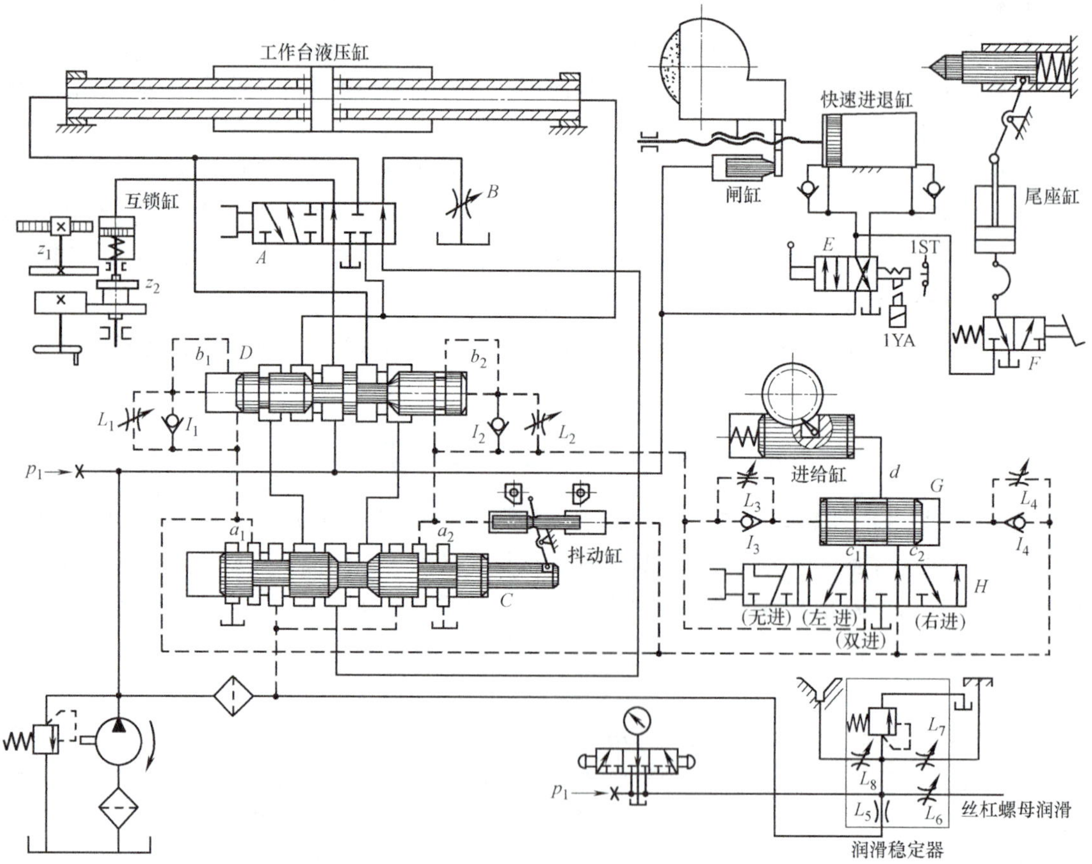

图 8-3 M1432B 型万能外圆磨床的液压系统

2. 工作台换向过程

工作台换向时，先导阀 C 先受到挡块的操纵而移动，接着又受到抖动缸的操纵而产生快跳；换向阀 D 的控制油路则先后三次变换通流情况，使其阀芯产生第一次快跳、慢速移动和第二次快跳。这样就使工作台的换向经历了迅速制动、停留和迅速反向起动的三个阶段。具体情况如下：

当图 8-3 所示的先导阀 C 的阀芯被拨杆推着向左移动时，它的右制动锥逐渐将通向节流阀 B 的通道关小，使工作台逐渐减速，实现预制动。当工作台挡块推动先导阀芯直到其右部环形槽使 a_2 点接通压力油、左部环形槽使 a_1 点接通油箱时，控制油路被切换。这时，左、右抖动缸便推动先导阀芯向左快跳，因为这时抖动缸的进、回油路变换为：

进油路：液压泵→过滤器→阀 C→左抖动缸。

回油路：右抖动缸→阀 C→油箱。

可以看出，由于抖动缸的作用引起先导阀快跳，就使换向阀两端的控制油路一旦切换就迅速打开，为换向阀阀芯快速移动创造了条件。

换向阀阀芯向左移动，其进油路为：液压泵→过滤器→阀 C→单向阀 I_2→阀 D 右端。

换向阀左端通向油箱的回油路则先后出现三种连通情况。开始阶段的情况如图 8-3 所示，回油的流动路线为：阀 D 左端→阀 C→油箱。

因换向阀的回油路通畅无阻，其阀芯移动速度很大，出现第一次快跳。第一次快跳使换向阀阀芯中部的台肩移到阀体中间沉割槽处，导致液压缸两腔油路相通，工作台停止运动。此后，由于换向阀阀芯自身切断了左端直通油箱的通道，回油流动路线便改为：阀 D 左端→节流阀 L_1→阀 C→油箱。

这时，换向阀阀芯按节流阀（也称为停留阀）L_1 调定的速度慢速移动。由于阀体沉割槽宽度大于阀芯中部台肩的宽度，液压缸两腔油路在阀芯慢速移动期间继续保持相通，使工作台的停止状态持续一段时间（可在 0~5s 内调整），这就是工作台反向前的端点停留。最后，当阀芯慢速移动到其左部环形槽将通道 b_1 和直通油箱的通道连通时，回油流动路线又改变为：阀 D 左端→通道 b_1→阀芯左部环形槽→阀 C→油箱。

这时，回油路又通畅无阻，换向阀阀芯便第二次快跳到底，主油路迅速切换，工作台迅速反向起动，最终完成全部换向过程。

在反向时，先导阀 C 和换向阀 D 自左向右移动的换向过程与上述相同，但这时 a_2 点接通油箱，而 a_1 点接通压力油。

3. 工作台液动与手动的互锁

此动作是由互锁缸来实现的。当开停阀 A 处于图 8-3 所示位置时，互锁缸通入压力油，推动活塞使齿轮 z_1 和 z_2 脱开，工作台运动就不会带动手轮转动。当开停阀 A 的左位接入系统时，互锁缸接通油箱，活塞在弹簧作用下移动，使 z_1 和 z_2 啮合，工作台就可以通过摇动手轮来移动，以调整工件的加工位置。

（二）砂轮架的快速进退运动

这个运动由砂轮架快动阀 E 操纵，由快动缸来实现。在图 8-3 所示的状态下，阀 E 右位接入系统，砂轮架快速前进到最前端位置，此位置是靠活塞与缸盖的接触来保证的。为防止砂轮架在快速运动终点处引起冲击和提高快进终点的重复位置精度，快动缸的两端设有缓冲装置（图中未画出），并设有抵住砂轮架的闸缸，用以消除丝杠、螺母间的间隙。快动阀 E 的左位接入系统时，砂轮架后退到最后端位置。

砂轮架进退与头架、冷却泵电动机之间可以联动。当将快动阀 E 的手柄扳至图示位置，使砂轮架快进至加工位置时，行程开关 1ST 触点闭合，主轴电动机和冷却泵电动机随即同时起动，使工件旋转，并送出切削液。

为了确保机床的使用安全，砂轮架快速进退与内圆磨头使用位置之间实现了互锁。当磨削内圆时，将内圆磨头翻下，压住微动开关，使电磁铁 1YA 通电吸合，快动阀 E 的手柄即被锁在快进后的位置上，不允许在磨削内圆时，砂轮架有快退动作而引起事故。

为了确保操作安全，砂轮架快速进退与尾座顶尖的动作之间也实现了互锁。当砂轮架处于快进后的位置时，如果操作者误踏尾座阀 F，则因尾座液压缸无压力油通入，故尾座顶尖不会退回。

（三）砂轮架的周期进给运动

此运动由进给阀 G 操纵，由砂轮架进给缸通过其活塞上的拨爪、棘轮、齿轮、丝杠螺母等传动副来实现。砂轮架的周期进给运动可以在工件左端停留或右端停留时进行，也可以在工件两端停留时进行，还可以无进给运动，这些都由选择阀 H 所在位置决定。进给阀 G 和选择阀 H 组合成周期进给操纵箱，如图 8-3 所示。在图示状态下，选择阀选定的是"双向进给"，进给阀在控制油路的 a_1 和 a_2 点每次相互变换压力时，向左或向右移动一次（因

为通道 d 与通道 c_1 和 c_2 各接通一次),于是砂轮架便做一次间歇进给。进给量大小由拨爪棘轮机构调整,进给快慢及平稳性则通过调整节流阀 L_3、L_4 来保证。

(四) 液压系统的主要特点

1) 采用了活塞杆固定的双杆液压缸,可减小机床占地面积,同时也能保证左右两个方向运动速度一致。

2) 系统采用了简单节流阀式调速回路,功率损失小,这对调速范围不需很大、负载较小且基本恒定的磨床来说是很相宜的。此外,回油节流的型式在液压缸回油腔中造成的背压力有助于工作稳定,有助于工作台的制动,也有助于防止空气渗入系统。

3) 系统采用 HYY21/3P-25T 型快跳式操纵箱,结构紧凑,操纵方便,换向精度和换向平稳性都较高。此外,此操纵箱还能使工作台高频抖动,有利于提高切入磨削时的加工质量。

第三节 压力机液压系统

一、概述

压力机是工业部门广泛使用的压力加工设备,常用于可塑性材料的压制工艺,如冲压、弯曲、翻边、薄板拉深等,也可从事校正、压装、塑料及粉末制品的压制成型工艺。

对压力机液压系统的基本要求是:

1) 为完成一般的压制工艺,要求主缸(上液压缸)驱动上滑块实现快速下行—慢速加压—保压延时—快速返回—停止的工作循环;要求顶出缸(下液压缸)驱动下滑块实现向上顶出—向下退回—停止的工作循环(图 8-4)。

2) 液压系统中的压力要能经常变换和调节,并能产生较大的压制力(吨位),以满足工作要求。

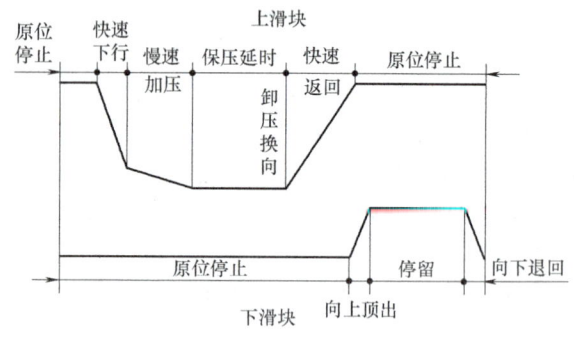

图 8-4 压力机的工作循环

3) 流量大、功率大,空行程和加压行程的速度差异大。因此要求功率利用合理,工作平稳性和安全可靠性要高。

二、压力机液压系统的工作原理

图 8-5 所示为采用插装阀的压力机液压系统。

(一) 主要元件及其作用

1) 变量轴向柱塞泵 1——向系统提供所需压力油。泵的额定压力为 32MPa,额定流量为 100L/min。

2) 过滤器 2——对进入系统的油液进行过滤。本过滤器带污染指示器,其工作压差为 0.35MPa。

3) 插装阀 3、调压阀 10 和调压阀 14——阀 3 和阀 10 一起构成安全溢流阀,以限制顶

第八章 典型液压传动系统

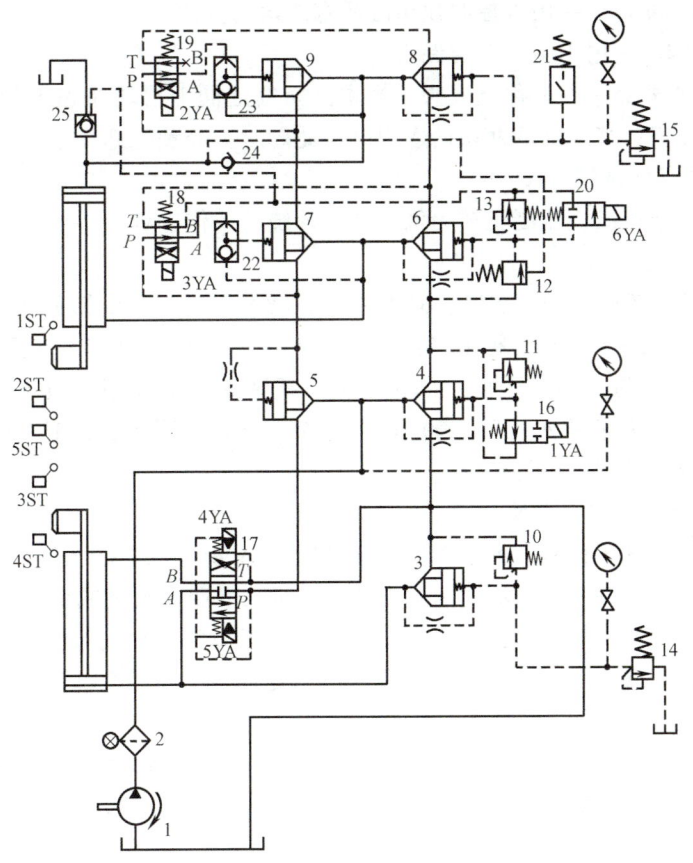

图 8-5 压力机的液压系统

1—轴向柱塞泵 2—过滤器 3、4、5、6、7、8、9—插装阀
10、11、13、14、15—调压阀 12—顺序阀 16、18、19、20—电磁阀
17—电液换向阀 21—压力继电器 22、23—梭阀 24—单向阀 25—液控单向阀

出缸下腔的最大工作压力。阀 14 为远程调压阀，主要用以调整顶出缸液压垫的工作压力。

4）插装阀 4、调压阀 11 和电磁阀 16——三阀组合构成电磁溢流阀，控制泵的最大工作压力和卸荷。

5）插装阀 5——单向阀，防止系统油液向泵倒流。

6）插装阀 6、顺序阀 12、调压阀 13、电磁阀 20——四阀组合构成一复合机能调压阀，用以调节主缸下腔的平衡压力或实现无背压回油（由阀 20、阀 12 控制），并控制主缸卸压换向的压力数值。

7）插装阀 7、电磁阀 18、梭阀 22——三阀组合构成二位二通换向阀，以切换主缸下腔的进油通路。这里的梭阀相当于两个单向阀的组合体，使插装阀控制腔与梭阀两端压力较高的油路相通。

8）插装阀 8、调压阀 15——二阀组合构成安全溢流阀，以限制主缸上腔的最大工作压力。

9）插装阀 9、电磁阀 19、梭阀 23——三阀组合构成二位二通换向阀，以切换主缸上腔的进油通路。

10)电液换向阀17——用以控制顶出缸活塞的运动方向。

11)单向阀24——用于主缸上腔保压。

12)液控单向阀25——又称充液阀,当主缸活塞连同上滑块快速下行时,此阀在负压下打开,使主缸充液;当主缸活塞换向返回时,此阀对上腔预先卸压,后全开回油。

(二)系统的工作过程

下面以一般的定压成型压制工艺为例,说明系统的工作过程。

1. 主缸活塞快速下行

起动泵,并让电磁铁1YA、2YA、6YA通电。1YA通电,泵由卸荷状态转为工作状态,向系统供给压力油;2YA通电,阀19的A、T口相通,插装阀9打开,系统压力油经过阀5、阀7、阀9、阀24进入主缸上腔;6YA通电,插装阀6的控制油口通油箱,阀6打开,主缸下腔油液经阀6快速回油,于是滑块在自重作用下快速下行,此时主缸上腔产生负压,通过充液阀25从高位油箱对上腔充液。

2. 主缸活塞慢速下行,加压压制

当滑块上的挡块触压行程开关2ST后,电磁铁6YA断电,主缸下腔产生由阀13调定的背压,上腔压力相应增高,故充液阀因此而关闭,进入上腔的流量减少,使滑块减速。当滑块接触工件后,开始加压工作行程。系统压力增高,压力补偿变量泵流量自动减小,同时,主缸上腔压力油打开顺序阀12,使下腔经阀6无背压回油,上腔全部压力作用于工件上。

3. 主缸保压延时

加压行程完毕,挡块触压限位开关5ST,或缸内压力升高,压力继电器21发出信号,转为保压。此时,所有电磁铁断电,泵卸荷,系统保压,保压时间由电控系统中的时间继电器调定。

4. 主缸卸压,换向返回

保压到时后,时间继电器发出信号,电磁铁1YA、3YA通电。1YA通电,泵转入工作状态;3YA通电,阀18的P、B口相通,A、T口相通,打开插装阀7和充液阀25的卸压阀芯,主缸上腔开始卸压,在上腔压力未降到阀12的调定压力前,阀6保持开启,故下腔油路不能升压。只有当主缸上腔压力降低到阀12的调定压力以下时,阀12关闭,阀6也关闭,下腔油路才能升压,使主缸实现先卸压后换向返回。

5. 顶出缸动作

主缸回程触压限位开关1ST后发出信号,电磁铁3YA断电,5YA通电。3YA断电,阀7关闭,使主缸活塞靠下腔背压悬停在上方;5YA通电,阀17的P、A口相通,B、T口相通,系统向顶出缸下腔供油,实现顶出缸顶出动作。顶出动作完成后,碰到行程开关3ST发出信号,5YA断电,4YA通电,阀17的P、B口相通,A、T口相通,顶出缸活塞下降,直至碰到4ST,全部电磁铁断电,顶出缸活塞停止在下方,液压机回到初始位置,完成一个工作循环。另外,顶出缸动作完成后,如需下腔液压垫支承活塞停留在上部位置一段时间,则可通过时间继电器延缓4YA通电来达到。

电磁铁动作顺序表见表8-2。

(三)液压系统的主要特点

1)采用插装阀,其通油能力大,系统工作效率高。

2)插装阀系统易于做到多阀集成,便于实现多种控制功能,有利于单泵供油系统的压力、速度调节。

表8-2 电磁铁动作顺序表

动作 \ 电磁铁		1YA	2YA	3YA	4YA	5YA	6YA
主缸	快速下行	+	+	−	−	−	+
	慢速下行、加压	+	+	−	−	−	−
	保压延时	−	−	−	−	−	−
	卸压返回	+	−	+	−	−	−
顶出缸	顶出	−	−	−	−	+	−
	退回	−	−	−	+	−	−

3)为减轻主缸换向引起的振动和噪声,系统采取先缓慢卸压、后换向回程的油路结构。

4)为满足主缸快速下行以提高生产率的要求,系统采用了充液油箱自动补油的措施。

第四节 汽车起重机液压系统

一、概述

本节以Q2-8型汽车起重机为例介绍其液压系统。

图8-6所示是Q2-8型汽车起重机外形图。它由汽车1、转台2、支腿3、吊臂变幅液压缸4、基本臂5、吊臂伸缩液压缸6和起升机构7等组成。

这台汽车起重机最大起重量为8t,最大起重高度为11.5m。由于汽车起重机有较高的行走速度,所以调动、使用灵活,机动性能较好,故可和运输车队编队行驶,用途广泛,并可在有冲击、振动、温差变化较大的不利环境下作业。但它只适用于执行动作简单与位置精度要求较低的场合。作为起重用的汽车起重机,无论在机械方面或是液压方面,对工作系统的安全性和可靠性要求都是特别重要的。

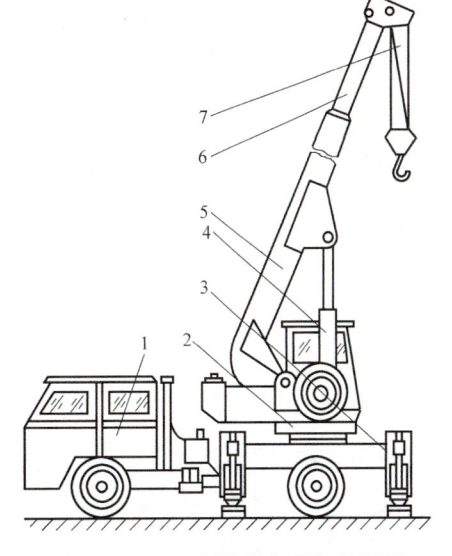

图8-6 Q2-8型汽车起重机外形图
1—汽车 2—转台 3—支腿
4—吊臂变幅液压缸 5—基本臂
6—吊臂伸缩液压缸 7—起升机构

二、液压系统的工作原理

Q2-8型汽车起重机的液压系统如图8-7所示。该系统属于中高压系统,用一个轴向柱塞泵作动力源,由汽车发动机通过传动装置(取力箱)驱动工作。整个系统由支腿收放、转台回转、吊臂伸缩、吊臂变幅和吊重起升五个工作支路所组成。其中,前、后支腿收放支路的换向阀A、B组成一个阀组(双联多路阀,如图所示阀1),其余四支路的换向阀C、D、E、F组成另一阀组(四联多路阀,如图8-7所示阀2)。各换向阀均为M型中位机能三位四通手动阀,相互串联组合,可实现多缸卸荷。根据起重工作的具体要求,操纵各阀不仅可以分别控制各执行元件的运动方向,还可以通过控制阀芯的位移量来实现节流调速。

系统中除液压泵、安全阀、阀组1及支腿液压缸外,其他液压元件都装在可回转的上车部分。油箱也装在上车部分,兼作配重。上车和下车部分的油路通过中心旋转接头7连通。

1. 支腿收放支路

由于汽车轮胎支承能力有限,且为弹性变形体,作业时很不安全,故在起重作业前必须放下前、后支腿,使汽车轮胎架空,用支腿承重。在行驶时又必须将支腿收起,轮胎着地。为此在汽车的前、后端各设置两条支腿,每条支腿均配置有液压缸。前支腿两个液压缸同时用一个手动换向阀A控制其收、放动作,后支腿两个液压缸用阀B来控制其收、放动作。为确保支腿停放在任意位置并能可靠地锁住,故在每一个支腿液压缸的油路中设置一个由两个液控单向阀组成的双向液压锁。

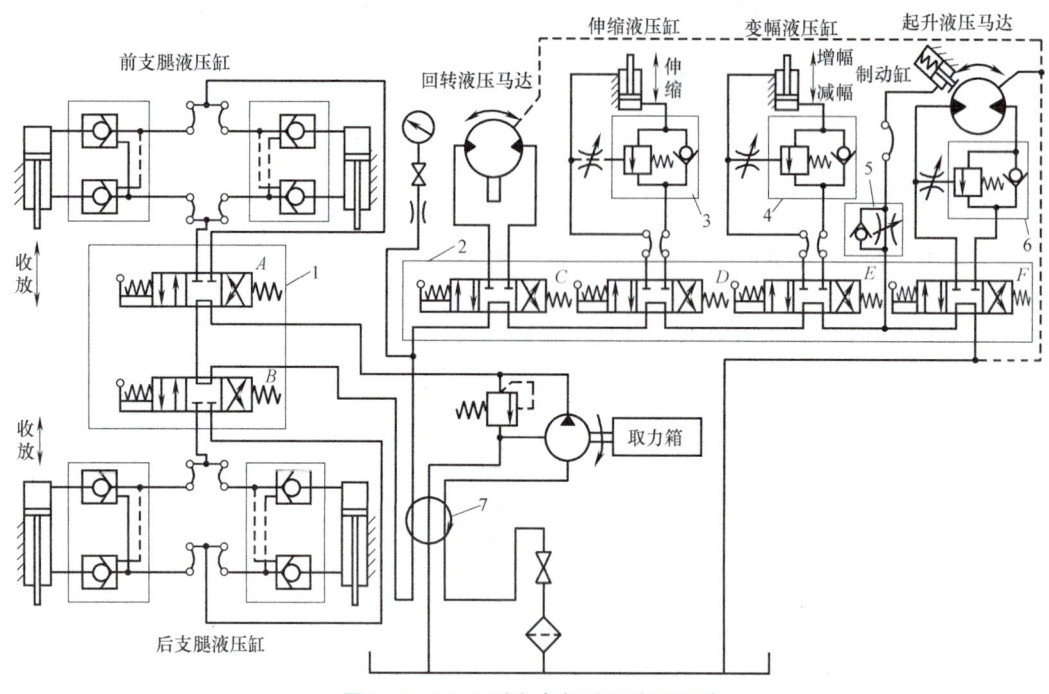

图8-7 Q2-8型汽车起重机液压系统
1—双联多路阀 2—四联多路阀 3、4、6—平衡阀 5—单向节流阀 7—中心旋转接头

当阀A在左位工作时,前支腿放下,其进、回油路线为:

进油路:液压泵→换向阀A→液控单向阀→前支腿液压缸无杆腔。

回油路:前支腿液压缸有杆腔→液控单向阀→阀A→阀B→阀C→阀D→阀E→阀F→油箱。

后支腿液压缸用阀B控制,其油流路线与前支腿支路相同。

2. 转台回转支路

回转支路的执行元件是一个大转矩液压马达,它能双向驱动转台回转。通过齿轮、蜗杆机构减速,转台可获得1~3r/min的低速。马达由手动换向阀C控制正、反转,其油路为进油路：液压泵→阀 A→阀 B→阀 C→回转液压马达。
回油路：回转液压马达→阀 C→阀 D→阀 E→阀 F→油箱。

3. 吊臂伸缩支路

吊臂由基本臂和伸缩臂组成，伸缩臂套装在基本臂内，由吊臂伸缩液压缸带动做伸缩运动。为防止吊臂在停止阶段因自重作用而向下滑移，油路中设置了平衡阀 3（外控式单向顺序阀）。吊臂的伸缩由换向阀 D 控制，使伸缩臂具有伸出、缩回和停止三种工况。例如，当阀 D 在右位工作时，吊臂伸出，其油流路线为

进油路：液压泵→阀 A→阀 B→阀 C→阀 D→阀 3 中的单向阀→伸缩液压缸无杆腔。
回油路：伸缩液压缸有杆腔→阀 D→阀 E→阀 F→油箱。

4. 吊臂变幅支路

吊臂变幅是用液压缸来改变吊臂的起落角度。变幅要求工作平稳可靠，故在油路中也设置了平衡阀 4。增幅或减幅运动由换向阀 E 控制，其油流路线类同于伸缩支路。

5. 吊重起升支路

起升支路是本系统的主要工作油路。吊重的提升和落下作业由一个大转矩液压马达带动绞车来完成。液压马达的正、反转由换向阀 F 控制，马达转速，即起吊速度可通过改变发动机油门（转速）及控制换向阀 F 来调节。油路设有平衡阀 6，用以防止重物因自重而下落。由于液压马达的内泄漏量比较大，当重物吊在空中时，尽管油路中设有平衡阀，重物仍会向下缓慢滑移，为此，在液压马达驱动的轴上设有制动器。当起升机构工作时，在系统油压作用下，制动器液压缸使闸块松开；当液压马达停止转动时，在制动器弹簧作用下，闸块将轴抱紧。当重物悬空停止后再次起升时，若制动器立即松闸，但马达的进油路可能未来得及建立足够的油压，就会造成重物短时间失控下滑。为避免这种现象产生，在制动器油路中设置单向节流阀 5，使制动器抱闸迅速，松闸却能缓慢进行（松闸时间用节流阀调节）。

液压系统的作用原理见表 8-3。

表 8-3　Q2-8 型汽车起重机液压系统的作用原理

手动阀位置						系统工作情况						
A	B	C	D	E	F	前支腿液压缸	后支腿液压缸	回转液压马达	伸缩液压缸	变幅液压缸	起升液压马达	制动液压缸
左	中	中	中	中	中	放下	不动	不动	不动	不动	不动	制动
右	中	中	中	中	中	收起	不动	不动	不动	不动	不动	制动
中	左	中	中	中	中	不动	放下	不动	不动	不动	不动	制动
中	右	中	中	中	中	不动	收起	不动	不动	不动	不动	制动
中	中	左	中	中	中	不动	不动	正转	不动	不动	不动	制动
中	中	右	中	中	中	不动	不动	反转	不动	不动	不动	制动
中	中	中	左	中	中	不动	不动	不动	缩回	不动	不动	制动
中	中	中	右	中	中	不动	不动	不动	伸出	不动	不动	制动
中	中	中	中	左	中	不动	不动	不动	不动	减幅	不动	制动
中	中	中	中	右	中	不动	不动	不动	不动	增幅	不动	制动
中	中	中	中	中	左	不动	不动	不动	不动	不动	正转	松开
中	中	中	中	中	右	不动	不动	不动	不动	不动	反转	松开

三、液压系统的主要特点

1) 系统中采用了平衡回路、锁紧回路和制动回路，能保证起重机工作可靠，操作安全。

2) 采用三位四通手动换向阀，不仅可以灵活方便地控制换向动作，还可以通过手柄操纵来控制流量，以实现节流调速。在起升工作中，将此节流调速方法与控制发动机转速的方法结合使用，可以实现各工作部件微速动作。

3) 换向阀串联组合，不仅各机构的动作可以独立进行，而且在轻载作业时，可实现起升和回转复合动作，以提高工作效率。

4) 各换向阀处于中位时系统即卸荷，能减少功率损耗，适于起重机间歇性工作。

第五节 塑料注塑成型机液压系统

一、概述

塑料注塑成型机简称注塑机。它能将颗粒状塑料加热熔化到流动状态，采用注射装置快速高压注入模腔，经一定时间的保压、冷却，得到一定形状的塑料制品。注塑机具有成型周期短，对各种塑料的加工适应性强，自动化程度高等特点。SZ-250A型注塑机属中小型注塑机，它要求液压系统能够完成合模、注射座整体前移、注射、保压、注射座整体后退、开模、顶出缸将制品顶出、顶出缸后退等动作。通常实现的工作循环为：合模→注射座整体前移→注射→保压→冷却和预塑→注射座整体后退→开模→顶出制品→顶出缸后退→合模。

SZ-250A型注塑机要求：液压系统能够提供足够的合模力，避免在射注时导致模具离缝而产生塑料制品的溢边现象；提供可以调节的开模和合模速度（在开、合模过程中，要求合模缸有慢、快、慢的速度变化），以提高生产率和保证制品质量，并避免产生冲击；提供足够的推力，来保证注射时喷嘴和模具浇口的紧密接触；为适应不同塑料品种、注射成型制品几何形状和模具浇注系统的要求，能够提供可以调节的注射压力和注射速度；提供可以调节的保压压力；顶出制品时，要求有足够的顶力和顶出速度平稳、可调。

二、SZ-250A型注塑成型机液压系统的工作原理

图 8-8 所示为 SZ-250A 型注塑机液压系统工作原理图。该机采用了液压-机械式合模机构，合模缸通过具有增力和自锁作用的对称连杆机构推动模板进行开、合模，依靠连杆变形所产生的预应力来保证所需合模力，使模具可靠锁紧，并且使合模缸直径减少，节省功率，也易于实现高速。该系统为双泵、定量、开式系统，包含的基本回路有：采用双泵合流调速回路实现液压缸不同运行速度的调节，采用进油节流调速回路实现注射速度和制品顶出速度的调节，采用比例溢流阀的比例调压回路实现系统需要的多级压力调节。

SZ-250A型注塑成型机液压系统的各个阶段的工作情况如下：

1. 合模

合模过程包括慢速合模、快速合模、低压合模和高压合模几个动作。其目的是先使动模板慢速起动,然后快速前移,当接近定模板时液压系统压力减小,以减小合模缸的推力,防止在两个模板之间存在硬质异物损坏模具的表面。接着系统压力升高,使合模缸产生较大的推力将模具压合,并且使连杆机构产生弹性变形锁紧模具。具体动作如下:

(1) 慢速合模　电磁铁1YA断电,2YA通电,大流量泵5通过先导式溢流阀4卸荷,电液换向阀11左位接入系统,小流量泵6的压力由比例溢流阀8调定。主油路油液流动路线为

进油路:油箱1→过滤器2→小流量泵6→电液换向阀11(左位)→合模缸19左腔。

回油路:合模缸19右腔→电液换向阀11(左位)→油箱1。

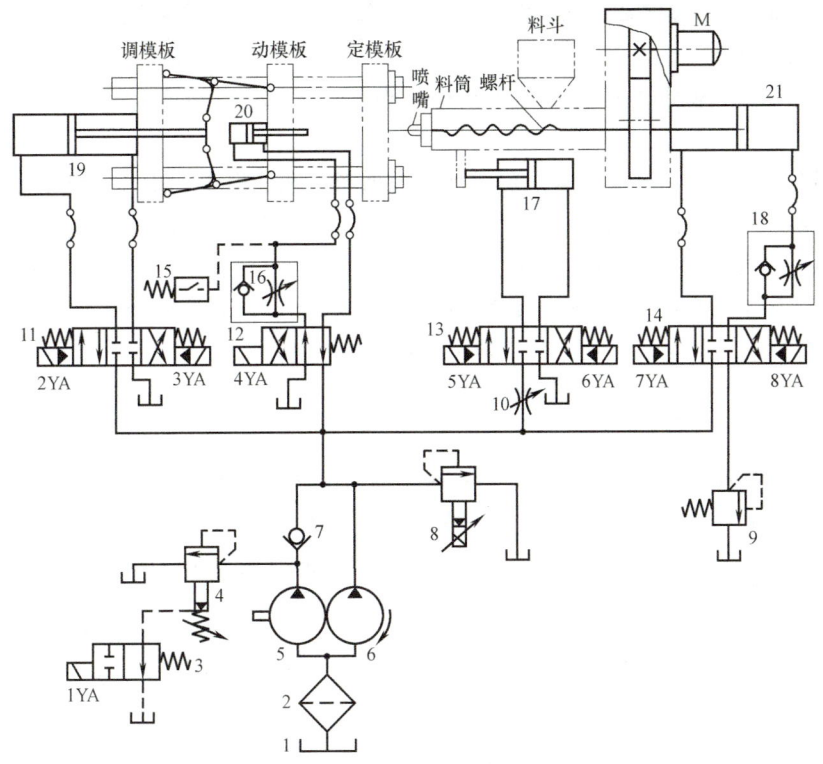

图 8-8　SZ-250A型注塑机液压系统原理图

1—油箱　2—过滤器　3—二位二通电磁换向阀　4—先导式溢流阀　5—大流量泵
6—小流量泵　7—单向阀　8—先导式比例电磁溢流阀　9—背压阀　10—节流阀
11、13、14—电液换向阀　12—电磁换向阀　15—压力继电器　16、18—单向节流阀
17—注射座移动缸　19—合模缸　20—顶出缸　21—注射缸

(2) 快速合模　慢速合模转为快速合模时,由行程开关发出指令使电磁铁1YA通电,大流量泵5不再卸荷,实现双泵供油,使合模缸运动,系统压力仍由比例溢流阀8调定。主油路油液流动路线为

进油路:油箱1→过滤器2→$\begin{cases}大流量泵5→单向阀7\\小流量泵6\end{cases}$→电液换向阀11(左位)→合模缸

19左腔。

回油路：合模缸19右腔→电液换向阀11（左位）→油箱1。

（3）低压慢速合模　电磁铁1YA断电，2YA通电，大流量泵5卸荷，小流量泵6的压力由比例溢流阀8调定得较低，从而实现合模缸在低压下慢速合模，保护模具表面。主油路油液流动路线与慢速合模时相同。

（4）高压合模　当动模板越过保护段时，由比例溢流阀8使小流量泵6的压力升高，主油路油液流动路线与慢速合模时相同。系统压力的升高使得合模缸产生较大的推力。

2. 注射座整体前移

电磁铁2YA断电，6YA通电，电液换向阀13右位接入系统，压力油进入注射座移动缸右腔，使注射座整体向前移动，直到喷嘴与模具贴紧。主油路油液流动路线为

进油路：油箱1→过滤器2→小流量泵6→节流阀10→电液换向阀13（右位）→注射座移动缸17右腔。

回油路：注射座移动缸17左腔→电液换向阀13（右位）→油箱1。

3. 注射

注射速度分为慢速注射和快速注射两种，根据制品和注射工艺条件来确定。其速度由注射缸的运动速度决定，快、慢速注射时的压力均由比例溢流阀8控制。

（1）慢速注射　由磁铁1YA断电，6YA、8YA通电，只有小流量泵6供油，电液换向阀13和14均为右位接入系统，通过调节单向节流阀18可以调节注射速度。6YA通电的目的是保持喷嘴与模具紧贴。主油路油液流动路线为

进油路：油箱1→过滤器2→小流量泵6→电液换向阀14（右位）→单向节流阀18→注射缸21右腔。

回油路：注射缸21左腔→电液换向阀14（右位）→背压阀9→油箱1。

（2）快速注射　电磁铁1YA、6YA、8YA通电，液压泵5、6双泵合流，实现注射缸的快速运动，注射速度仍可通过节流阀18调。主油路油液流动路线为

进油路：油箱1→过滤器2→$\begin{cases}\text{大流量泵5}\to\text{单向阀7}\\ \text{小流量泵6}\end{cases}$→电液换向阀14（右位）→单向节流阀18→注射缸21右腔；

回油路：注射缸21左腔→电液换向阀14（右位）→背压阀9→油箱1。

4. 保压

保压的目的是为了使注射缸对模腔内的熔料保持一定的压力并进行补塑。此时只需要极少量的油液，并且保压的压力也不需要很高。所以，通过比例溢流阀重新调定压力，电磁铁1YA断电，小流量泵6单独供油就能够满足需要。

5. 冷却、预塑

注入模腔内的熔料需要经过一定时间的冷却才能定形，同时需要将塑料颗粒加热到能够流动的状态才能进行注射，冷却、预塑过程就是为了完成这些功能。此时，8YA断电，电液换向阀14回到中位，电动机M通过减速机构带动螺杆转动，塑料颗粒通过料斗进入料筒，被转动的螺杆输送到料筒前端进行加热塑化。螺杆头部熔料的压力推动注射缸活塞后退，注射缸右腔的油液冲开节流阀18的单向阀，一部分经电液换向阀14的中位进入注射缸

的左腔，另一部分经背压阀 9 流回油箱。

6. 注射座后退

电磁铁 6YA 断电、5YA 通电，电液换向阀 13 的左位接入系统。主油路油液流动路线为

进油路：油箱 1→过滤器 2→小流量泵 6→节流阀 10→电液换向阀 13（左位）→注射座移动缸 17 左腔。

回油路：注射座移动缸 17 右腔→电液换向阀 13（左位）→油箱 1。

7. 开模

（1）慢速开模　电磁铁 3YA 通电，电液换向阀 11 的右位接入系统，电磁铁 1YA 处于断电状态，只有小流量泵 6 单独供油。主油路油液流动路线为

进油路：油箱 1→过滤器 2→小流量泵 6→电液换向阀 11（右位）→合模缸 19 右腔。

回油路：合模缸 19 左腔→电液换向阀 11（右位）→油箱 1。

（2）快速开模　电磁铁 1YA、3YA 通电，泵 5 和泵 6 双泵合流，电液换向阀 11 的右位接入系统，使得开模缸运动速度加快。主油路油液流动路线为

进油路：油箱 1→过滤器 2→$\begin{cases}大流量泵 5→单向阀 7\\小流量泵 6\end{cases}$→电液换向阀 11（右位）→合模缸 19 右腔。

回油路：合模缸 19 左腔→电液换向阀 11（右位）→油箱 1。

8. 顶出制品

（1）顶出缸前进　电磁铁 1YA 断电，大流量泵 5 卸荷，4YA 通电，电液换向阀 12 左位接入系统，顶出缸的运动速度由单向节流阀 16 调节。主油路油液流动路线为

进油路：油箱 1→过滤器 2→小流量泵 6→电液换向阀 12（左位）→阀 16 的节流阀→顶出缸 20 左腔。

回油路：顶出缸 20 右腔→电液换向阀 12（左位）→油箱 1。

（2）顶出缸后退　顶出缸顶出到位后，其左腔油路压力升高到一定数值，压力继电器 15 发信，使电磁铁 4YA 断电，电液换向阀 12 右位接入系统。主油路油液流动路线为

进油路：油箱 1→过滤器 2→小流量泵 6→电液换向阀 12（右位）→顶出缸 20 右腔。

回油路：顶出缸 20 左腔→阀 16 的单向阀→电液换向阀 12（右位）→油箱 1。

9. 螺杆后退

在拆卸和清洗螺杆时，螺杆需要退出，此时电磁铁 7YA 通电。电液换向阀 14 的左位接入系统，小流量泵 6 的压力油经电液换向阀 14 的左位进入注射缸左腔，就可以使注射缸 21 带动螺杆后退。

三、SZ-250A 型注塑成型机液压系统的特点

1）根据注塑机工作循环中要求的流量和压力各不相同以及经常变化的特点，采用双泵合流的有级调速回路与节流阀调速回路相结合，并且通过先导式比例电磁溢流阀来实现多级调压，满足了各个阶段对液压系统的要求，同时使系统中的元件数量减少。

2）采用液压—机械增力合模机构，使模具锁紧可靠。

3）采用电液换向阀、电磁换向阀、行程开关和压力继电器等元件，保证了工作循环动作的顺序完成。

习 题

8-1 图 8-1 所示的 YT4543 型动力滑台液压系统是由哪些基本液压回路组成的？阀 12 在油路中起什么作用？

8-2 外圆磨床液压系统为什么要采用行程控制制动式换向回路？外圆磨床工作台换向过程分为哪几个阶段？试根据图 8-3 所示的 M1432B 型外圆磨床液压系统说明工作台的换向过程。

8-3 根据图 8-5 所示的压力机液压系统说明以下问题：
1) 压力机主缸的工作循环是怎样实现的？
2) 为使压力机安全可靠和平稳地工作，系统中采取了哪些措施？

8-4 在图 8-7 所示的 Q2-8 型汽车起重机液压系统中，为什么采用弹簧复位式手动换向阀控制各执行元件动作？

8-5 指出图 8-8 所示 SZ-250A 型注塑机液压系统是怎样对压力以及速度进行控制的？

8-6 如图 8-9 所示的液压系统是怎样工作的？试按其动作循环表中的提示进行阅读，并将表 8-4 填写完整。

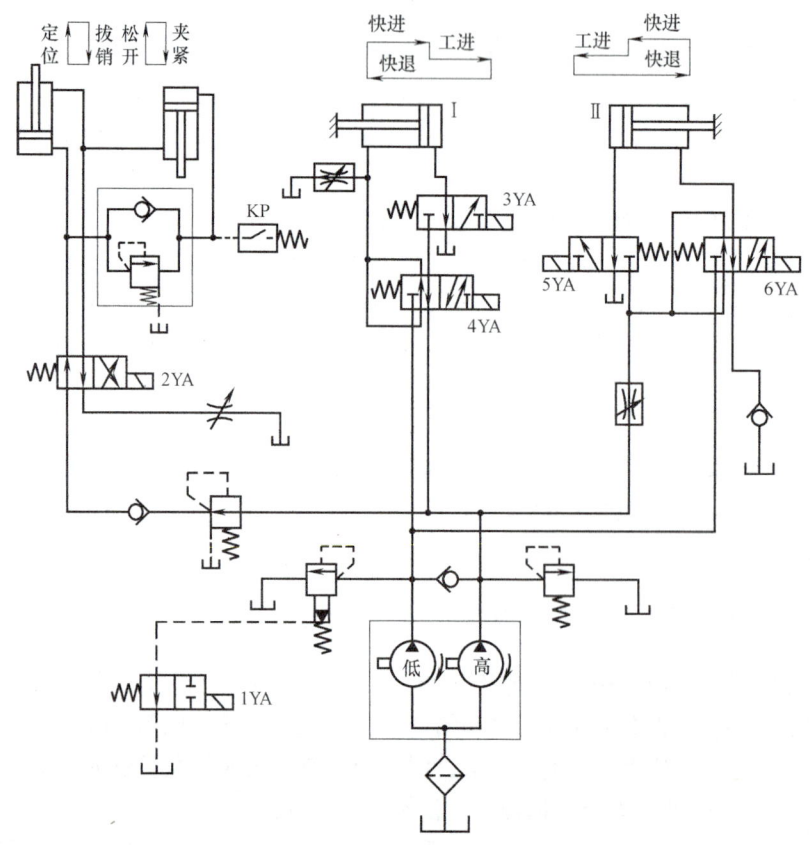

图 8-9 题 8-6 图

表 8-4　电器元件动作循环表

动作名称	电器元件							附 注
	1YA	2YA	3YA	4YA	5YA	6YA	KP	
定位夹紧								1）Ⅰ、Ⅱ两回路各自进行独立循环动作，互不约束 2）4YA、6YA 中任何一个通电时，1YA 便通电；4YA、6YA 均断电时，1YA 才断电
快进								
工进卸荷（低）								
快退								
松开拔销								
原位卸荷（低）								

第九章 液压传动系统的设计与计算

第一节 液压传动系统的设计步骤和内容

液压传动系统的设计是整机设计的一部分，它除了应符合主机动作循环和静、动态性能等方面的要求外，还应当满足结构简单、工作安全可靠、效率高、寿命长、经济性好、使用维护方便等条件。

液压系统的设计没有固定的统一步骤，图 9-1 所示为液压系统设计的基本内容和一般流程。根据系统的简繁、借鉴的多寡和设计人员经验的不同，在做法上有所差异。各部分的设计有时还要交替进行，甚至要经过多次反复才能完成。

一、明确设计要求

明确液压系统的动作和性能要求，例如，运动方式，行程和速度范围，负载条件，运动平稳性和精度，工作循环和动作周期，同步或联锁要求，工作可靠性等。

明确液压系统的工作环境，例如，环境温度、湿度、尘埃、是否易燃、外界冲击振动的情况以及安装空间的大小等。

二、确定执行元件

执行元件是液压系统的输出部分，必须满足机器设备的运动功能、性能要求及结构、安装上的限制。根据所要求的负载运动形态，选用不同的执行元件配置，见表 9-1。

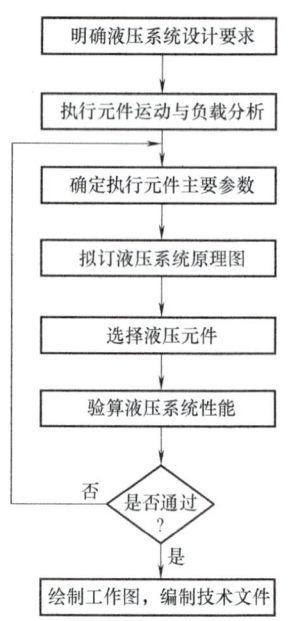

图 9-1 液压系统设计的一般流程

表 9-1 执行元件配置的选择

运动形态	执行元件	运动形态	执行元件
直线运动	液压缸	摆动	摆动液压马达
	液压马达+齿轮齿条机构		液压缸+齿轮机构
	液压马达+螺旋机构		
旋转运动	液压马达		液压马达+连杆机构

三、执行元件工况分析

对液压系统的执行元件进行工况分析，就是查明每个执行元件在各自工作过程中的速度和负载的变化规律。通常是求出一个工作循环内各阶段的速度和负载值列表表示，必要时还应作出速度、负载随时间（或位移）变化的曲线图（称速度循环图和负载循环图）。

在一般情况下，液压缸承受的负载由六部分组成，即工作负载、导轨摩擦负载、惯性负载、重力负载、密封负载和背压负载，前五项构成了液压缸所要克服的机械总负载。

1. 工作负载 F_w

不同的机器有不同的工作负载。对于金属切削机床来说，沿液压缸轴线方向的切削力即为工作负载；对液压机来说，工件的压制抗力即为工作负载。工作负载 F_w 与液压缸运动方向相反时为正值，方向相同时为负值（如顺铣加工的切削力）。工作负载既可以为恒值，也可以为变值，其大小要根据具体情况加以计算，有时还要由样机实测确定。

2. 导轨摩擦负载 F_f

导轨摩擦负载是指液压缸驱动运动部件时所受的导轨摩擦阻力，其值与运动部件的导轨形式、放置情况及运动状态有关。各种形式导轨的摩擦负载计算公式可查阅有关手册。机床上常用平导轨和 V 形导轨支承运动部件，其摩擦负载 F_f 值的计算公式（导轨水平放置时）为

平导轨

$$F_f = f(G + F_N) \tag{9-1}$$

V 形导轨

$$F_f = f \frac{G + F_N}{\sin \frac{\alpha}{2}} \tag{9-2}$$

式中　G——运动部件的重力；

　　　F_N——垂直于导轨的工作负载；

　　　α——V 形导轨面的夹角，一般 $\alpha = 90°$；

　　　f——摩擦因数，其值参考表 9-2。

表 9-2　导轨摩擦因数

导轨种类	导轨材料	工作状态	摩擦因数 f
滑动导轨	铸铁对铸铁	起动	0.16~0.2
		低速运动（$v<10$m/min）	0.1~0.12
		高速运动（$v>10$m/min）	0.05~0.08
滚动导轨	铸铁导轨对滚动体		0.005~0.02
	淬火钢导轨对滚动体		0.003~0.006
静压导轨	铸铁对铸铁		0.0005

3. 惯性负载 F_a

惯性负载是运动部件在起动加速或制动减速时的惯性力，其值可按牛顿第二定律求出

$$F_a = ma = \frac{G}{g} \frac{\Delta v}{\Delta t} \tag{9-3}$$

式中　g——重力加速度；

　　　Δt——起动、制动或速度转换时间。可取 $\Delta t = 0.01 \sim 0.5$s，轻载低速时取较小值；

　　　Δv——Δt 时间内的速度变化值。

起动加速时，惯性力方向与液压缸运动方向相反，取正值；反之，减速制动时取负值。

4. **重力负载 F_g**

垂直或倾斜放置的运动部件，在没有平衡的情况下，其自重也成为一种负载。倾斜放置时，只计算重力在运动方向上的分力。液压缸上行时重力取正值，反之取负值。

5. **密封负载 F_s**

密封负载是指密封装置的摩擦力，其值与密封装置的类型和尺寸、液压缸的制造质量和油液的工作压力有关，F_s 的计算公式详见有关手册。在未完成液压系统设计之前，不知道密封装置的参数，F_s 无法计算，一般用液压缸的机械效率 η_m 加以考虑，常取 $\eta_m = 0.90 \sim 0.97$。

6. **背压负载 F_b**

背压负载是指液压缸回油腔背压所造成的阻力。在系统方案及液压缸结构尚未确定之前，F_b 也无法计算，在负载计算时可暂不考虑。

液压缸各个主要工作阶段的机械总负载 F 可按下列公式计算

起动加速阶段

$$F = (F_f + F_a \pm F_g)/\eta_m \tag{9-4}$$

快速阶段

$$F = (F_f \pm F_g)/\eta_m \tag{9-5}$$

工进阶段

$$F = (F_f \pm F_w \pm F_g)/\eta_m \tag{9-6}$$

制动减速阶段

$$F = (F_f \pm F_w - F_a \pm F_g)/\eta_m \tag{9-7}$$

以液压马达为执行元件时，负载值的计算方法类同于液压缸。

四、执行元件主要参数的确定

（一）初选执行元件的工作压力

工作压力是确定执行元件结构参数的主要依据，它的大小影响执行元件的尺寸和成本，乃至整个系统的性能。工作压力选得高，执行元件和系统的结构紧凑，但对元件的强度、刚度及密封要求高，且要采用较高压力的液压泵；反之，如果工作压力选得低，就会增大执行元件及整个系统的尺寸，使结构变得庞大。所以应根据实际情况选取适当的工作压力。执行元件工作压力可以根据总负载值或主机设备类型选取，见表9-3 和表9-4。

表9-3 负载和工作压力之间的关系

负载 F/kN	<10	10~20	20~30	30~50	>50
工作压力 p/MPa	0.8~1.2	1.5~2.5	3.0~4.0	4.0~5.0	≥5.0

表9-4 各类液压设备常用的工作压力

设备类型	精加工机床	半精加工机床	粗加工或重型机床	农业机械、小型工程机械、工程机械辅助机构	液压机、重型机械、大中型挖掘机、起重运输机械
工作压力 p/MPa	0.8~2	3~5	5~10	10~16	20~32

(二) 确定执行元件的主要结构参数

1. 液压缸主要结构尺寸的确定

在这里,需要确定的主要结构尺寸是指缸的内径 D 和活塞杆的直径 d。计算和确定 D 和 d 的一般方法见第四章第三节,例如,对于单杆液压缸,可按式(4-12)~式(4-16)及 d、D 之间的取值关系计算 D 和 d。

对有低速运动要求的系统(如精镗机床的进给液压系统),尚需对液压缸的有效工作面积进行验算,即应保证

$$A \geqslant \frac{q_{V\min}}{v_{\min}} \tag{9-8}$$

式中 $q_{V\min}$——流量阀或变量泵的最小稳定流量,可从液压件产品样本上查得;

$v_{\min}$——液压缸要求达到的最低工作速度;

A——液压缸节流腔的有效工作面积。

验算结果若不能满足式(9-8),则说明所设计的结构尺寸和方案达不到所需的低速,必须修改设计。

2. 液压马达主要参数的确定

液压马达所需排量 V 可按下式计算

$$V = \frac{2\pi T}{p\eta_m} \tag{9-9}$$

式中 T——液压马达的负载转矩;

p——选定的马达工作压力;

η_m——液压马达的机械效率。

求得排量 V 值后,从产品样本中选择液压马达的型号。

(三) 复算执行元件的工作压力

当液压缸的主要尺寸 D、d 和马达的排量 V 计算出来以后,都按各自的系列标准作了圆整,经过圆整的标准值与计算值之间一般都存在一定的差别,因此有必要根据圆整值对工作压力进行一次复算。

还必须看到,在按上述方法确定工作压力的过程中,没有计算回油路的背压,因此所确定的工作压力只是执行元件为了克服机械总负载所需的那部分压力。在结构参数 D、d 及 V 确定之后,若选取适当的背压估算值,即可求出执行元件工作腔的压力 p_1。

对于单杆液压缸,其工作压力 p_1 可按下列公式复算:

差动快进阶段

$$p_1 = \frac{F}{A_1 - A_2} + \frac{A_2}{A_1 - A_2} p_b \tag{9-10}$$

无杆腔进油工进阶段

$$p_1 = \frac{F}{A_1} + \frac{A_2}{A_1} p_b \tag{9-11}$$

有杆腔进油快退阶段

$$p_1 = \frac{F}{A_2} + \frac{A_1}{A_2} p_b \tag{9-12}$$

式中 A_1、A_2——液压缸无杆腔和有杆腔的有效面积；

F——液压缸在各工作阶段的最大机械总负载；

p_b——液压缸回油路的背压，即回油路的总压力损失。在系统设计完成之前，p_b 无法准确计算，可先按表 9-5 估值。

表 9-5 执行元件背压的估计值

系统类型		背压 p_b/MPa
中低压系统(0~8MPa)	简单系统，一般轻载节流调速系统	0.2~0.5
	回油路带调速阀的调速系统	0.5~0.8
	回油路带背压阀	0.5~1.5
	带补油泵的闭式回路	0.8~1.5
中高压系统(8~16MPa)	同上	比中低压系统高 50%~100%
高压系统(16~32MPa)	如锻压机械液压系统等	初算时背压可忽略不计

（四）作液压工况图

各执行元件的主要参数确定之后，不但可以复算执行元件在工作循环各阶段内的工作压力，还可以求出需要输入的流量和功率。这时就可作出系统中各执行元件在其工作过程中的液压工况图，即执行元件在一个工作循环中的压力 p、流量 q_V、功率 P 对时间 t（或位移）的变化曲线图（图 9-2 所示为某一机床进给液压缸工况图）。将系统中各执行元件的液压工况图加以归并，便得出整个系统的液压工况图。液压系统的工况图可以显示整个工作循环中的系统压力、流量和功率的最大值及其分布情况，为后续设计步骤中选择元件、选择回路或修正设计提供合理的依据。

对于单执行元件系统或某些简单系统，其液压工况图的绘制可以省略，而仅将计算出的各阶段压力、流量和功率值列表表示。

五、液压系统原理图的拟订

液压系统原理图是表示液压系统的组成和工作原理的图样。拟订液压系统原理图是设计液压系统的关键一步，它对系统的性能及设计方案的合理性、经济性具有决定性的影响。

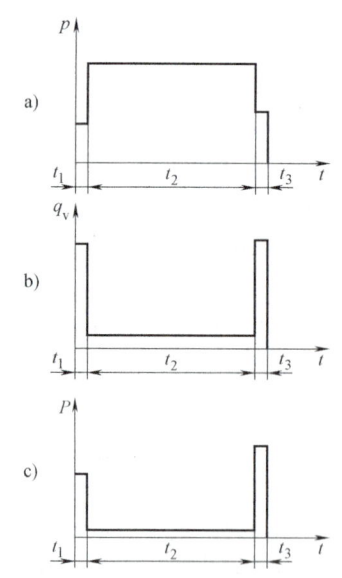

图 9-2 机床进给液压缸液压工况图
a）压力图 b）流量图 c）功率图
t_1—快进时间 t_2—工进时间
t_3—快退时间

1. 确定油路类型

一般具有较大空间可以存放油箱且不另设散热装置的系统，大都采用开式油路；凡容许采用辅助泵进行补油并借此进行冷热油交换来达到冷却目的的系统，都采用闭式油路。通常节流调速系统采用开式油路，容积调速系统则采用闭式油路。

2. 选择液压回路

在拟定液压系统原理图时，应根据各类主机的工作特点和性能要求，首先确定对主机主要性能起决定性影响的主要回路。例如机床液压系统，调速和速度换接回路是主要回路；压力机液压系统，调压回路是主要回路。然后，再考虑其他辅助回路，例如有垂直运动部件的系统要考虑平衡回路，有多个执行元件的系统要考虑顺序动作、同步或互不干扰回路，有空载运行要求的系统则要考虑卸荷回路等。

3. 绘制液压系统原理图

将挑选出来的各个回路综合起来，构成一个完整的液压系统。进行回路综合时，在满足工作机构运动要求及生产率的前提下，力求系统简单，工作安全可靠，动作平稳、效率高，调整和维护保养方便。

六、液压元件的计算和选择

（一）选择液压泵

先根据设计要求和系统工况确定泵的类型，然后根据液压泵的最大工作压力和最大供油量来选择液压泵的规格。

1. 确定液压泵的最大工作压力 p_P

$$p_P \geq p_1 + \Sigma \Delta p_1 \tag{9-13}$$

式中　p_1——执行元件的最大工作压力；

　　　$\Sigma \Delta p_1$——进油路上总的压力损失。

如系统在执行元件停止运动时才出现最高工作压力，则 $\Sigma \Delta p_1 = 0$；否则必须计算出油液流过控制调节元件和管道时的各项压力损失。初算时可凭经验进行估计，对简单系统取 $\Sigma \Delta p_1 = 0.2 \sim 0.5$ MPa，对复杂系统取 $\Sigma \Delta p_1 = 0.5 \sim 1.5$ MPa。

2. 确定液压泵的最大供油量 q_{VP}

$$q_{VP} \geq K \Sigma q_{V\max} \tag{9-14}$$

式中　K——系统的泄漏修正系数，一般取 $K = 1.1 \sim 1.3$，大流量取小值，小流量取大值；

　　　$\Sigma q_{V\max}$——同时动作各缸所需流量之和的最大值。

系统中采用蓄能器供油时，q_{VP} 由系统一个工作周期 T 中的平均流量确定

$$q_{VP} \geq \frac{K \Sigma V_i}{T} \tag{9-15}$$

式中　V_i——系统在整个周期中第 i 个阶段内的耗油量。

3. 选择液压泵的规格型号

液压泵的规格型号按 p_P、q_{VP} 值在产品样本中选取。为了使液压泵工作安全可靠，液压泵应有一定的压力储备量，通常泵的额定压力可比 p_P 高 25%~60%。泵的额定流量则宜与 q_{VP} 相当，不要超过太多，以免造成过大的功率损失。

4. 选择驱动液压泵的电动机

驱动液压泵的电动机根据驱动功率和泵的转速来选择。

1）在整个工作循环中，泵的压力和流量在较多时间内皆达到最大工作数值时，驱动泵的电动机功率 P 为

$$P = \frac{p_P q_{VP}}{\eta_P} \tag{9-16}$$

式中　p_P——液压泵的最大工作压力；

　　　q_{VP}——液压泵的输出流量；

　　　η_P——液压泵的总效率，数值可见表 3-3。一般有上下限，规格大的取上限，变量泵取下限，定量泵取上限。

2）限压式变量叶片泵的驱动功率，可按泵的实际压力流量特性曲线拐点处功率来计算。

3）在工作循环中，泵的压力和流量变化较大时，可分别计算出工作循环中各个阶段所需的驱动功率，然后求其平均值 P 为

$$P = \sqrt{\frac{P_1^2 t_1 + P_2^2 t_2 + \cdots + P_n^2 t_n}{t_1 + t_2 + \cdots + t_n}} \tag{9-17}$$

式中　$P_1, P_2, \cdots, P_n$——一个工作循环中各阶段所需的驱动功率；

　　　$t_1, t_2, \cdots, t_n$——一个工作循环中各阶段所需的时间。

在选择电动机时，应将求得的 P 值与各工作阶段的最大功率值比较，若最大功率符合电动机短时超载 25% 的范围，则按平均功率选择电动机。否则，按最大功率选择电动机。

（二）选择阀类元件

各种阀类元件的规格型号按液压系统原理图和系统工况图中提供的情况从产品样本中选取。各种阀的额定压力和额定流量一般应与其工作压力和最大通过流量相接近，必要时可允许其最大通过流量超过额定流量 20%。

具体选择时应注意溢流阀按液压泵的最大流量来选取；流量阀还必须考虑最小稳定流量，以满足低速稳定性要求；单杆缸系统若无杆腔有效作用面积为有杆腔有效作用面积的 n 倍，有杆腔进油时，则回油流量为进油流量的 n 倍，因此应以 n 倍的流量来选择通过的阀类元件。

（三）选择液压辅助元件

油管的规格尺寸大多由它所连接的液压元件接口处尺寸决定，只对一些重要的管道才验算其内径和壁厚，验算公式见第六章。

过滤器、蓄能器和油箱容量的选择亦见第六章。

（四）阀类元件配置形式的选择

对于机床等固定式的液压设备，常将液压系统的动力源、阀类元件（包括某些辅助元件）集中安装在主机外的液压站上。这样能使安装与维修方便，并消除了动力源振动与油温变化对主机工作精度的影响。而阀类元件在液压站上的配置也有多种形式可供选择。配置形式不同，液压系统的压力损失和元件的连接安装结构也有所不同。阀类元件的配置形式目前广泛采用集成化配置，具体有下列三种。

1. 油路板式

油路板又称为阀板，它是一块较厚的液压元件安装板，板式阀类元件由螺钉安装在板的正面，管接头安装在板的侧面，各元件之间的油路全部由板内的加工孔道形成，如图 9-3 所示。这种配置形式的优点是结构紧凑，油管少，调节方便，不易出故

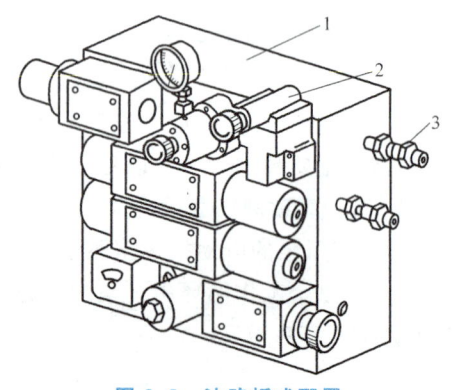

图 9-3　油路板式配置
1—油路板　2—阀体　3—管接头

障；缺点是加工较困难，油路的压力损失较大。

2. 集成块式

集成块是一块通用化的六面体，四周除一面装通向执行元件的管接头外，其余三面均可安装阀类元件。块内由钻孔形成的油路，一般是常用的典型基本回路。一个液压系统往往由几个集成块组成，块的上下两面作为块与块之间的结合面，各集成块与顶盖、底板一起用长螺栓叠装起来，即组成整个液压系统，如图9-4所示。总进油口与回油口开在底板上，通过集成块的公共孔直接通顶盖。这种配置形式的优点是结构紧凑，油管少，可标准化，便于设计与制造，更改设计方便，油路压力损失小。

3. 叠加阀式

叠加阀式与一般管式、板式标准元件相比，其工作原理没有多大差别，但具体结构却不相同。它是自成系列的新型元件，每个叠加阀既起控制阀作用，又起通道体的作用。因此，叠加阀式配置不需要另外的连接块，只需用长螺栓直接将各叠加阀叠装在底板上，即可组成所需的液压系统，如图9-5所示。这种配置形式的优点是结构紧凑，油管少，体积小，重量轻，不需设计专用的连接块，油路的压力损失很小。

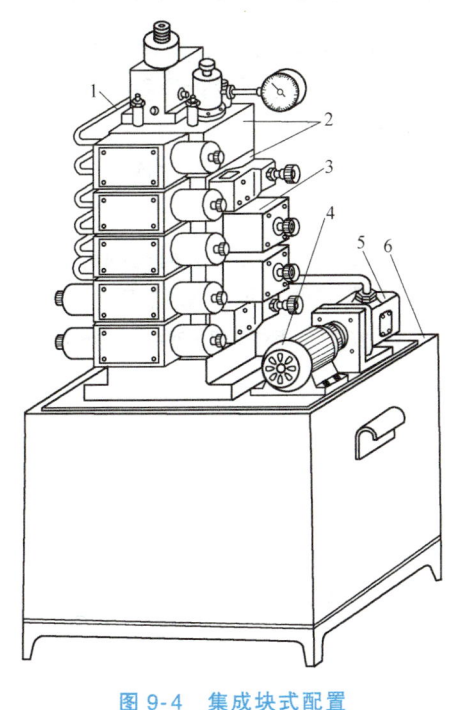

图 9-4　集成块式配置

1—油管　2—集成块　3—阀
4—电动机　5—液压泵　6—油箱

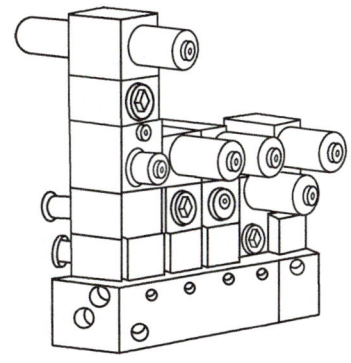

图 9-5　叠加阀式配置

七、液压系统技术性能的验算

液压系统初步设计完成之后，需要对它的主要技术性能加以验算，以便评判其设计质量，并改进和完善液压系统。下面说明系统压力损失及发热温升的验算方法。

（一）系统压力损失的验算

画出管路装配草图后，即可计算管路的沿程压力损失 Δp_λ、局部压力损失 Δp_ζ 和液流通

过阀类元件的局部压力损失 Δp_V，它们的计算公式详见第二章。管路总的压力损失为

$$\Sigma \Delta p = \Sigma \Delta p_\lambda + \Sigma \Delta p_\zeta + \Sigma \Delta p_V \tag{9-18}$$

应按系统工作循环的不同阶段，对进油路和回油路分别计算压力损失。

但是在系统的具体管道布置情况没有明确之前，$\Sigma \Delta p_\lambda$ 和 $\Sigma \Delta p_\zeta$ 仍无法计算。为了尽早地评估系统的主要性能，避免后面的设计工作出现大的反复，在系统方案初步确定之后，通常用阀类局部损失 $\Sigma \Delta p_V$ 来对管路的压力损失进行概略的估算，因为这部分损失在系统的整个压力损失中往往占很大的比重。部分阀类的压力损失 Δp_V 见表9-6。

表9-6 部分阀类的压力损失 Δp_V

阀 名	压力损失 Δp_V/MPa	阀 名	压力损失 Δp_V/MPa
单向阀	0.2~0.3	背压阀	0.3~0.8
行程阀	0.15~0.2	转阀	0.15~0.2
换向阀	0.15~0.3	节流阀	0.2~0.3
顺序阀	0.15~0.3	调速阀	0.3~0.5

在对进、回油路分别算出 $\Sigma \Delta p_{V1}$ 和 $\Sigma \Delta p_{V2}$ 后，将此验算值与前述设计过程中初步选取的进、回油路压力损失经验值相比较，若验算值较大，一般应对原设计进行必要的修改，重新调整有关阀类元件的规格和管道尺寸等，以降低系统的压力损失。

需要指出，实践证明，对于较简单的液压系统，压力损失验算可以省略。

(二) 系统发热温升的验算

液压系统在工作时有压力损失、容积损失和机械损失，这些损失所消耗的能量均转变为热能，使油温升高，导致油的黏度下降，油液变质，机器零件变形，影响正常工作。为此，必须控制温升 ΔT 在许可范围内，如一般机床 $\Delta T = 25 \sim 30℃$；数控机床 $\Delta T \leq 25℃$；粗加工机械、工程机械和机车车辆 $\Delta T = 35 \sim 40℃$。

功率损失使系统发热，则单位时间的发热量 ϕ 为

$$\phi = P_1 - P_2 \tag{9-19}$$

式中 P_1——系统的输入功率(即泵的输入功率)，单位为 kW；

P_2——系统的输出功率(即缸的输出功率)，单位为 kW。

若在一个工作循环中有几个工作阶段，则可根据各阶段的发热量求出系统的平均发热量，即

$$\phi = \frac{1}{\tau} \sum_{i=1}^{n} (P_{1i} - P_{2i}) t_i \tag{9-20}$$

式中 τ——工作循环周期；

t_i——各工作阶段的持续时间；

i——工作阶段的序号。

液压系统在工作中产生的热量，经过所有元件的表面散发到空气中去，但绝大部分热量是由油箱散发的。油箱在单位时间的散热量 ϕ' 可按下式计算

$$\phi' = hA\Delta T \tag{9-21}$$

式中 A——油箱的散热面积，单位为 m^2；

ΔT——液压系统的温升，单位为℃；

h——油箱的散热系数。当自然冷却通风很差时，$h = (8 \sim 9) \times 10^{-3} \mathrm{kW/(m^2 \cdot \text{℃})}$；当自然冷却通风良好时，$h = 15 \times 10^{-3} \mathrm{kW/(m^2 \cdot \text{℃})}$；用风扇冷却时，$h = 23 \times 10^{-3} \mathrm{kW/(m^2 \cdot \text{℃})}$；用循环水冷却时，$h = (110 \sim 170) \times 10^{-3} \mathrm{kW/(m^2 \cdot \text{℃})}$。

当液压系统的散热量等于发热量时，$\phi' = \phi$，系统达到了热平衡，这时液压系统的温升为

$$\Delta T = \frac{\phi}{hA} \tag{9-22}$$

如果油箱三个边长的比例在 1∶1∶1 到 1∶2∶3 范围内，且油面高度为油箱高度的80%，其散热面积 A 近似为

$$A = 0.065 \sqrt[3]{V^2} \tag{9-23}$$

式中　V——油箱有效容积，单位为 L；
　　　A——散热面积，单位为 $\mathrm{m^2}$。

按式(9-22)算出的温升 ΔT 值如果超过允许数值时，系统必须采取适当的冷却措施。

八、绘制正式工作图和编制技术文件

所设计的液压系统经过验算后，即可对初步拟订的液压系统进行修改，并绘制正式工作图和编制技术文件。

1. 绘制正式工作图

正式工作图包括液压系统原理图、液压系统装配图、液压缸等非标准元件装配图及零件图。

液压系统原理图中应附有液压元件明细栏，明细栏中标明各液压元件的规格、型号和压力、流量调整值。一般还应绘出各执行元件的工作循环图和电磁铁动作程序表。

液压系统装配图是液压系统的安装施工图，包括油箱装配图、液压泵装置图、集成油路装配图和管路安装图等。在管路安装图中应画出各油管的走向、固定装置结构、各种管接头的形式和规格等。

关于液压装置布局应注意的事项有：

1) 液压装置中各部件、元件的布置要匀称，便于装配、调整、维修和使用，并且要适当注意外观的整齐和美观。

2) 在阀类元件的布置中，行程阀的安放位置必须靠近运动部件；手动换向阀的位置必须靠近操作部位；换向阀之间应留有一定的轴向距离，以便进行手动调整或装拆电磁铁；压力计及其开关应布置在便于观察和调整的地方。

3) 液压泵与液压设备相连接的管道一般都先集中接到液压设备的中间接头上，然后再分别通向不同部件的各个执行机构中去，这样做有利于搬运、装拆和维修。

4) 硬管应贴地或沿着主机外形壁面敷设。相互平行的管道应保持一定的间隔，并用管夹固定。随工作部件运动的管道可采用软管、伸缩管或弹性管。软管布置时应注意勿使软管的安装在工作中发生扭转，以免影响其使用寿命。

2. 编制技术文件

技术文件一般包括液压系统设计计算说明书，液压系统使用及维护技术说明书，零部件目录表，标准件、通用件及外购件总表等。

第二节 液压系统设计计算举例

设计一台钻镗两用组合机床液压系统,完成 8 个 φ14mm 孔的加工进给传动。设计过程如下。

一、明确液压系统设计要求

根据加工需要,该系统的工作循环是:快速前进—工作进给—快速退回—原位停止。

调查研究及计算结果表明,快进快退速度约为 4.5m/min(0.075m/s),工进速度应能在 20~120mm/min(0.0003~0.002m/s)范围内无级调速,最大行程为 400mm(其中工进行程为 180mm),最大切削力为 18kN,运动部件自重为 25kN,起动换向时间 $\Delta t = 0.05s$,采用水平放置的平导轨,静摩擦系数 $f_s = 0.2$,动摩擦系数 $f_d = 0.1$。

二、分析液压系统工况

液压缸在工作过程各阶段的负载为:

起动加速阶段

$$F = (F_f + F_a)\frac{1}{\eta_m} = \left(f_s G + \frac{G}{g}\frac{\Delta v}{\Delta t}\right)\frac{1}{\eta_m} = \left(0.2 \times 25000 + \frac{25000}{9.8} \times \frac{0.075}{0.05}\right) \times \frac{1}{0.9} \text{N} = 9810\text{N}$$

快进或快退阶段

$$F = \frac{F_f}{\eta_m} = \frac{f_d G}{\eta_m} = \frac{0.1 \times 25000}{0.9}\text{N} = 2780\text{N}$$

工进阶段

$$F = \frac{F_W + F_f}{\eta_m} = \frac{F_W + f_d G}{\eta_m} = \frac{18000 + 0.1 \times 25000}{0.9}\text{N} = 22780\text{N}$$

将液压缸在各阶段的速度和负载值列于表 9-7 中。

表 9-7 液压缸在各阶段的速度和负载值

工作阶段	速度 $v/(\text{m}\cdot\text{s}^{-1})$	负载 F/N	工作阶段	速度 $v/(\text{m}\cdot\text{s}^{-1})$	负载 F/N
起动加速		9810	工进	最小 0.0003,最大 0.002	22780
快进、快退	0.075	2780			

三、确定液压缸的主要参数

(一)初选液压缸的工作压力

由负载值大小查表 9-3,参考同类型组合机床,取液压缸工作压力为 3MPa。

(二)确定液压缸的主要结构参数

由表 9-7 看出最大负载为工进阶段的负载 $F = 22780\text{N}$,则

$$D = \sqrt{\frac{4F}{\pi p}} = \sqrt{\frac{4 \times 22780}{3.14 \times 3 \times 10^6}}\text{m} = 9.84 \times 10^{-2}\text{m}$$

查设计手册，按液压缸内径系列表将以上计算值圆整为标准直径，取 $D=100\mathrm{mm}$。

为了实现快进速度与快退速度相等，采用差动连接，则 $d=0.7D$，所以

$$d=0.7\times 100\mathrm{mm}=70\mathrm{mm}$$

同样，圆整成标准系列活塞杆直径，取 $d=70\mathrm{mm}$。由 $D=100\mathrm{mm}$，$d=70\mathrm{mm}$ 算出液压缸无杆腔有效作用面积为 $A_1=78.5\mathrm{cm}^2$，有杆腔有效作用面积为 $A_2=40.1\mathrm{cm}^2$。

工进若采用调速阀调速，查产品样本，调速阀最小稳定流量 $q_{V\min}=0.05\mathrm{L/min}$，因最小工进速度 $v_{\min}=20\mathrm{mm/min}$，则

$$\frac{q_{V\min}}{v_{\min}}=\frac{0.05\times 10^3}{20\times 10^{-1}}\mathrm{cm}^2=25\mathrm{cm}^2<A_2<A_1$$

故能满足低速稳定性要求。

(三) 计算液压缸的工作压力、流量和功率

1. 复算工作压力

根据表 9-5，本系统的背压估计值可在 $0.5\sim 0.8\mathrm{MPa}$ 范围内选取，故暂定：工进时，$p_\mathrm{b}=0.8\mathrm{MPa}$；快速运动时，$p_\mathrm{b}=0.5\mathrm{MPa}$。液压缸在工作循环各阶段的工作压力 p_1 即可按式(9-10)、式(9-11)和式(9-12)计算。

差动快进阶段

$$p_1=\frac{F}{A_1-A_2}+\frac{A_2}{A_1-A_2}p_\mathrm{b}=\frac{2780}{(78.5-40.1)\times 10^{-4}}\mathrm{Pa}+\frac{40.1\times 10^{-4}\times 0.5\times 10^6}{(78.5-40.1)\times 10^{-4}}\mathrm{Pa}$$
$$=1.25\times 10^6\mathrm{Pa}=1.25\mathrm{MPa}$$

工作进给阶段

$$p_1=\frac{F}{A_1}+\frac{A_2}{A_1}p_\mathrm{b}=\frac{22780}{78.5\times 10^{-4}}\mathrm{Pa}+\frac{40.1\times 10^{-4}}{78.5\times 10^{-4}}\times 0.8\times 10^6\mathrm{Pa}=3.31\times 10^6\mathrm{Pa}=3.31\mathrm{MPa}$$

快速退回阶段

$$p_1=\frac{F}{A_2}+\frac{A_1}{A_2}p_\mathrm{b}=\frac{2780}{40.1\times 10^{-4}}\mathrm{Pa}+\frac{78.5\times 10^{-4}}{40.1\times 10^{-4}}\times 0.5\times 10^6\mathrm{Pa}=1.67\times 10^6\mathrm{Pa}=1.67\mathrm{MPa}$$

2. 计算液压缸的输入流量

因快进、快退速度 $v_1=0.075\mathrm{m/s}$，最大工进速度 $v_2=0.002\mathrm{m/s}$，则液压缸各阶段的输入流量需为：

快进阶段

$$q_{V1}=(A_1-A_2)v_1=(78.5-40.1)\times 10^{-4}\times 0.075\mathrm{m}^3/\mathrm{s}$$
$$=0.29\times 10^{-3}\mathrm{m}^3/\mathrm{s}=17.3\mathrm{L/min}$$

工进阶段

$$q_{V1}=A_1v_2=78.5\times 10^{-4}\times 0.002\mathrm{m}^3/\mathrm{s}=0.016\times 10^{-3}\mathrm{m}^3/\mathrm{s}=0.94\mathrm{L/min}$$

快退阶段

$$q_{V1}=A_2v_1=40.1\times 10^{-4}\times 0.075\mathrm{m}^3/\mathrm{s}=0.3\times 10^{-3}\mathrm{m}^3/\mathrm{s}=18\mathrm{L/min}$$

3. 计算液压缸的输入功率

快进阶段

$$P=p_1q_{V1}=1.25\times 10^6\times 0.29\times 10^{-3}\mathrm{W}=360\mathrm{W}=0.36\mathrm{kW}$$

工进阶段

$$P = p_1 q_{V1} = 3.31 \times 10^6 \times 0.016 \times 10^{-3} \text{W} = 50\text{W} = 0.05\text{kW}$$

快退阶段

$$P = p_1 q_{V1} = 1.67 \times 10^6 \times 0.3 \times 10^{-3} \text{W} = 500\text{W} = 0.5\text{kW}$$

将以上计算的压力、流量和功率值列于表 9-8 中。

表 9-8 液压缸在各工作阶段的压力、流量和功率

工作阶段	工作压力 p_1/MPa	输入流量 q_{V1}/(L·min^{-1})	输入功率 P/kW
快速前进	1.25	17.3	0.36
工作进给	3.31	0.94	0.05
快速退回	1.67	18	0.5

四、拟订液压系统原理图

根据钻镗两用组合机床的设计任务和工况分析，该机床对调速范围、低速稳定性有一定要求，因此速度控制是该机床要解决的主要问题，速度的调节、换接和稳定性是该机床液压系统设计的核心。

1. 速度控制回路的选择

本机床的进给运动要求有较好的低速稳定性和速度负载特性，故采用调速阀调速。这样有三种方案供选择，进油节流调速、回油节流调速、限压式变量泵加调速阀的容积节流调速。本系统为小功率系统，效率和发热问题并不突出；钻镗属于连续切削加工，切削力变化不大，而且是正负载，在其他条件相同的情况下，进油节流调速比回油节流调速能获得更低的稳定速度。故本机床液压系统采用调速阀的进油节流调速，为防止孔钻通时发生前冲，应在回油路上加背压阀。

由表 9-8 得知，液压系统的供油主要为低压大流量和高压小流量两个阶段，若采用单个定量泵，显然系统的功率损失大，效率低。为了提高系统效率和节约能源，所以采用双泵供油回路。

由于选定了节流调速方案，所以油路采用开式循环油路。

此外，根据本机床的运动形式和要求，选用单杆活塞式液压缸；为了使快进和快退速度相同，故选用差动连接增速回路；为了使速度换接平稳可靠，选用行程阀控制的速度换接回路。

2. 换向回路的选择

本系统对换向平稳性的要求不很高，所以选用价格较低的电磁换向阀控制的换向回路。为便于差动连接，选用三位五通电磁换向阀。为了调整方便和便于增设液压夹紧支路，故选用 Y 型中位机能换向阀。为了控制轴向加工尺寸，提高换向位置精度，采用固定挡块加压力继电器的行程终点转换控制。

3. 压力控制回路的选择

由于采用双泵供油回路，故用外控顺序阀实现低压大流量泵卸荷，用溢流阀调整高压小流量泵的供油压力。为了观察调整压力，在液压泵的出口处、背压阀和液压缸无杆腔进口处设测压点。

将上述所选定的液压回路进行归并，并根据需要作必要的修改调整，最后画出液压系统原理图如图9-6所示。

五、选择液压元件

1. 选择液压泵

由表9-8可知工进阶段液压缸工作压力最大，若取进油路总压力损失 $\Sigma\Delta p_1$ = 0.5MPa，则液压泵最高工作压力可按式(9-13)算出，即

$$p_P \geqslant p_1 + \Sigma\Delta p_1 = (3.31+0.5)\text{MPa}$$
$$= 3.81\text{MPa}$$

因此，泵的额定压力可取(3.81 + 3.81 × 25%)MPa = 4.76MPa。

将表9-8中的流量值代入式(9-14)，可分别求出快速进给以及工进阶段泵的供油流量。快进、快退时泵的流量为

$$q_{VP} \geqslant Kq_1 = 1.1 \times 18\text{L/min} = 19.8\text{L/min}$$

工进时泵的流量为

$$q_{VP} \geqslant Kq_1 = 1.1 \times 0.94\text{L/min} = 1.04\text{L/min}$$

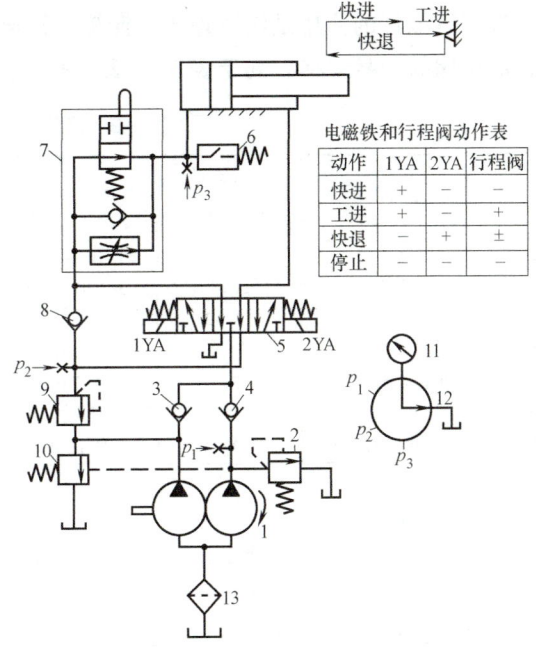

图9-6 液压系统原理图
1—双联叶片泵 2—溢流阀 3、4、8—单向阀
5—换向阀 6—压力继电器 7—单向行程调速阀
9—背压阀 10—外控顺序阀 11—压力计
12—压力计开关 13—过滤器

考虑到节流调速系统中溢流阀的性能特点，尚须加上溢流阀稳定工作的最小溢流量，一般取为3L/min，所以小流量泵的流量为

$$q_{VP1} = (1.04+3)\text{L/min} = 4.04\text{L/min}$$

查产品样本，选用小泵排量为 V = 6mL/r 的 YB1 型双联叶片泵，额定转速 n = 960r/min，则小泵的额定流量为

$$q_{Vn1} = Vn\eta_V = 6\times10^{-3}\times960\times0.9\text{L/min} = 5.18\text{L/min}$$

因此，大流量泵的流量为

$$q_{VP2} = (19.8-5.18)\text{L/min} = 14.62\text{L/min}$$

查产品样本，选用大泵排量为 V = 16mL/r 的 YB1 型双联叶片泵，额定转速 n = 960r/min，则大泵的额定流量为

$$q_{Vn2} = Vn\eta_V = 16\times10^{-3}\times960\times0.9\text{L/min} = 13.821\text{L/min}$$

q_{Vn2} 接近于 q_{VP2} 基本可以满足要求。故本系统选用一台 YB1-16/6 型双联叶片泵。

由表9-8可见，快退阶段的功率最大，故按快退阶段估算电动机功率。若取快退时进油路的压力损失 $\Sigma\Delta p_1$ = 0.2MPa，液压泵的总效率 η_P = 0.7，则电动机的功率为

$$P_P = \frac{p_P q_{VP}}{\eta_P} = \frac{(p_1+\Sigma\Delta p_1)q_{Vn}}{\eta_P} = \frac{(1.67+0.2)\times10^6\times(5.18+13.82)\times10^{-3}}{60\times0.7}\text{W} = 846\text{W}$$

查电动机产品样本，选用 YE3-90L-6 型异步电动机，P = 1.1kW，n = 950r/min。

2. 选择液压阀

根据所拟订的液压系统原理图，计算分析通过各液压阀油液的最高压力和最大流量，选择各液压阀的型号规格，列于表 9-9（表中阀类元件主要选自 GE 系列）。

表 9-9 液压元件的型号规格

序号	元 件 名 称	通过流量 $q_V/(L \cdot min^{-1})$	型号规格	序号	元 件 名 称	通过流量 $q_V/(L \cdot min^{-1})$	型号规格
1	双联叶片泵	19	YB1-16/6	8	单向阀	9.50	AF3-Ea10B
2	溢流阀	5.18	YF3-10B	9	背压阀	0.48	YF3-10B
3	单向阀	13.82	AF3-Ea10B	10	外控顺序阀	14.30	XF3-10B
4	单向阀	5.18	AF3-Ea10B	11	压力计		Y-100T
5	三位五通电磁换向阀	38	35EF3Y-E10B	12	压力计开关		KF3-E3B
6	压力继电器		DP_1-63B	13	过滤器	19	XU-J40×80
7	单向行程调速阀	38	AXQF3-E10L				

3. 选择辅助元件

油管内径一般可参照所接元件接口尺寸确定，也可按管路允许流速进行计算，本系统油管选 18mm×1.5mm 无缝钢管。

油箱容量按第六章式(6-1)确定，即

$$V = m q_{VP} = (5 \sim 7) \times 19L = 95 \sim 133L$$

其他辅助元件型号规格列于表 9-9 中。

六、液压系统性能的验算

由于本液压系统比较简单，压力损失验算可以从略。又由于系统采用双泵供油方式，在液压缸工进阶段，大流量泵卸荷，功率使用合理；同时油箱容量可以取较大值，系统发热温升不大，故不必进行系统温升的验算。

第三节 CAD 在液压系统设计中的应用

计算机辅助设计（简称 CAD）应用于液压系统设计中，可以提高设计效率，缩短设计周期，保证设计质量。

液压系统 CAD 一般用在以下几个方面：

(1) 设计液压系统原理图　根据设计要求和选液压系统的设备结构类型，得出液压系统原理图和元件明细栏。

(2) 专用液压元件的设计　根据给定的设计参数，利用专用的 CAD 软件系统，寻找液压件的满意图形、数据或结果。例如，进行液压缸、液压阀、油箱等元件的性能设计或结构设计；进行集成块孔道的设计和检验等。

(3) 液压系统管路安装图的设计　根据主机总装配图（或有关数据）、已设计好的液压系统原理图和元件明细栏，绘制两维或三维的液压系统管路安装图。

(4) 分析液压系统的静态特性　根据设计参数对系统的负载特性、能源利用率、发热与温升等技术特性进行分析，并可反复修改设计参数，直到获得满意结果时为止。

第九章 液压传动系统的设计与计算

（5）分析和预测液压系统的动态特性 根据初步设计好的液压系统建立起数学模型，进行稳定性分析或动态响应数字仿真，通过数据或图形曲线显示其结果，并可反复修改系统参数，直到获得满意结果为止。

习　题

9-1　设计液压系统一般应有哪些步骤？要明确哪些要求？

9-2　设计液压系统要进行哪些方面的计算？

9-3　设计一台卧式单面多轴钻孔组合机床的液压系统，要求液压系统完成：

（1）工件的定位与夹紧，所需夹紧力不得超过 6000N。

（2）机床进给系统的工作循环为快进—工进—快退—停止。机床快进、快退速度为 6m/min，工进速度为 30～120mm/min，快进行程为 200mm，工进行程为 50mm，最大切削力为 25000N；运动部件总重量为 15000N，加速(减速)时间为 0.1s，采用平导轨，静摩擦因数为 0.2，动摩擦因数为 0.1。

9-4　一台专用铣床，铣头驱动电动机功率为 7.5kW，铣刀直径为 120mm，转速为 350r/min，如工作台、工件和夹具的总重量为 5500N，工作台行程为 400mm，快进、快退速度为 4.5m/min，工进速度为 60～1000mm/min，加速(减速)时间为 0.05s，工作台采用平导轨，静摩擦因数为 0.2，动摩擦因数为 0.1，试设计该机床的液压系统。

第十章 液压伺服系统

伺服系统又称为随动系统或跟踪系统,是一种自动控制系统。在这种系统中,执行元件能够自动地、快速而准确地按照输入信号的变化规律而动作。同时,系统还起到将信号功率放大的作用。由液压元件组成的伺服系统称为液压伺服系统。

第一节 概 述

一、液压伺服系统的工作原理

图 10-1 所示是一个简单液压伺服系统的原理图。该系统的主要组成元件是滑阀 1 和液压缸 2,阀体与缸体固连。液压泵以恒定的压力 p_s 向系统供油。当阀芯处于中间位置时,阀口关闭,阀没有流量输出,液压缸不动,系统处于静止状态。若阀芯向右移动一段距离 x,则 a、b 处便有一个相应的开口 $x_V = x$,压力油经油口 a 进入液压缸右腔,推动缸体右移,液压缸左腔的油液经油口 b 流回油箱。由于缸体与阀体刚性固连,因此阀体也跟随缸体一起右移,其结果使阀的开口量 x_V 减小。当缸体位移 y 等于阀芯位移 x 时,阀的开口量 $x_V = 0$,阀的输出流量就等于零,液压缸便停止运动,处于一个新的平衡位置上。如果阀芯不断地向右移动,则液压缸就拖动负载不停地向右移动。如果阀芯反向运动,则液压缸也反向跟随运动。

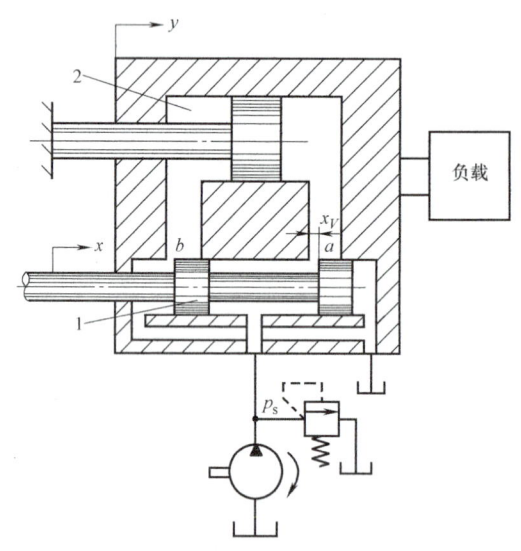

图 10-1 液压伺服系统的工作原理
1—滑阀 2—液压缸

由此可以看出,液压伺服系统有如下特点:

(1) 跟踪 系统的输出量(也称为输出信号或被控量)能够自动地、快速而准确地复现输入量(也称为输入信号)的变化规律。

(2) 放大 移动阀芯所需的力很小,只需要几牛顿到几十牛顿,但液压缸输出的力却很大,可达数千到数万牛顿。功率放大所需要的能量是由液压能源供给的。

(3) 反馈 把输出量的一部分或全部按一定方式回送到输入端,和输入信号进行比较,这就是反馈。回送的信号称为反馈信号。若反馈信号不断地抵消输入信号的作用,则称为负反馈。负反馈是自动控制系统具有的主要特征。图 10-1 所示的负反馈是通过阀体和缸体的刚性连接来实现的,液压缸的输出位移 y 连续不断地回送到阀体上,与阀芯的输入位移 x 相比较,其结果使阀的开口减小。此例的反馈是一种机械的位置反馈。反馈还可以是电气的、气动的、液压的或是它们的组合形式。

(4)偏差 输入信号与反馈信号的差值称为偏差。图 10-1 所示的偏差就是滑阀的开口量 x_V,$x_V=x-y$。只要有 x_V 存在,液压缸就运动,直至缸体的输出位移与阀芯的输入位移一致为止。此时,$y=x$,$x_V=0$。

综上所述,液压伺服控制的基本原理是:利用反馈信号与输入信号相比较得出偏差信

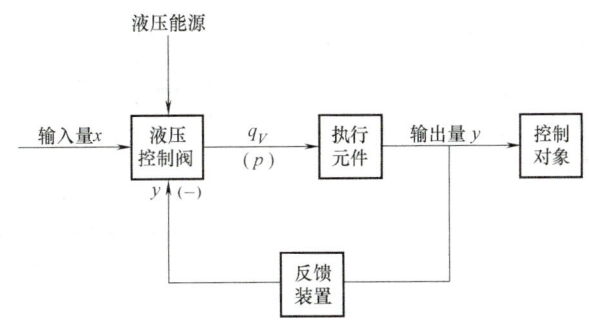

图 10-2 液压伺服系统工作原理方块图

号,该偏差信号控制液压能源输入到系统的能量,使系统向着减小偏差的方向变化,直至偏差等于零或足够小,从而使系统的实际输出与希望值相符。

液压伺服系统的工作原理可以用方块图来表示,如图 10-2 所示。因为系统有反馈,方块图自行封闭,形成闭环。所以,液压伺服系统是一种闭环控制系统,从而能够实现高精度控制。

二、液压伺服系统的分类

液压伺服系统可以从不同的角度加以分类。
1)按输出的物理量分类,有位置伺服系统、速度伺服系统、力(或压力)伺服系统等。
2)按控制信号分类,有机液伺服系统、电液伺服系统、气液伺服系统。
3)按控制元件分类,有阀控系统和泵控系统两大类。在机械设备中以阀控系统应用较多,故本章着重介绍阀控系统。

三、液压伺服系统的优缺点

液压伺服系统除具有液压传动所固有的一系列优点外,还具有承载能力大、控制精度高、响应速度快、自动化程度高、体积小,重量轻等优点。

但是,液压伺服元件加工精度高,因此价格较贵;对油液的污染比较敏感,因此可靠性受到影响;在小功率系统中,液压伺服控制不如电子线路控制灵活。随着科学技术的发展,液压伺服系统的缺点将不断得到克服。在自动化技术领域,液压伺服控制有着广泛的应用前景。

第二节 液压伺服阀

液压伺服阀是液压伺服系统中的主要控制元件，它的性能直接影响系统的工作性能。液压伺服阀将小功率的位移信号转换为大功率的液压信号，所以也称为液压放大器。常用的液压伺服阀有滑阀、喷嘴挡板阀和射流管阀等。其中滑阀的结构形式多样，应用比较普遍。

一、滑阀

根据滑阀控制边（起节流作用的工作边）数目的不同，可分为单边滑阀、双边滑阀和四边滑阀。

图 10-3 所示为单边滑阀的工作原理。单边滑阀只有一个边起控制液流的作用。压力油进入液压缸的有杆腔后，经过活塞上的固定节流孔 a 进入无杆腔，压力由 p_s 降为 p_1，然后再经过阀口流回油箱。若液压缸不受外载作用，则 $p_1 A_1 = p_s A_2$，液压缸不动。当阀芯左移时，开口量 x_V 增大，无杆腔压力 p_1 则减小，于是 $p_1 A_1 < p_s A_2$，缸体也向左移动。因为缸体和阀体刚性连接成一个整体，故阀体也左移，又使 x_V 减小，直至平衡。

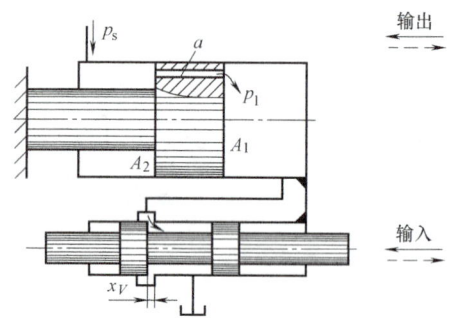

图 10-3 单边滑阀的工作原理

图 10-4 所示为双边滑阀的工作原理。压力为 p_s 的工作油液一路直接进入液压缸有杆腔，腔内压力 $p_2 = p_s$；另一路经滑阀左控制边的开口 x_{V1} 和液压缸无杆腔相通，并经滑阀右控制边的开口 x_{V2} 流回油箱，显然，液压缸无杆腔的压力 $p_1 < p_s$。当 $p_1 A_1 = p_2 A_2 = p_s A_2$ 时，缸体受力平衡，静止不动。当滑阀阀芯左移时，x_{V1} 减小，x_{V2} 增大，液压缸无杆腔压力 p_1 减小，$p_1 A_1 < p_2 A_2$，缸体也往左移动；反之，当阀芯右移时，缸体也向右移动。双边滑阀比单边滑阀的灵敏度高，精度也高。

图 10-5 所示为四边滑阀的工作原理。滑阀有四个控制边，开口 x_{V1}、x_{V2} 分别控制进入液压缸两腔的压力油，开口 x_{V3}、x_{V4} 分别控制液压缸两腔的回油。当滑阀左移时，液压缸左腔的进油口 x_{V1} 减小，回油口 x_{V3} 增大，p_1 减小；与此同时，液压缸右腔的进油口 x_{V2} 增大，回油口 x_{V4} 减小，p_2 增大，使活塞也向左移动。与双边滑阀相比，四边滑阀同时控制液压缸

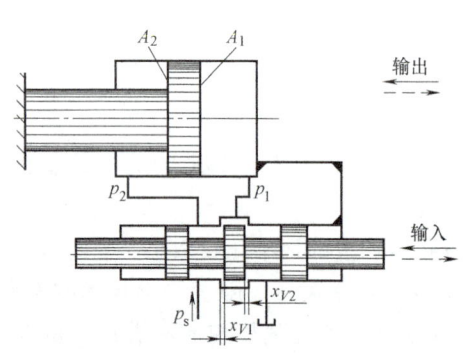

图 10-4 双边滑阀的工作原理

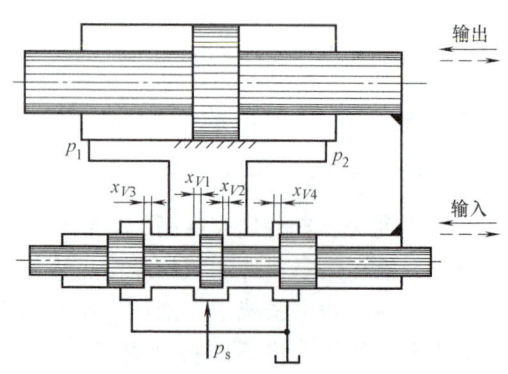

图 10-5 四边滑阀的工作原理

两腔的压力和流量,故调节灵敏度更高,工作精度也更高。

由上述可知,单边、双边和四边滑阀的控制作用是相同的,均起到换向和节流的作用。控制边数越多,控制性能就越好,但其结构工艺也越复杂。这是因为四边滑阀有四个边起节流作用,因而轴向有三个关键尺寸必须保证;双边滑阀有两个边起节流作用,因而轴向只有一个关键尺寸;单边滑阀只有一个边起节流作用,因而轴向没有关键尺寸。通常情况下,四边滑阀多用于精度要求高的系统,单边、双边滑阀用于一般精度的系统。

根据滑阀在零位(中间位置)时,其阀芯凸肩宽度 l 与阀体内孔环槽宽度 h 的不同,滑阀的开口形式有负开口($l>h$)、零开口($l=h$)和正开口($l<h$)三种形式,如图10-6所示。负开口阀有较大的不灵敏区,会影响精度,故较少采用。正开口阀工作精度较负开口阀高,但在中位时,正开口阀有无用的功率损耗。零开口阀的工作精度最高,控制性能最好,故在高精度伺服系统中经常采用(当然,绝对的零开口阀是无法做出的)。

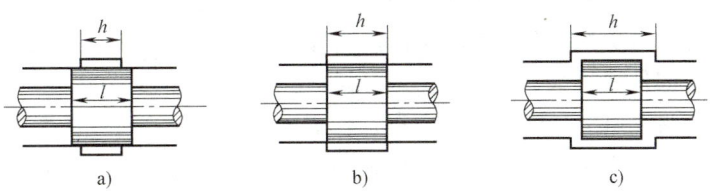

图 10-6 滑阀的三种开口形式

a) 负开口($l>h$) b) 零开口($l=h$) c) 正开口($l<h$)

二、喷嘴挡板阀

喷嘴挡板阀有单喷嘴式和双喷嘴式两种,两者的工作原理基本相同。图10-7所示为双喷嘴挡板阀的工作原理,它主要由挡板1、喷嘴2和3、固定节流小孔4和5等组成。喷嘴与挡板间的间隙 δ_1 和 δ_2 构成了两个可变节流口。当挡板处于中间位置时,两个喷嘴与挡板的间隙相等,即 $\delta_1=\delta_2$,液阻相等,因此,$p_1=p_2$,液压缸不动。压力油经小孔4和5、缝隙 δ_1 和 δ_2 流回油箱。挡板向左偏摆,则 δ_1 减小,δ_2 增大,p_1 上升,p_2 下降,液压缸便左移。因喷嘴和缸体连接在一起,故喷嘴也向左移,形成负反馈。当喷嘴跟随缸体移动到挡板两边对称位置时,液压缸便停止运动。若挡板反向偏摆,则液压缸也反向运动。

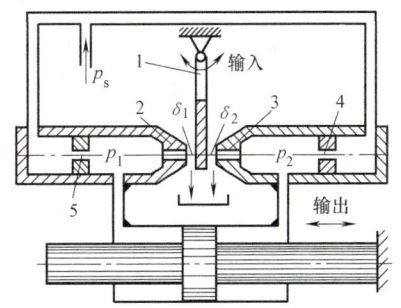

图 10-7 双喷嘴挡板阀的工作原理
1—挡板 2、3—喷嘴 4、5—固定节流孔

与滑阀相比,喷嘴挡板阀的优点是结构简单,加工方便,挡板运动阻力小,惯性小,反应快,灵敏度高,对油液污染不太敏感。缺点是无用的功率损耗大,因而只能用在小功率系统中。多级放大液压控制阀中的第一级多采用喷嘴挡板阀。

三、射流管阀

图10-8所示为射流管阀的工作原理。射流管阀主要由射流管1和接收板2组成。

射流管可绕支承点 O 摆动。压力油从管道进入射流管后经喷嘴射出，经接收孔 a、b 进入液压缸两腔。液体的压力能通过射流管的喷嘴转换为液体的动能。液流被接收后，又将其动能转变为压力能。当射流管在中位时，两接收孔内的压力相等，液压缸不动。当射流管向左偏摆时，进入孔 a 的油液压力大于进入孔 b 的油液压力，液压缸也向左移动。由于接收板和缸体连接在一起，因此，接收板也向左移动，形成负反馈。当喷嘴恢复到中间位置时，液压缸便停止运动。

射流管阀的最大优点是抗污染能力强，工作可靠，寿命长，这是因为它的喷嘴孔直径较大，不易堵塞。另外，它的输出功率比喷嘴挡板阀高。它的缺点是射流管运动部件惯性大，能量损耗大，特性不易预测。射流管阀常用于对抗污染能力有特殊要求的场合。

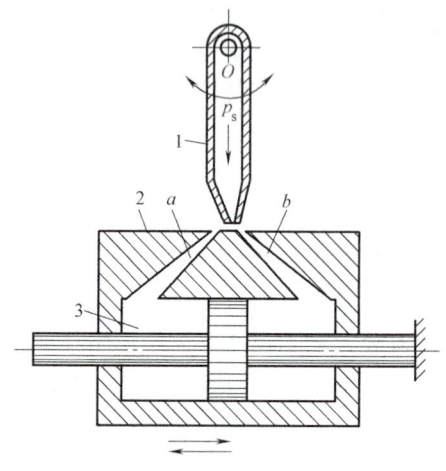

图 10-8 射流管阀的工作原理
1—射流管 2—接收板 3—液压缸

需要说明的是：以上介绍滑阀、喷嘴挡板阀和射流管阀的工作原理时，其反馈都为直接位置反馈，即是阀和缸体（或活塞）固连形成负反馈，阀移动多少，缸（或活塞）便移动多少。实际应用中，反馈可以有多种形式，输入与输出的关系也可以成一定的比例。

第三节 电液伺服阀

电液伺服阀（简称伺服阀）既是电液转换元件，也是功率放大元件，它能将小功率的电信号转换为大功率的液压信号。电液伺服阀具有体积小、结构紧凑、放大系数高、控制性能好等优点，在电液伺服系统中得到广泛应用。

图 10-9 所示是一种典型的电液伺服阀的结构原理图。它由电磁和液压两部分组成。电磁部分是一个力矩马达，液压部分是一个两级液压放大器。第一级是双喷嘴挡板阀，称前置放大级；第二级是零开口四边滑阀，称功率放大级。

一、力矩马达

力矩马达把输入的电信号转换为力矩输出。它主要由一对永久磁铁 1、上下导磁体 2 和 4、衔铁 3、线圈 5 和弹簧管 6 等组成。永久磁铁把上下两块导磁体磁化成 N 极和 S 极。当没有控制电流时，衔铁由弹簧管支承在上下导磁体的中间位置，力矩马达无输出。当有控制电流时，衔铁被磁化，如果衔铁的左端为 N 极，右端为 S 极，则由于同性相斥、异性相吸的原理，衔铁

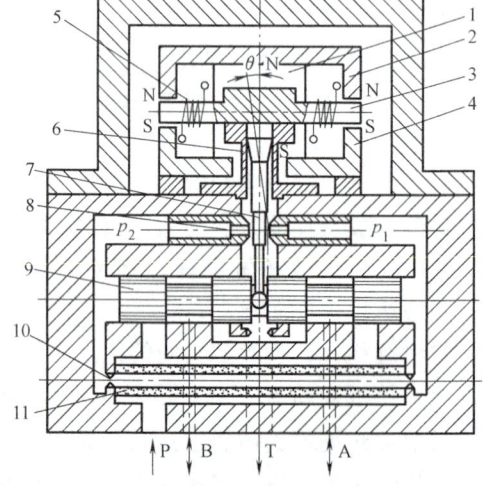

图 10-9 电液伺服阀的结构原理
1—永久磁铁 2、4—导磁体 3—衔铁 5—线圈
6—弹簧管 7—挡板 8—喷嘴 9—滑阀
10—固定节流孔 11—过滤器

第十章 液压伺服系统

逆时针方向偏转，同时弹簧管弯曲变形，产生反力矩，直到电磁力矩与弹簧管反力矩相平衡为止。电流越大，产生的电磁力矩也越大，衔铁偏转的角度 θ 就越大。

二、液压放大器

力矩马达产生的力矩很小，无法直接操纵滑阀以产生足够的液压功率。所以，液压放大器一般都采用两级放大。在图 10-9 所示结构中，力矩马达、喷嘴挡板阀、滑阀三者通过挡板 7 下端的反馈杆建立协调关系。衔铁、挡板、反馈杆、弹簧管是连接在一起的组合件，反馈杆具有弹性，其端部小球卡在滑阀阀芯的中间，将滑阀产生的位移转换为力，反馈到衔铁上。

当没有控制电流时，衔铁处于中位，挡板也处于中位，$p_1 = p_2$，滑阀阀芯不动，四个阀口均关闭。因此，无液压信号输出。当有控制电流时，设衔铁逆时针方向偏转，则挡板向右偏移，p_1 升高，p_2 降低，推动滑阀阀芯左移。此时反馈杆产生弹性变形，对衔铁挡板组件产生一个反力矩，一方面带动挡板向中位移动，从而使滑阀阀芯两端压力差相应地减小；另一方面产生反作用力阻止滑阀阀芯继续左移。最终，当作用在衔铁挡板组件上的电磁力矩与弹簧管反力矩、反馈杆反力矩达到平衡时，阀芯停止运动，取得一个平衡位置，并有相应的流量输出。输入电流越大，滑阀阀芯的位移就越大。当控制电流反向时，则衔铁顺时针方向偏转，滑阀阀芯右移，输出压力油也反向流动。

从上述原理可知，滑阀阀芯的位置是由反馈杆组件弹性变形力反馈到衔铁上与电磁力平衡而决定的，故称此阀为力反馈式电液伺服阀。因为采用两级液压放大，所以又称为力反馈两级电液伺服阀。

第四节 液压伺服系统实例

本节介绍车床液压仿形刀架和机械手伸缩运动系统两个实例。前者属于机液伺服系统，后者属于电液伺服系统。

一、车床液压仿形刀架

图 10-10 所示为卧式车床液压仿形刀架工作原理图。图中采用的是正开口双边滑阀。

仿形刀架安装在车床溜板 6 上面，工作时随溜板作纵向移动。样件 1 安装在床身后侧固定不动。液压缸的活塞杆固定在刀架的底座上（安装在溜板上），液压缸体连同刀架 8 可在刀架底座的导轨上沿液压缸轴向移动。

液压缸有杆腔 I 与供油路相通，其压力等于供油压力 p_s。液压缸无杆腔 II 经滑阀开口 x_{V1}、x_{V2} 分别与供油路和回油路相通。假定液压缸有杆腔有效作用面积为 A，液压缸无杆腔有效作用面积为 $2A$。当阀芯处于中间位置时，$x_{V1} = x_{V2}$，$p_c = \dfrac{1}{2} p_s$，液压缸处于相对平衡状态。

滑阀一端有弹簧 3，经杆 4 使杠杆 5 的触头 2 压紧在样件 1 上。车削圆柱面时，溜板沿床身导轨纵向移动，触头便沿样件 ab 段水平滑动。这时阀芯不动，液压缸也不动，刀架跟随溜板一起只作纵向移动，车刀 9 在工件 10 上车出 AB 段圆柱面。

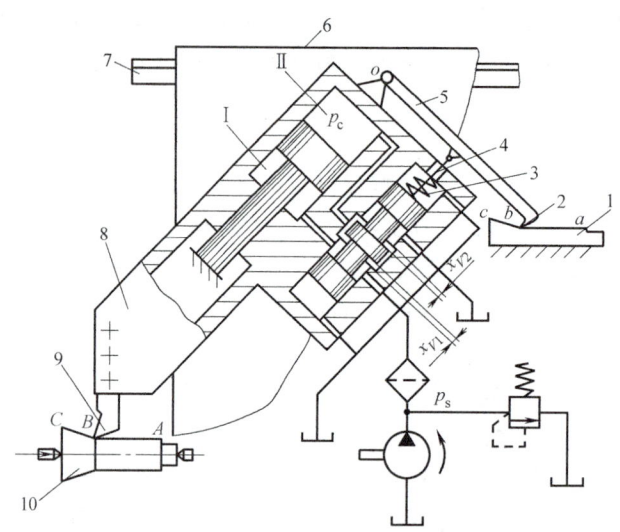

图 10-10 液压仿形刀架的工作原理

1—样件 2—触头 3—弹簧 4—杆 5—杠杆 6—溜板
7—导轨 8—刀架 9—车刀 10—工件

车削圆锥面时，触头沿样件 bc 段滑动，触头就绕支点 O 抬起，杠杆 5 带动阀芯上移，使开口 x_{V1} 增大，x_{V2} 减小，液压缸无杆腔压力 p_c 增大，推动缸体连同阀体和刀架沿轴后退。阀体后退又使开口 x_{V1} 减小，x_{V2} 增大，实现负反馈。在溜板不断地作纵向进给的同时，样件的台肩不断地将触头抬起，液压缸体也就带动车刀不断地后退。这两种运动的合成就使车刀车出 BC 段圆锥面。

仿形刀架的液压缸轴线多与主轴轴线安装成 $45°\sim60°$ 的斜角，目的是为了车削直角的台肩。图 10-11 所示为进给运动合成示意图，其中 $v_纵$ 表示溜板带动刀架的纵向进给运动速度，$v_仿$ 表示仿形刀架液压缸体的运动速度，$v_合$ 表示刀架的合成运动速度。

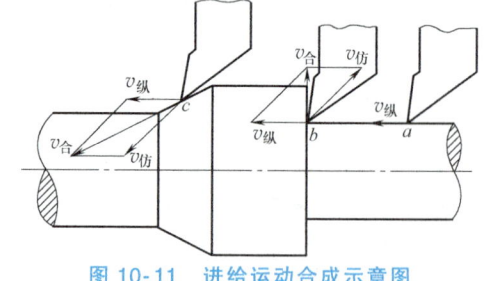

图 10-11 进给运动合成示意图

二、机械手伸缩运动伺服系统

机械手应能按要求完成一系列动作，包括伸缩、回转、升降、手腕动作等。由于每一个液压伺服系统的原理均相同，现仅以伸缩运动伺服系统为例，介绍其工作原理。

图 10-12 所示是机械手手臂伸缩运动电液伺服系统原理图。系统主要由电放大器 1、电液伺服阀 2、液压缸 3、机械手手臂 4、齿轮齿条机构 5、电位器 6 和步进电动机 7 等元件组成。指令信号由步进电动机发出。步进电动机将数控装置发出的脉冲信号转换成角位移，其输出转角与输入脉冲数成正比，输出转速与输入脉冲频率成正比。步进电动机的输出轴与电位器的动触点连接。电位器输出的微弱电压经放大器放大后产生相应的信号电流控制电液伺服阀，从而推动液压缸产生相应的位移。其位移又通过齿条带动齿轮转动。由于电位器固定在齿轮上，因此，最终又使触点回到中位，从而控制机械手的伸缩运动。其工作过程如下：

第十章 液压伺服系统

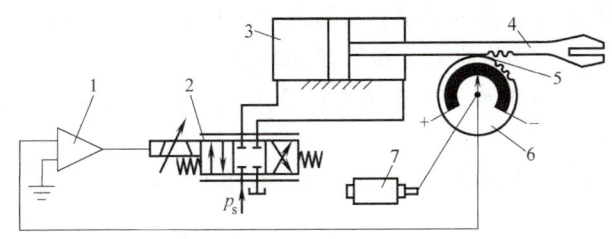

图 10-12　机械手伸缩运动伺服系统原理图
1—电放大器　2—电液伺服阀　3—液压缸　4—机械手手臂
5—齿轮齿条机构　6—电位器　7—步进电动机

当数控装置发出一定数量的脉冲时，步进电动机就带动电位器的动触点转动，假定顺时针方向转过一定的角度 θ，这时，电位器输出电压为 u，经放大器放大后输出电流 i，使电液伺服阀产生一定的开口量。这时，电液伺服阀处于左位，压力油进入液压缸左腔，推动活塞带动机械手手臂右移，液压缸右腔回油经伺服阀流回油箱。此时，机械手手臂上的齿条带动齿轮也作顺时针方向转动，当转到 $\theta_f = \theta$ 时，动触点回到电位器中位，电位器输出电压为零，放大器输出电流也为零，电液伺服阀回到零位，没有流量输出，手臂即停止运动。当数控装置发出反向脉冲时，步进电动机逆时针方向转动，机械手手臂缩回。

图 10-13 所示为机械手手臂伸缩运动伺服系统方块图。在这个系统中，输入信号为步进电动机的转角 θ；输出信号为液压缸的位移，即机械手的位移 y；反馈信号为齿轮的转角 θ_f；偏差信号为电位器的输出电压 u，$u = K(\theta - \theta_f)$，其中 K 为电位器的增益。最终，齿轮转角 θ_f 等于步进电动机转角 θ 时，偏差信号 $u = K(\theta - \theta_f) = 0$，系统停止运动。

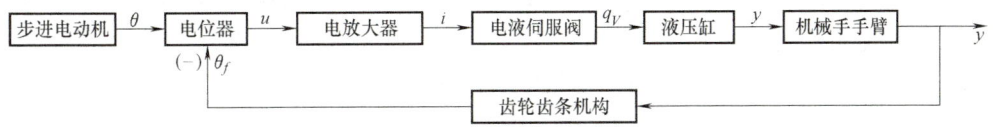

图 10-13　机械手伸缩运动伺服系统方块图

第五节　对液压伺服系统的基本要求

由上述分析可知，伺服系统是反馈控制系统，它是按照偏差原理来进行工作的。即当系统的反馈信号与输入信号之间有偏差时，整个系统就动作起来，以达到消除（或减小）此偏差的目的，从而使系统的输出量达到希望值。在实际工作中，由于负载及系统各组成部分都有一定的惯性，油液有可压缩性等原因，因此，当输入信号发生变化时，输出量并不能立刻跟着发生相应的变化，而是需要一段过程。在这个过程中，系统的输出量以及系统各组成部分的状态随时间的变化而变化，这就是通常所说的过渡过程或动态过程。如果系统的动态过程结束后，又达到新的平衡状态，则把平衡状态称为稳态或静态。

一般来说，系统在过渡过程的振荡中，由于存在能量损失，振荡将会越来越小，很快就会达到稳态。但是，如果活塞-负载的惯性很大，或油液因混入了空气而压缩较大，或液压缸和导管的刚性不足，或系统的结构及其元件的参数选择不当，则振荡迟迟不得消失，甚至还会加剧，导致系统不能工作。出现这种情况时，系统被认为是不稳定的。

因此，对液压伺服系统的基本要求首先是系统的稳定性。不稳定的系统根本无法工作。除此以外，还从以下三个方面来衡量系统性能的好坏：

(1) 稳　指动态过程的平稳性。系统在过渡过程中，输出量在希望值附近振荡的幅值应小，振荡的次数应少。

(2) 快　指动态过程的快速性。当输入信号改变时，输出量应立即跟随变化，并尽快进入稳态。

稳和快反映了系统过渡过程的性能，既快又稳，则控制过程中输出量偏离希望值小，偏离的时间短，表明系统动态精度高。如图 10-14 所示，过程 2 的动态性能最好，既快又稳；过程 1 的平稳性不好；过程 3 的快速性不好。

(3) 准　指稳态时的精度。通常用稳态下输出量的希望值与实际值之差，即稳态误差来衡量系统稳态时的精度。系统的稳态误差必须在允许范围之内，控制系统才有实用价值。

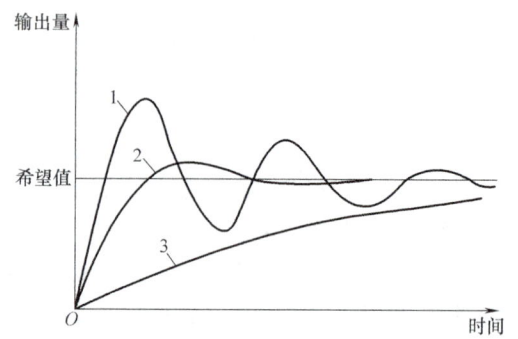

图 10-14　伺服系统的动态过程

一个高质量的伺服系统在整个控制过程中应该是既稳又快又准。

习　题

10-1　若将液压仿形刀架上的控制滑阀与液压缸分开，成为一个系统中的两个独立部分，仿形刀架能工作吗？试作分析说明。

10-2　如果双喷嘴挡板式电液伺服阀有一喷嘴被堵塞，会出现什么现象？

10-3　试画出电液伺服阀的工作原理方块图。

附　录

附录 A　常用流体传动系统及元件图形符号新旧标准对照

表 A-1　图形符号的基本要素

新标准（GB/T 786.1—2009）		旧标准（GB/T 786.1—1993）	
名称及说明	符　号	名称及说明	符　号
供油管路 回油管路 元件外壳 和外壳符号	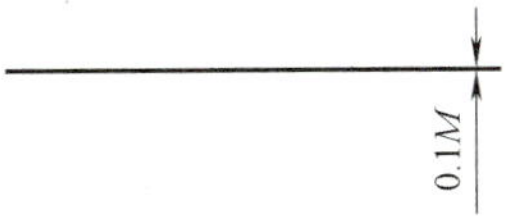 （实线，0.1M）	工作管路	 （实线）
控制管路 泄油管路 冲洗管路 放气管路	 （虚线，0.1M）	控制管路	 （虚线）
组合元件框线	 （点画线，0.1M）	组合元件线	 （点画线）
两个流体管路的连接	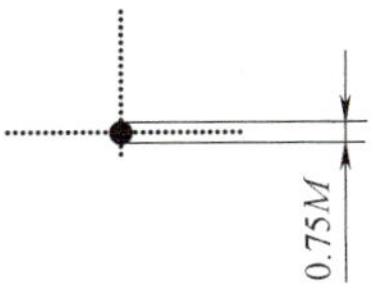 （0.75M）	管路连接点滚轮轴	●
软管管路	 （2.5M，4M）	柔性管路	 （弧线带端点）
封闭管路或接口	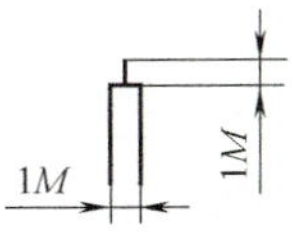 （1M×1M）	封闭油、气路或油、气口	⊥

（续）

新标准(GB/T 786.1—2009)		旧标准(GB/T 786.1—1993)	
名称及说明	符　号	名称及说明	符　号
机械连接	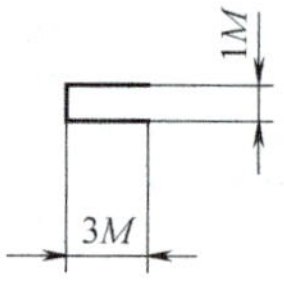	机械连接的轴、操纵杆、活塞杆等	
弹簧(控制元件)	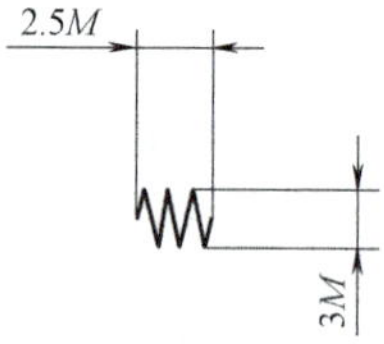	弹簧	
有盖油箱	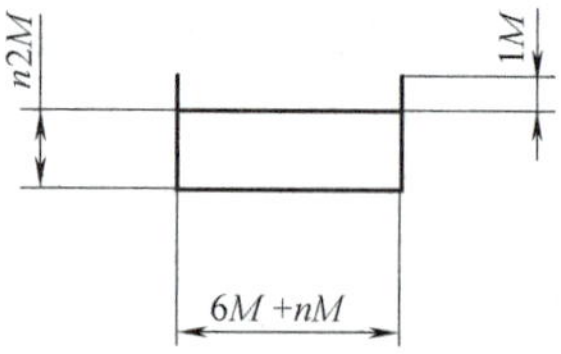		
回到油箱	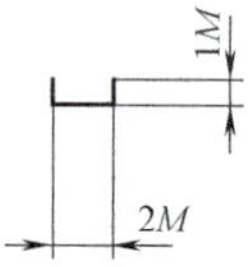	油箱	
气压源	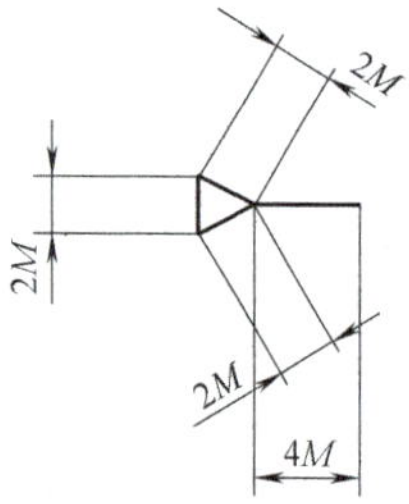	气压源	
液压源	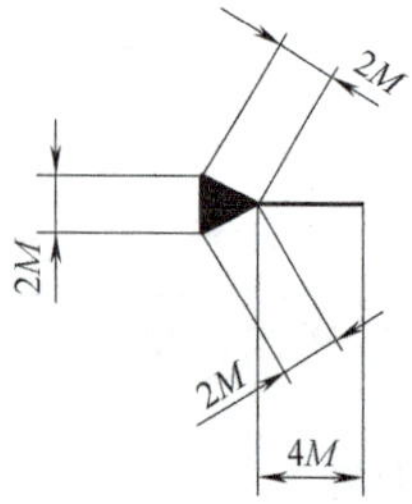	液压源	

表 A-2　泵（空气压缩机）和马达

新标准（GB/T 786.1—2009）		旧标准（GB/T 786.1—1993）	
名称及说明	符　号	名称及说明	符　号
变量泵	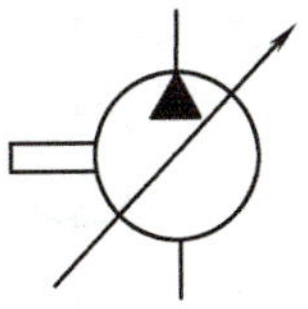	单向变量液压泵	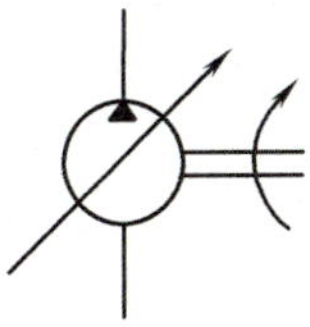
双向流动，带外泄油路单向旋转的变量泵	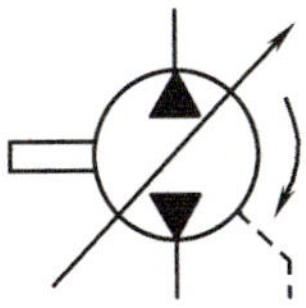	双向变量液压泵	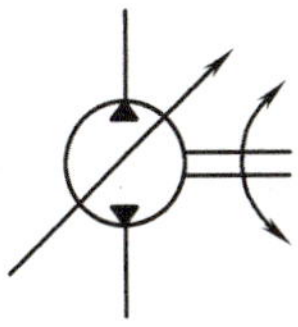
双向变量泵或马达单元	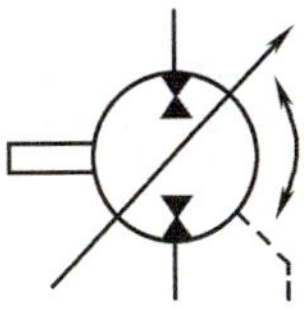	变量液压泵-马达	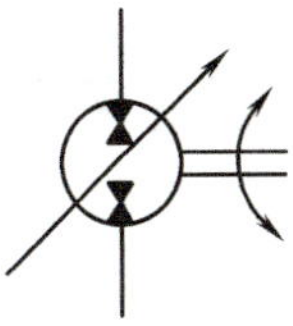
单向旋转的定量泵或马达	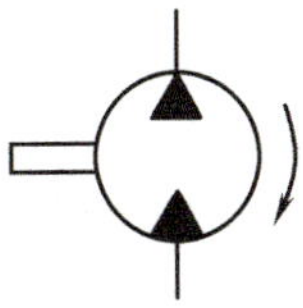	定量液压泵-马达	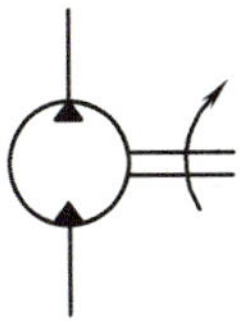
限制摆动角度，双向流动的摆动执行器或旋转驱动	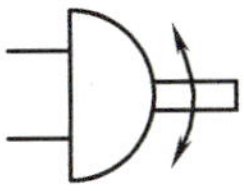	摆运马达	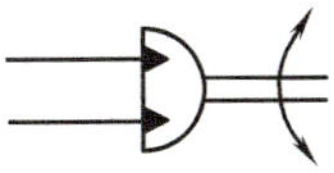
马达(气动)	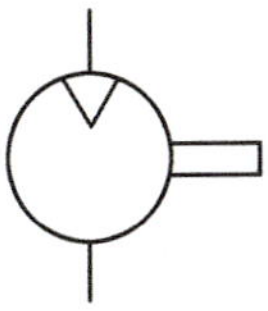	单向定量马达	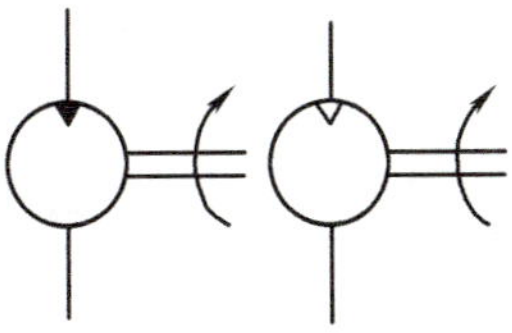
空气压缩机	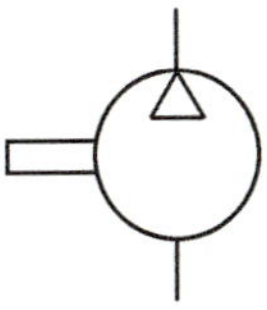		

（续）

新标准(GB/T 786.1—2009)		旧标准(GB/T 786.1—1993)	
名称及说明	符号	名称及说明	符号
变方向定流量双向摆动马达	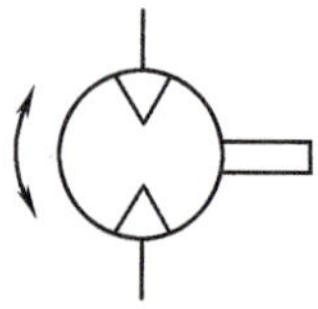	双向定量马达	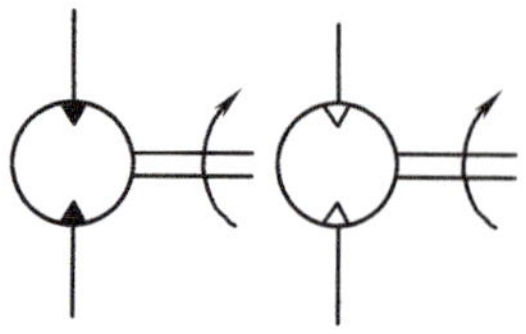
真空泵	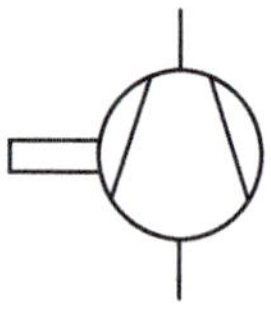		

表 A-3 缸

新标准(GB/T 786.1—2009)		旧标准(GB/T 786.1—1993)	
名称及说明	符号	名称及说明	符号
单作用单杆缸,弹簧腔带连接油口	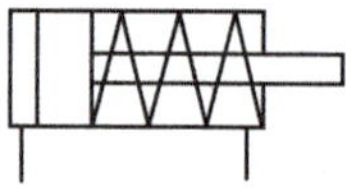	单作用弹簧复位缸	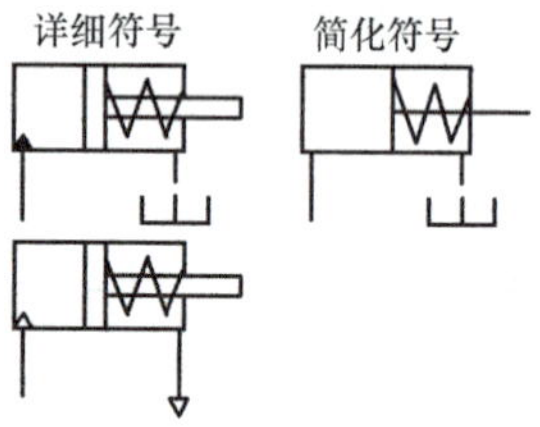 详细符号　简化符号
双作用单杆缸	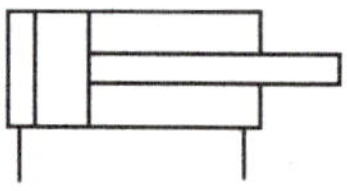	双作用单活塞杆缸	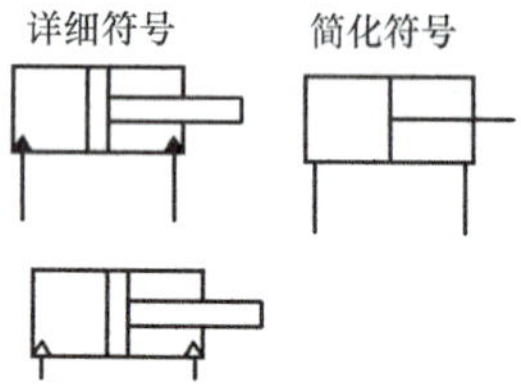 详细符号　简化符号
双作用双杆缸,活塞杆直径不同,双侧缓冲,右侧带调节	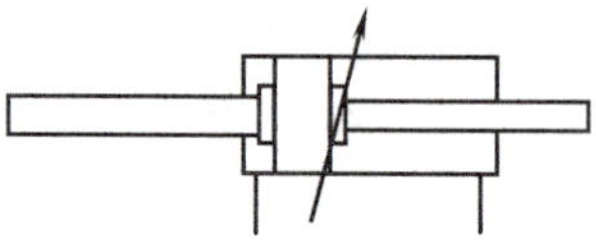	双作用双活塞杆缸	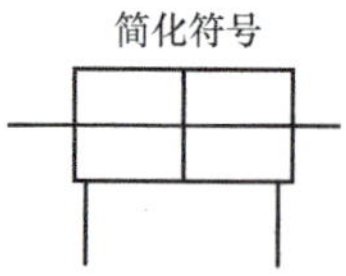 简化符号
带行程限制器的双作用膜片缸	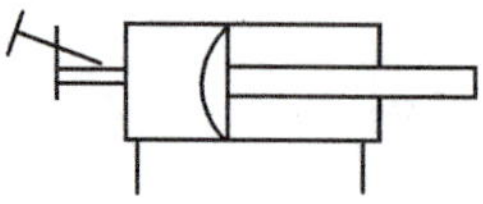		

（续）

新标准(GB/T 786.1—2009)		旧标准(GB/T 786.1—1993)	
名称及说明	符号	名称及说明	符号
单作用缸，柱塞缸	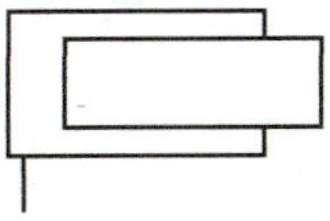		
单作用伸缩缸	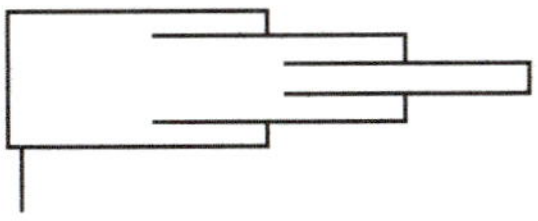	单作用伸缩缸	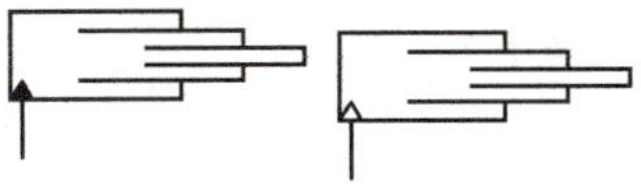
双作用伸缩缸	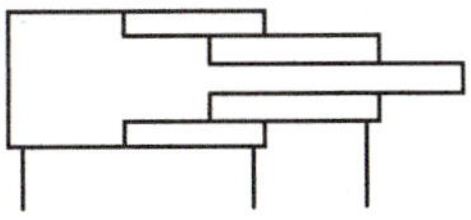	双作用伸缩缸	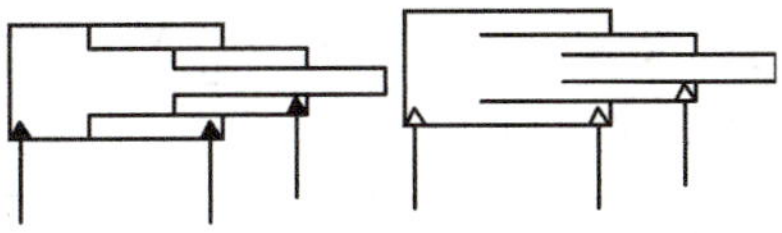
		双向缓冲缸(可调)	简化符号 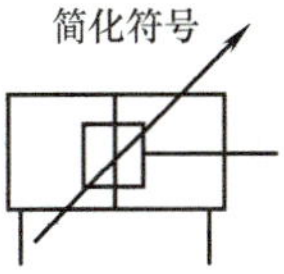
单作用压力介质转换器	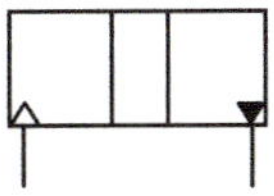	气-液转换器	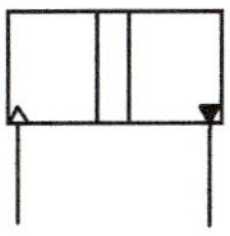

表 A-4 阀

新标准(GB/T 786.1—2009)		旧标准(GB/T 786.1—1993)	
名称及说明	符号	名称及说明	符号
具有可调行程限制装置的顶杆	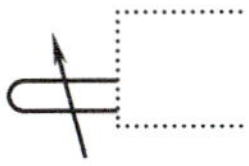	可变行程控制式	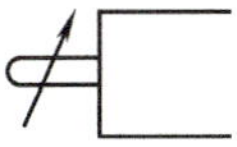
带有定位装置的推或拉控制机构		按钮式人力控制	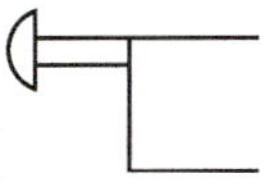
用作单方向行程操纵的滚轮杠杆	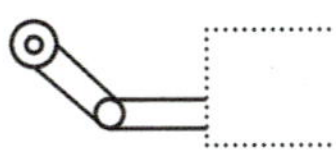	单向滚轮式	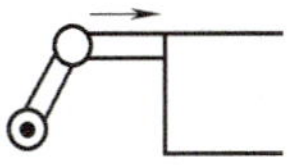
使用步进电动机的控制机构	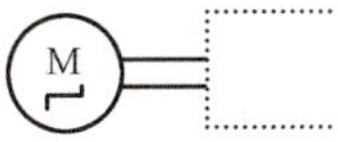		

(续)

新标准(GB/T 786.1—2009)		旧标准(GB/T 786.1—1993)	
名称及说明	符号	名称及说明	符号
单作用电磁铁,动作指向阀芯		单作用电磁铁	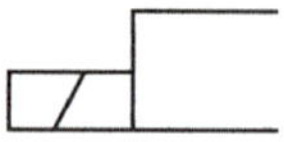
单作用电磁铁,动作背离阀芯			
双作用电气控制机构,动作指向或背离阀芯	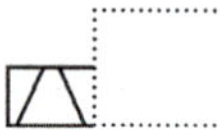	双作用电磁铁	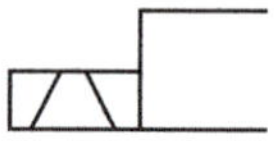
单作用电磁铁,动作指向阀芯,连续控制	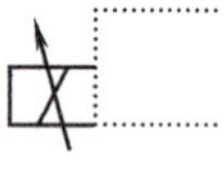	比例电磁铁	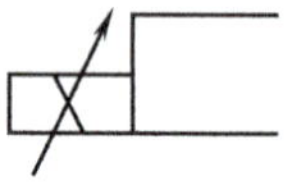
单作用电磁铁,动作背离阀芯,连续控制	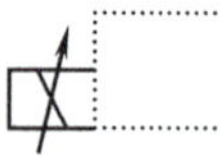		
双作用电气控制机构,动作指向或背离阀芯,连续控制	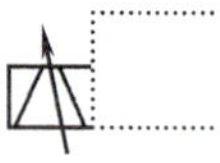	双作用可调电磁操纵器(力矩马达)	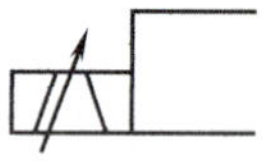
电气操纵的气动先导控制机构	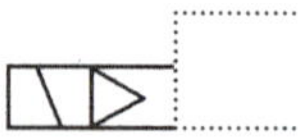	电磁-气压先导控制	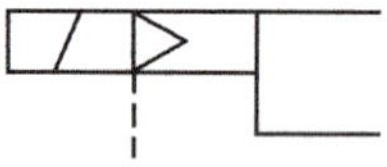
电气操纵的带有外部供油的液压先导控制机构	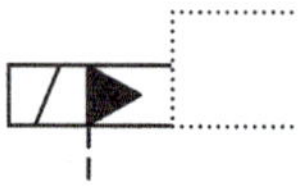	电-液先导控制	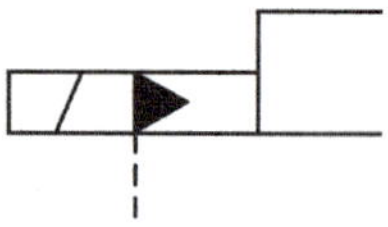
二位二通方向控制阀,两通,两位,推压控制机构,弹簧复位,常闭	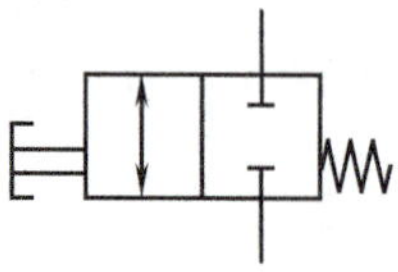	二位二通手动换向阀(常闭)	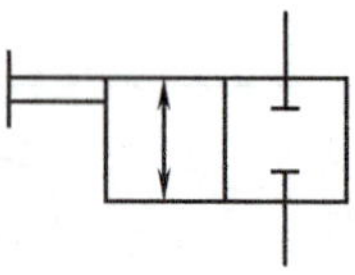

(续)

新标准(GB/T 786.1—2009)		旧标准(GB/T 786.1—1993)	
名称及说明	符号	名称及说明	符号
二位二通方向控制阀,两通,两位,电磁铁操纵,弹簧复位,常开	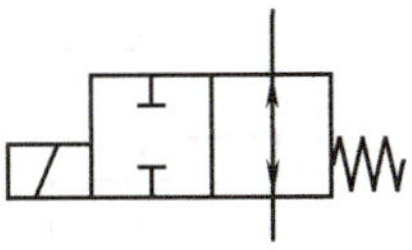	二位二通换向阀(常开)	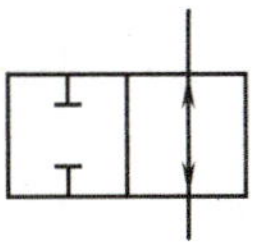
二位四通方向控制阀,电磁铁操纵,弹簧复位	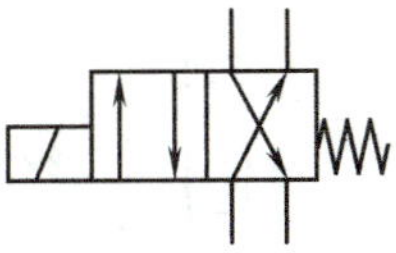	二位四通换向阀	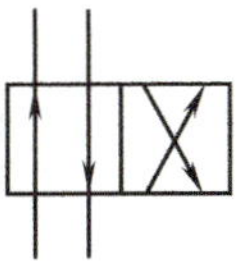
三位四通方向控制阀,弹簧对中,双电磁铁直接操纵	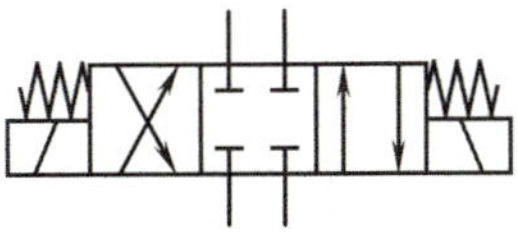	三位四通换向阀	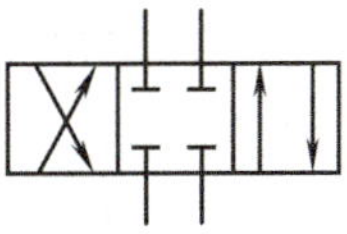
三位四通方向控制阀,电磁铁操纵先导级和液压操作主阀,主阀及先导级弹簧对中,外部先导供油和先导回油	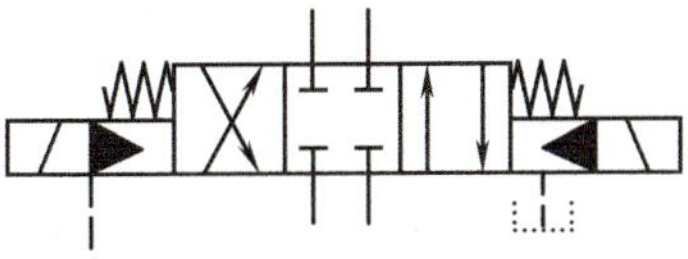	三位四通电液换向阀	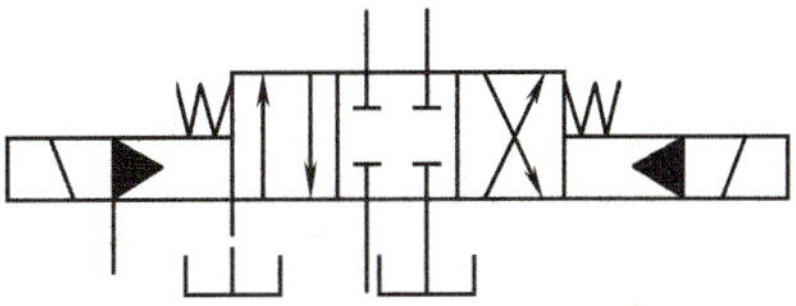
溢流阀,直动式,开启压力由弹簧调节	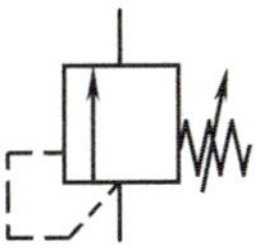	直动型溢流阀	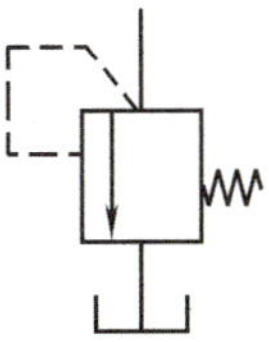 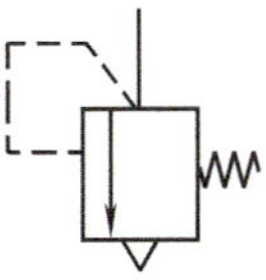
顺序阀,手动调节设定值	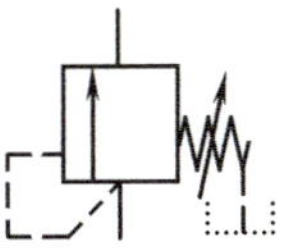	直动型顺序阀	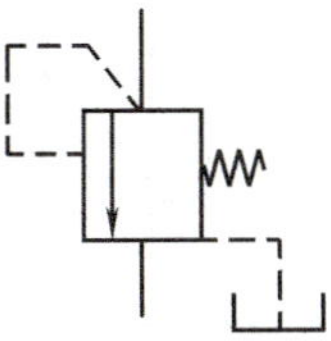 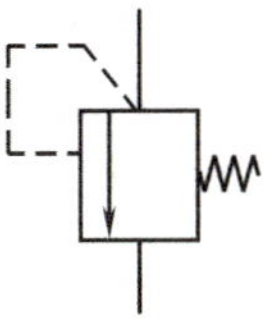
二通减压阀,直动式,外泄型	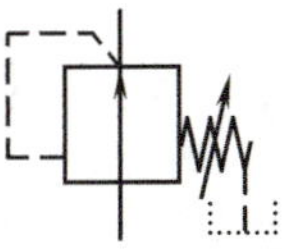	直动型减压阀	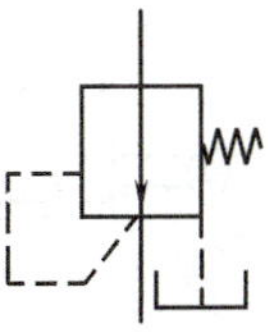 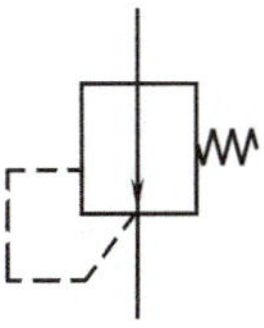

185

（续）

新标准（GB/T 786.1—2009）		旧标准（GB/T 786.1—1993）	
名称及说明	符号	名称及说明	符号
三通减压阀		溢流减压阀	
二通减压阀，先导式，外泄型		先导型减压阀	
电磁溢流阀，先导式，电气操纵预设定压力		先导型电磁式溢流阀	
可调节流量控制阀		可调节流阀	详细符号　简化符号
可调节流量控制阀，单向自由流动		可调单向节流阀	
流量控制阀，滚轮杠杆操纵，弹簧复位		滚轮控制可调节流阀	

（续）

新标准（GB/T 786.1—2009）		旧标准（GB/T 786.1—1993）	
名称及说明	符号	名称及说明	符号
二通流量控制阀，可调节，带旁通阀，固定设置，单向流动，基本与黏度和压力差无关		单向调速阀	
三通流量控制阀，可调节，将输入流量分成固定流量和剩余流量		旁通型调速阀	详细符号　简化符号
单向阀		单向阀	
先导式液控单向阀		液控单向阀	弹簧可以省略
双单向阀，先导式		液压锁	
梭阀（"或"逻辑）		或门型梭阀	

（续）

新标准（GB/T 786.1—2009）		旧标准（GB/T 786.1—1993）	
名称及说明	符号	名称及说明	符号
快速排气阀		快速排气阀	
直动式比例方向控制阀			
比例溢流阀，直控式，通过电磁铁控制弹簧工作长度来控制液压电磁换向座阀			
比例溢流阀，直控式，电磁力直接作用在阀芯上			
比例溢流阀，先导控制，带电磁铁位置反馈		先导型比例电磁式压力控制阀	
比例流量控制阀，直控式			
流量控制阀，用双线圈比例电磁铁控制，节流孔可变，特性不受黏度变化的影响			

表 A-5 附件

新标准（GB/T 786.1—2009）		旧标准（GB/T 786.1—1993）	
名称及说明	符号	名称及说明	符号
软管总成		柔性管路	
三通旋转接头		三通路旋转接头	
不带单向阀的快换接头，断开状态			
带单向阀的快换接头，断开状态			
带两个单向阀的快换接头，断开状态			
不带单向阀的快换接头，连接状态		不带单向阀的快换接头	
带一个单向阀的快插管接头，连接状态			
带两个单向阀的快插管接头，连接状态		带单向阀的快换接头	

(续)

新标准(GB/T 786.1—2009)		旧标准(GB/T 786.1—1993)	
名称及说明	符　号	名称及说明	符　号
两条管路的连接标出连接点		连接管路	
两条管路交叉没有节点表明它们之间没有连接		交叉管路	
可调节的机械电子压力继电器		压力继电器	详细符号　　一般符号
温度计		温度计	
液位指示器(液位计)		液面计	
流量计		流量计	
压力测量单元(压力表)		压力计	
过滤器		过滤器	
离心式分离器			

(续)

新标准(GB/T 786.1—2009)		旧标准(GB/T 786.1—1993)	
名称及说明	符号	名称及说明	符号
不带冷却液流道指示的冷却器		冷却器	
液体冷却的冷却器		冷却器（带冷却剂管路）	
加热器		加热器	
隔膜式充气蓄能器（隔膜式蓄能器）		蓄能器（气体隔离式）	
囊隔式充气蓄能器（囊式蓄能器）		蓄能器（一般符号）	
活塞式充气蓄能器（活塞式蓄能器）			
手动排水式油雾器		油雾器	
气源处理装置		气源调节装置	

（续）

新标准（GB/T 786.1—2009）		旧标准（GB/T 786.1—1993）	
名称及说明	符号	名称及说明	符号
空气干燥器		空气干燥器	
油雾器		油雾器	
真空发生器			
带集成单向阀的单级真空发生器			
吸盘			
手动排水流体分离器		分水排水器	人工排出
自动排水流体分离器			自动排出
带手动排水分离器的过滤器		空气过滤器	自动排出

附录 B 部分习题参考答案

2-10 2.88×10^{-2} Pa·s

2-11 17mm²/s

2-12 22.3r

2-13 皆为 6.37MPa

2-14 (1) 432N；(2) 43.2mm

2-15 0.1m/s；0.036m/s；23.76L/min

2-16 218.5L/min

2-17 4545Pa

2-18 1.8m

2-19 (1) 0.64N；(2) 0.55N

2-20 0.27m

2-21 126.4L/min

2-22 R 为细长孔时，为 1MPa；R 为薄壁孔时，为 2MPa

3-11 泵的输出功率为 22.96kW；电动机的驱动功率为 25.51kW

3-12 (1) 偏心距为 0.95mm；(2) 最大排量为 50.3mL/r

3-13 理论流量为 1.2×10^{-3} m³/s；实际流量为 1.18×10^{-3} m³/s；输入功率为 13.33kW

3-14 转速为 475r/min；转矩为 128.5N·m；输入功率为 8.3kW；输出功率为 6.4kW

4-1 无杆腔进油时，推力为 12.75kN，速度为 1.27m/min
有杆腔进油时，推力为 7.85kN，速度为 1.70m/min

4-2 (1) 速度为 8.3m/min；(2) 推力为 2.3kN

4-3 (1) $F_1 = F_2 = 9$kN；$v_1 = 1.2$m/min；$v_2 = 0.96$m/min
(2) $F_1 = 1.8$kN；$F_2 = 4.5$kN
(3) $F_2 = 11.25$kN

4-4 (1) $D = 100$mm；$d = 70$mm
(2) 因计算 $\delta \geqslant 3.3$mm，故选取 $\delta = 4$mm

5-11 当 $F = 0$ 时，缸能移动，$p_A = 0.5$MPa，$p_B = 0.2$MPa，$p_C = 0$
当 $F = 7.5$kN 时，缸能移动，$p_A = 2$MPa，$p_B = 1.7$MPa，$p_C = 1.5$MPa
当 $F = 30$kN 时，缸不能动，$p_A = 5$MPa，$p_B = 2.5$MPa，$p_C = 2.3$MPa

5-12 图 a 中，出口压力取决于调定压力小的减压阀
图 b 中，出口压力取决于调定压力大的减压阀

5-13 (1) 图示情况下，C 点压力无增值，压力继电器不发信号，故 B 缸不会顺序移动
(2) 将压力继电器改接于 D 点，当缸 A 向前移动到底后，D 点压力升高，压力继电器发信使二通电磁阀换位，缸 B 即随之顺序前移

5-14 可据此填表：两电磁铁均断电时，读数为 12MPa；均通电时，读数为 4MPa；1YA 通电时，读数为 9MPa；2YA 通电时，读数为 7MPa

5-15　图 a 和图 b 中，A 点的压力值分别为 6MPa 和 10MPa

6-3　液面升高 6.16cm

6-4　选用内径为 20mm、外径为 28mm 的无缝钢管

7-12　8 级，压力各为 0、2MPa、4MPa、6MPa、8MPa、10MPa、12MPa、14MPa

7-13　(1) 3MPa；(2) 0.25kW

7-14　(1) 2.2MPa

　　　(2) 当 $F=0$ 时，$p_2=4.4$MPa；当 $F=9000$N 时，$p_2=0.8$MPa

　　　(3) 当 $F=0$ 时，$\eta=0$；当 $F=9000$N 时，$\eta=0.615$

参 考 文 献

［1］ 高殿荣，王益群. 液压工程师技术手册［M］. 2版. 北京：化学工业出版社，2016.
［2］ 丁树模. 机械工程学［M］. 5版. 北京：机械工业出版社，2015.
［3］ 许同乐. 液压与气压传动［M］. 北京：中国质检出版社，2006.
［4］ 张群生. 液压与气压传动［M］. 3版. 北京：机械工业出版社，2015.